新型膨胀石墨基功能材料的
制备及结构与性能研究

岳学庆 王 华 卢东华 著

燕山大学出版社

·秦皇岛·

图书在版编目（CIP）数据

新型膨胀石墨基功能材料的制备及结构与性能研究／岳学庆，王华，卢东华著．—秦皇岛：燕山大学出版社，2021.5

ISBN 978-7-5761-0209-3

I. ①新… II. ①岳… ②王… ③卢… III. ①石墨－功能材料－研究 IV. ①TB34

中国版本图书馆 CIP 数据核字（2021）第 151576 号

新型膨胀石墨基功能材料的制备及结构与性能研究

岳学庆 王 华 卢东华 著

出 版 人：陈 玉

责任编辑：朱红波

封面设计：吴 波

出版发行：燕山大学出版社 YANSHAN UNIVERSITY PRESS

地 址：河北省秦皇岛市河北大街西段 438 号

邮政编码：066004

电 话：0335-8387555

印 刷：英格拉姆印刷(固安)有限公司

经 销：全国新华书店

开 本：700mm×1000mm 1/16　　印 张：9　　字 数：136 千字

版 次：2021 年 5 月第 1 版　　印 次：2021 年 5 月第 1 次印刷

书 号：ISBN 978-7-5761-0209-3

定 价：36.00 元

前　言

　　膨胀石墨（Expanded Graphite，简称 EG）是由天然石墨鳞片经插层、水洗、干燥、高温膨化得到的一种疏松多孔的蠕虫状物质。EG 除了具备天然石墨本身的耐冷热、耐腐蚀、自润滑、无毒等优良性能以外，还具有天然石墨所没有的柔软、可挠性、压缩回弹性、吸附性、生态环境协调性、生物相容性、耐辐射性等特性。20 世纪 70 年代，EG 首先被压制成耐高温或防腐蚀介质的密封材料，后来人们发现 EG 在许多领域具有实际的和潜在的应用前景，如可作为各种弥散物质的载体，以及被用于导电、润滑、储氢、吸附、电磁屏蔽、振动阻尼、绝热、电化学、应力传感器材料等。为进一步开发 EG 的应用领域，本书介绍了三种新型膨胀石墨基功能材料，其中包括在 EG 中负载光催化剂 ZnO，获得 EG/ZnO 复合材料；对 EG 其进行超声波振荡，得到纳米石墨片；对 EG 进行机械球磨，获得碳纳米结构材料。分析这些材料的微观组织结构，并研究 EG/ZnO 的吸附与降解性能，纳米石墨片及碳纳米结构材料作为润滑油添加剂的摩擦性能。主要内容如下：

　　（1）分别加热醋酸锌和水洗后的可膨胀石墨、醋酸锌和水洗并干燥后的可膨胀石墨、醋酸锌和 EG 的混合物，制备三种 EG/ZnO 复合材料（分别记为 EG/ZnO-1、EG/ZnO-2 和 EG/ZnO-3），对于水中原油和甲基橙等有机污染物，该材料结合了 EG 的吸附能力和 ZnO 的降解能力。研究发现，ZrO 的负载方法对其在 EG 中的分布、EG/ZnO 的结构以及对水面原油和水中甲基橙的吸附与降解性能具有显著影响。比较而言，EG/ZnO-3 对甲基橙的综合去除效率最高，UV 照射下 2 h 可将水中甲基橙完全去除，而对原油的吸附能力仅为 26 g/g，低于 EG/ZnO-1 和　G/ZnO-2 的 50 g/g。与纯 EG 相比，UV 照射下吸附在 EG/ZnO-1 和 EG/ZnO-2 中原油的降解速度均较高，其中，EG/ZnO-2 中原油的降解速度最高。

　　（2）分别对天然石墨、可膨胀石墨、EG 进行插层-膨化，制备三种 EG（分别记为 EG1、EG2 和 EG3），并对其进行超声波振荡制备三种纳米石墨片（分别记为 GN1、GN2 和 GN3），介绍纳米石墨片作为润滑油添加剂的摩擦学性能。研究发现，与 EG1 相比，EG2 和 EG3 蠕虫状颗粒上的网络孔发育更加完善。GN1、GN2 和 GN3 的平均粒径和厚度分别为 16 μm 和 25 nm，10 μm 和 11 nm，8 μm 和 4.5 nm。说明对可膨胀石墨和 EG 进行二次插层均可有效地降低纳米石墨片的尺寸，其中对 EG 进行二次插层的效果尤为明显。三种纳米石墨片作为润滑油添加剂均具有显著的减摩作用。

（3）将可膨胀石墨分别在 600 ℃、800 ℃ 和 1000 ℃ 加热，制备三种 EG（分别记为 EG600、EG800 和 EG1000），并对 EG 进行机械球磨，制备碳纳米结构材料，介绍碳纳米结构材料作为润滑油添加剂的摩擦性能。研究发现，与天然石墨相比，在球磨期间 EG1000 和 EG600 沿 c 轴方向微晶尺寸的下降程度要小得多，其中 EG1000 微晶尺寸的下降程度最小。在球磨 EG1000 中可看到大量的石墨面内缺陷，这在大多数球磨天然石墨中很少观察到。球磨 EG 作为润滑油添加剂具有减摩作用，且减摩效果优于天然石墨和未球磨的 EG。

（4）通过球磨 EG/金属（Fe 或 Ni）混合物发现提高可膨胀石墨的加热温度加速了 EG/金属体系在球磨期间的非晶化过程。对于 EG1000/金属混合物，球磨可生成无定形 EG/金属体系及金属碳化物。金属的添加可抑制 EG600 在球磨期间的非晶化过程，但加速了 EG1000 的这一过程。退火可提高球磨 EG600 的结晶度，且 Ni 的添加有助于这一过程。球磨 EG 部分地保持了原始 EG 的孔状结构，但球磨时添加 Ni 使 EG 原始孔状结构消失。球磨 EG/Ni 混合物作为润滑油添加具有减摩作用，且减摩效果与球磨 EG 的结晶度有关，提高结晶度可使减摩效果提高。

本书的研究内容是在张福成和张瑞军二位老师的悉心指导下完成的，在此向二位老师致以崇高的敬意和衷心的感谢！

由于作者水平有限，书中如有错讹之处，恳请专家、同行及广大读者多提宝贵意见。

目　　录

第1章 绪 论

我国是天然石墨（Natural Graphite，简称 NG）资源第一大国（世界上 2/3 的储量在我国），但关于膨胀石墨（Expanded Graphite，简称 EG）的研究却比国外晚许多。EG 是一种软质新型碳素材料，它是 20 世纪 70 年代首先由美国联合碳化物公司开发，压制成用于高温或防腐蚀介质的密封材料，从此 EG 成为人们关注的焦点。人们相继发现了 EG 优良的导电、导磁、超导、储氢、吸附等性能，并相应地开发应用于高导材料、超导材料、电池材料、催化剂材料、储氢材料、密封材料、吸附材料等领域。并于 1978 年将其引入我国，开始了对 EG 大量的理论与实际应用方面的研究。

1.1 EG 的制备

众所周知，石墨晶体是一种层状结构，在一个层面内其碳原子以 sp^2 杂化轨道和邻近的三个碳原子形成共价键，并排列成六角网状平面结构。平面内是作用很强的 σ 键，结合力为 586 kJ/mol，在 σ 键的作用下形成稠密而坚固的网平面。这些网平面互相重叠成层间结构。石墨层间的结合是借助于 π 电子的结合力，结合力很弱，只有 17 kJ/mol，层与层之间碳原子的距离为 0.335 4 nm，较层面上碳原子之间的距离要大二倍多。这种强各向异性在其反立中很好地得到反映，即攻击面内结合的那些反应难以进行，而扩展层间使反应物质进入的反应（插层）容易进行。这种层间反应的生成物称为石墨层间化合物（Graphite Intercalation Compounds，简称 GIC）。在插层反应中总是伴随电荷的转移，例如一些插入物（如碱金属、Ca、Sm、K-Hg、KH 等）进入后，石墨层间化合物中的这些物质提供电子（施主），石墨接收电子（受主），这种 GIC 称为施主型。与之对应，某些插入物（如卤素、$MgCl_2$、$AlBr_3$、CrO_3、HNO_3、H_2SO_4、$HClO_4$、HF）进入后，从石墨中得到电子，这类 GIC 被称为受主型。另外一些插入物，如 F（形成氟化石墨）、O（OH）（形成氧化石墨或石墨酸），与石墨共价键结合，这类 GIC 被称为共价结合型。阶数结构是 GIC 的特性结构，它与插入物的种类及浓度有关，表示插入物将几层石墨层夹在其中进行叠层。

和其他层状材料类似，即天然硅酸盐（如蛭石）和过渡金属的硫族化物。膨化包括各层的分离，这种分离足以消除层间的结合力。为了这个目的，插层反应是必需的：加热 GIC 导致插层物蒸发，产生的气压使材料沿结晶轴方向剧烈膨化。根据加热速率和达到的最高温度，膨化可分为可逆的和不可逆的。可逆的如溴-石墨化合物，在冷却过程中，插层物的凝固导致膨化材料的坍塌。如果加热温度超过可逆的温度，高度的膨化使得材料体积可增加 300 倍[1-6]。

任何 GIC 均趋于膨化，基于经济考虑，工业中常用硫酸为石墨的插层物，形成硫酸氢石墨盐。使用硫酸插层时需要加入强氧化剂，如硝酸、铬酸、过二硫化氨、高锰酸钾、过氧化氢等。目前，GIC 主要由化学氧化法和电解氧化法得到[7-16]。GIC 经水洗、干燥后得到的产物叫可膨胀石墨，是一种残余 GIC，阶数为混合阶，从 10 到 20 阶。可膨胀石墨高温快速加热时（通常在 1000 ℃加热 20～30 s），层间插层物质气化，形成高压，产生的推动力克服石墨层间结合的分子力，使石墨片沿 c 轴方向膨胀数十倍到数百倍，形成了多孔、蠕虫状（手风琴状）的 EG。如此高的加热温度，层间插层物基本完全挥发。通常要求 EG 中酸含量不超过 300 ppm。然而对酸的跟踪测量比较麻烦，且有些场合对酸含量要求较严格，因此人们研究了使用无硫插层剂制备 EG[17-24]。

值得注意的是，用于制备 EG 的天然鳞片石墨粒粒度不可过小，否则会使产生的气体从石墨边缘泄露，造成膨化不充分，从而影响到柔性石墨片的力学性能及 EG 吸油能力[25-27]。但大鳞片石墨产量小且价格高，低粒度石墨数量大且成本低，因而研究用细鳞片石墨为原料制备 EG 的实际应用意义重大。目前可膨胀石墨常用的加热方式主要是火焰喷射和电炉。值得尝试的加热方式有感应、红外、微波、激光，甚至日光炉等。当前，较多的研究集中在通过微波照射可膨胀石墨来制备 EG[28-31]。一些学者[32-33]发现微波可以直接加热 GIC，使之膨化，而不需要对 GIC 进行水洗和干燥处理。微波膨化的主要优点是开停方便，在室温下可以操作，升温时间短，是一种较有前途的膨化方法。

1.2 EG 的多孔结构

图 1-1 显示了 EG 的 SEM，可以看出，EG 是一种蠕虫状，如图 1-1（a），具有疏松多孔结构的物质。蠕虫状颗粒相互缠绕形成缠绕空间，如图 1-1（b）。EG 的孔结构可按四级孔理论划分[34-38]。

从宏观结构上来看，一个 EG 蠕虫状颗粒是由成百个小微胞排列组成。从图 1-1（b）可以看到几十个典型的微胞，微胞呈现无规则的椭球形，其尺寸在几十到几百个微米级别，微胞间的表面 V 形裂开（几十个微米左右），可以看作是 EG 的一级孔，这些 V 形孔与缠绕空间贯通。有关文献[39]认为，膨化前的残余插层化合物中插入物多位于石墨晶体的周边和缺陷处，可膨胀石墨鳞片可细分为更小的片层有序区，在高温气化过程中，片层间的连接处首先被气流胀开，形成微胞之间的大的裂缝，而片层有序区内部，由于结构相对较为完善，结合相对更紧密，后续膨化形成微胞，可认为膨化前的一个片层有序区对应着膨化后的一个微胞。下面进一步研究微胞本身的结构。

图 1-1（c）是 EG 的剖面结构。可以看到，内部层面间的孔隙基本维持了层状原貌，残余插层物气化导致相邻的石墨亚片层（一个片层有序区内存在若干亚片层）同时发生不均匀变形形成了 EG 的二级孔，这种亚片层之间的孔隙相互贯通，呈柳叶状，尺寸在几十个微米量级。

图 1-1（d）是 EG 的层面结构。我们观察到的是形成二级孔的亚片层层面本身，即膨化后的亚层面也有丰富的孔隙结构，在高倍下我们能看到层面内尺寸在 1μm 到 0.1μm 量级的孔，其形成来源于膨胀不均匀形成的起伏，与纵向观察到的孔有所不同，这种亚层面内部的孔隙，呈多边形，取向无规则，网络状互相连通，构成了 EG 的第三级孔。

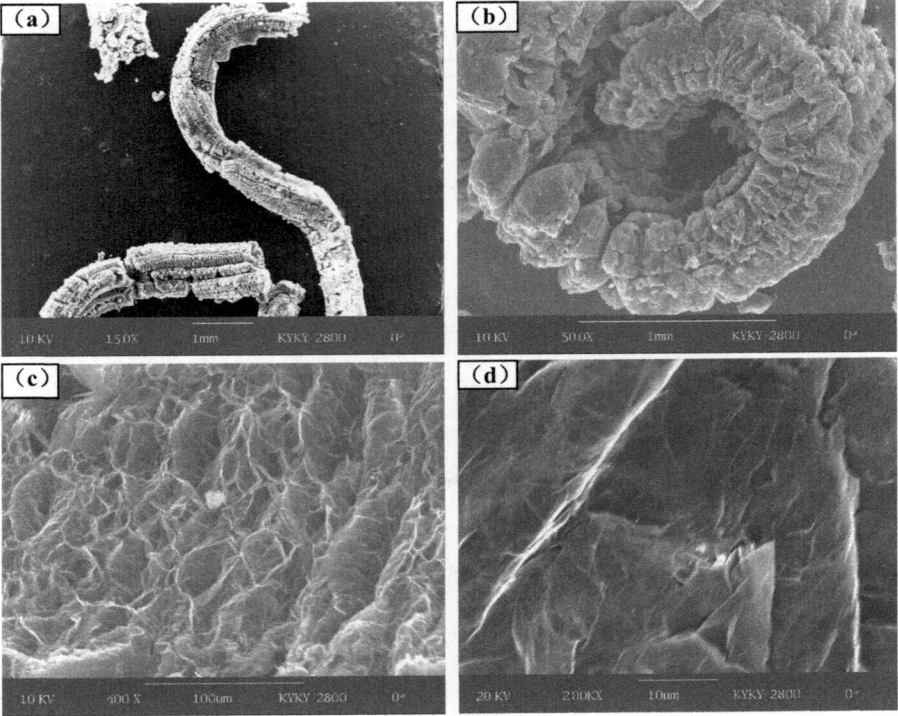

图 1-1　EG 的 SEM：（a）蠕虫状颗粒；（b）一级 V 形孔；（c）二级孔；（d）三级孔

1.3 EG 的应用

1.3.1 新型高级密封材料

EG 作为新型高级密封材料可取代石棉等传统密封材料[40-48]。EG 是无毒、无害有很好的环境协调性的碳材料，用 EG 轧制或压制成箔（或板）制造的密封材料，称为柔性石墨。由于柔性石墨的气固两相结构使其具有良好的密封性能。柔性石墨密封材料的性能远比传统的石棉、橡胶及四氟乙烯、金属等密封材料优越。它广泛地应用在石油、化工、冶金机械、原子能工业的各种泵、阀门、压力容器、管道法兰等处的密封部件，解决了工业生产的跑、冒、滴、漏等老大难问题。作为高级新型的密封材料应有较低的含硫量，以避免对所接触的金属的腐蚀作用。为满足现代高科技工程密封材料的高难要求，目前已从单纯用 EG 制成各类材料而逐渐发展为以 EG 为基质的多种复合材料。国外在 20 世纪 80 年代末期，就出现了高分子 EG 复合材料的专利。采用高分子 EG 复合材料制成的各种不同类型的密封材料，克服了单纯用 EG 制品在使用中存在的某些缺点，是当前国内外正在积极开发研究的一类新型材料。由于其制造工艺简便、成本低廉、性能优异，从而开拓了 EG 材料在各工业领域中应用的范畴。

1.3.2 绝热阻燃材料

由于 EG 具有优良的绝热性能，它首先用于钢铁行业，具体过程是将可膨胀石墨投放在熔融的钢锭表面，可膨胀石墨受热膨化，生成的 EG 覆盖在钢锭周围，形成绝热层。由于可膨胀石墨在膨化过程中吸收热量，目前已被用于阻燃材料[49-53]。如阻燃塑料：使用于热固化酚醛树脂中，可增强酚醛树脂受火膨胀绝热性；分散在聚氨酯泡沫中的石墨片的膨胀作用可阻止燃烧、减弱火势，也可起到隔热作用。阻燃涂料：美国近来提出了一种由纤维增强材料、EG、固体吸热材料、聚合物黏结剂等组成的阻燃涂料，可用于对纤维板、木板等进行阻燃涂覆。防火板材：由于 EG 密度很轻、晶形稳定，常用于添加于防火板材混合料中，用于增加防火板材的防火性能，减轻板材密度，增强板材隔热性能。与传统膨胀阻燃剂相比，EG 具有许多优点，如不产生大量烟气或腐蚀性气体，提高阻燃材料的加工温度，良好的隔热、防腐、耐候性。

1.3.3 新型导电材料

普通锌锰电池的电芯目前使用的大多为 20 世纪初期德国、美国等使用的乙炔黑，由于生产乙炔黑的工序多，要求严，所以价格昂贵，最关键的是它的导电性不够理想。用高纯 EG 代替乙炔黑材料制成干电池[54]，其开路电压、短路电流、负荷电压均高于用乙炔黑生产的电池，同时也改变了劳动条件，降低了生产成本。EG 也可应用在无汞高能电池——碱性氧化银高能电池中，此种电池的阴极材料是 AgO 或 Ag$_2$O，但不论是 AgO 或 Ag$_2$O，均为弱导电性物质，用它作为阴极的主要构成材料时必须加入适量的导电介质才能使阴极具有适宜的导电特性。目前普遍使用的是在 Ag$_2$O 阴极材料中加入 5%～15%的土状石墨作为导电介质。如果改用 EG 这种新型的导电材料，则与土状石墨相比，用量少，导电性强，且制成的电池具有更高的脉冲特性，电压可提高 15%～30%，其根本原因在于含 EG 的 Ag$_2$O 阴极的层状结构；结构中的内联键使石墨颗粒之间相互联系并遍布整个阴极，而含有土状石墨的 Ag$_2$O 阴极则无此层状结构。

1.3.4 吸附材料

EG 对二氧化硫、水面浮油、乳化油、煤焦油、纺织染料等物质具有很强的吸附能力，它有希望可作为吸附材料用于环境污染治理[55-75]。

（1）治理大气污染：实验表明 EG 对二氧化硫具有明显的吸附作用，低温（室温）时，EG 对二氧化硫的吸附以物理吸附为主，此时靠石墨表面与二氧化硫之间的范德华力作用产生吸附，吸附量随时间成光滑曲线增加并趋于饱和吸附值。高温（500 ℃）时吸附原因是石墨π电子能量增加，化学吸附作用大为增加，吸附作用以化学吸附为主，且吸附量较低温时大为增加。该方法与传统工艺相比具有简单、可靠、成本低的优势，EG 可望为大气净化发挥更大作用。

（2）治理水污染：近年来，由于频繁的油轮泄漏及油车倾覆事故，造成大量原油和重油流失，不但对自然环境造成严重污染，也给生产和生活带来不便。为解决这一问题，许多学者尝试用以 EG 为代表的新型多孔碳素吸油材料对泄漏油类进行回收。研究表明，EG 有良好的疏水亲油性，能有效吸附油水混合物中的油，其吸附能力明显高于活性炭。活性炭以中小孔为主，而 EG 以大孔为主，原油与重油的分子属于有机大分子，很难进入活性炭的中小孔中，同时由于重油黏度较大，在活性炭中很难扩散。相反 EG 由大孔组成，重油分子很容易进入并很快在其网络体系中进行扩散直至充满连通的内部孔，所以表现出的吸附量较大。研究表明，室温下每克理想状态的 EG 可以吸附 80 g 以上的 A 级重油（日本 JIS 标准），且吸附过程可在 1～2 min 内完成。吸油后的 EG 仍漂浮于水面，便于分离。通过简单的机械挤压，约 60%～80% 的油可从 EG 中挤出，但 EG 特有的多孔结构被破坏，不再具有吸附能力；通过负压法和离心力法等脱附方法，大约 60%～80% 的油可以回收，且挤压后的 EG 也可循环再使用，但随循环次数的增加，吸附量逐步下降。

（3）净化废水：EG 有从自来水中吸附油类的良好性能，是一种良好的含油废水净化剂。经 EG 处理的含油废水其浓度可小于 1×10^{-6} g/L，完全达到饮用水标准，这对于清除各种含油废水有重要意义。油脂废水是我国水体污染的重要污染源。实验表明，EG 对油脂类大分子有很好的脱除能力，且吸附易于回收。这对于清除化工、食品、油脂等行业废水的污染具有重要意义。此外，EG 对纺织染料（如甲基橙、甲基蓝）具有良好的吸附性能。为了保证 EG 在使用时不会破碎变形，有人将 EG 加压制成低密度板后用于处理毛纺厂的印染废水，COD 的平均去除率达到了 40%，色度平均降低 40%。

（4）药用吸附材料：EG 是疏松多孔物质，研究发现特别适用于吸附活性炭和活性炭纤维所不能有效吸附的大分子。纯碳材料无毒无害，抗氧化，与人体有很好的相容性[76]。研究表明，EG 是一种完全可靠的生物材料，它的急性毒性作用极低，属于致敏性，无刺激性，长期应用无毒性，无致突变作用。临床试验证明，EG 医用敷料具有良好的吸附性，有利于创面分泌物的引流，大幅度地减少了创面分泌物的积聚，其吸附性能远远优于纱布。

1.3.5　润滑材料

石墨作为良好的固体润滑剂及润滑添加剂，以各种形式应用于机械设备以及加工工艺的润滑，起到了性能维护及节能降耗、提高生产效率的作用。由于石墨无化学污染和经济低廉等特性，石墨系润滑剂包括高纯微细粉剂、复合干膜膏剂、醇基乳剂、水基以及油基润滑剂等新产品不断得到开发[77-79]，其应用领域也不断扩大。石墨系材料良好的润滑性来源于其本身层状的晶体结构，这种结构使其层面间具有良好的滑移性，为石墨作为高性能的润滑材料奠定了基础。石墨的衍生物诸如氟化石墨、金属化合物插层石墨、EG 等，都保持着石墨的层状结构，并且由于插层物质的作用，使得层间距明显增大，作用力减弱，这对润滑性能的提高是极为有利的。

在 1984 年，英国[80]曾提出过膨化石墨用作高黏度矿油脂吸附剂的专利，但并未对促进膨化石墨作为润滑剂的进一步应用产生影响。此后，有人[81]报道了膨化石墨对润滑油脂脂体流变性的控制作用的研究结果，也并未对膨化石墨润滑性能的探索产生推动作用。近年来，随着膨胀化石墨生产的日益剧增，研究和开发膨化石墨的新用途受到重视，并且由于膨化石墨仍然保持着石墨的抗高温、耐腐蚀、自润滑的特性[82-84]，所以探讨膨化石墨作为润滑剂或润滑添加剂的减摩抗磨性能的任务就被提了出来。

研究表明[85-87]，在润滑油品中，膨化石墨表现出了对油品介质的良好相容性，并产生了对有机添加剂的吸容富集作用。因此，当富含添加剂的油液被膨化石墨携带进入摩擦界面时，就产生了明显优于一般油品的减摩抗磨效果，同时由于膨化石墨被压延成膜的特性，它将协同油品产生降摩阻磨的作用，并抑制高温条件下润滑油膜原热损失，促使了油品润滑性能的有效改善。膨化石墨油品特别适用于低速重载条件下的润滑，对极压抗磨性能高的油品如高品级齿轮油，膨化石墨的极压抗磨增效作用就愈显著。因此，用于工业齿轮箱以及大型轴承的润滑，膨化石墨油品将能发挥更大的作用。

1.3.6 发热材料

EG具有良好的导电和导热性能，电热转换率达97%以上，且发热表面温度均匀、稳定。在换热方式一定的条件下，发热体表面温度恒定，在控制温度范围内可随意设定不再升温。工作状态下，具有化学性能稳定、耐高温、寿命长等特点，并能产生远红外线。因此，EG是一种新型的发热材料，可用于取暖器，各种厨具、电热器具的加热元件等，有着较广阔的应用领域和市场前景。

此外，EG 有望应用在流场板、燃料电池、电磁屏蔽（干扰）、振动阻尼、应力及化学传感器，这些应用均基于柔性石墨片。它还有望用于电学方面，如热消散、电阻加热、热电能转换。适度压缩的 EG 可导致多孔自动固结网络，在其中浸入合适的盐，是用于小型移动式冷却系统吸附化学热泵的基体。适度压缩的 EG 形成的多孔固态物质可方便地作为活性炭和光催化剂的载体，用于环境保护方面。另外也有人研究将活性炭-EG 混合物用于储存甲烷[88-101]。

1.4 EG 复合材料

EG 具有蠕虫状疏松多孔的特性，机械强度很低，故其在运输、应用和回收过程中存在相当大的困难。近年来，人们开始关注以 EG 为基体的复合材料的研究，目的是使这种复合材料除保留石墨特性以及多孔材料的性质以外，还能增强其机械强度；同时通过添加不同的成型剂及使用不同的工艺过程，能赋予其新的性能，拓宽使用范围。对这种复合材料的研究，主要为日本及欧洲的一些研究小组在进行，研究领域包括以 EG 为基负载块状活性炭、催化剂、蓄能材料、传导材料等。

1.4.1 EG/光催化剂复合材料

利用光催化技术处理环境污染物是近年来研究的热点，目前研究较多的光催化剂是纳米 TiO_2、ZnO、NiO 等。光催化反应过程中产生的高活性自由基，能够将多数有机污染物彻底氧化矿化，并最终生成 H_2O、CO_2 等无机小分子，特别是对难以生物降解的有机物普遍具有良好的氧化分解作用。此外，光催化反应还具有反立条件温和、二次污染小、运行成本低、可用太阳光为反应光源等优点，因此是一种非常有应用前途的污染治理技术，近年来受到广泛关注。在已经研究的光催化剂中，TiO_2 的应用最为广泛，它具有高效、低成本、无毒、良好的光催化稳定性等优点[102-105]。ZnO 作为另一种光催化剂受到人们关注，研究表明，ZnO 和 TiO_2 具有相似的催化机理。和 TiO_2 相比，ZnO 最大的优点是可以吸收较多的太阳光谱以及较多的光量子。一些研究表明，ZnO 有时候比 TiO_2 的降解效率更高[102-116]。因此，ZnO 是 TiO_2 的一种合适替代物，值得进一步研究。事实证明[12-17]，Ni 是一种具有光催化活性的元素[116-118]。近期关于复合催化剂（如 TiO_2/NiO、TiO_2/ZnO、ZnO/SnO_2）的研究日益增多，并且取得了一些有意义的结果[119-123]。

研究表明，TiO_2 光催化剂可用于降解水面浮油、水中乳化油[124-125]。但是，石油类物质密度小于水，漂浮于水面，而 TiO_2 粉体的密度远大于水，会沉于水底，不能与石油接触。为此，降解反应通常在反应容器中进行，使用后的 TiO_2 粉体需要从混合液中分离，增加了使用成本。为此，需要将 TiO_2 粉体负载于一种密度小于水，并能与 TiO_2 良好附着且又不被 TiO_2 光催化氧化的载体上，使 TiO_2 与油接触，又能充分接受太阳光的照射，进行光催化反应，即实现纳米光催化剂的固定化。目前已有报道将 TiO_2 负载于空心玻璃或陶瓷微珠、泡沫塑料、树脂和木屑等载体上制成漂浮型光催化剂，用于水面浮油的光催化降解[126-127]。但是，空心玻璃或陶瓷微珠粒度小，难拦截和回收，会造成光催化剂的流失及对水面的固体二次污染。泡沫塑料、树脂和木屑等载体材料的光稳定性较差，限制了实际应用。杨阳等人[128]用廉价的膨胀珍珠岩（EP）作为载体，用浸涂-烧结法将纳米 TiO_2 负载于膨胀珍珠岩上，制成能漂浮在水面的纳米 TiO_2 负载型催化剂 TiO_2/EP。他们以癸烷为水面浮油的模拟物，考察了太阳光下水面浮油的光催化降解过程。结果表明，用膨胀珍珠岩作载体制成的漂浮负载型 TiO_2/EP 光催化剂，能较长时间地漂浮于水面。通过对水面浮油的富集和光催化降解过程，经 7 h 的日光照射，能降解 95%左右的癸烷。日本学者 M. Toydoda 等[129-130]将由天然鳞片石墨合成的层间化合物和异丙醇钛盐一起加热，成功地制得了 EG/TiO_2 复合材料，这种材料对重油同时具有 EG 的吸附能力和 TiO_2 的分解能力，对重油吸附量可达 50 g/g，其分解速度比重油中混合 TiO_2 粒子的情况要快得多。其原因可能是 EG/TiO_2 复合材料中的纳米 TiO_2 具有三维立体薄片状结构[131]。

随后李冀辉等[132]在超声波作用下，将EG/TiO$_2$复合材料用于去除水中的甲基橙。Savoskin等[132]在石墨层间化合物和异丙醇钛盐的混合物中加入蔗糖，制备了EG-无定形碳-TiO$_2$复合材料，并用于苯酚的去除。Shornikova等[134]以六水硝酸镍为镍源，使用电化学法制备了EG-NiO复合材料。南开大学[135]采用金属诱导化学镀（MIEP）法制备了EG-NiB复合材料。

目前，EG/金属纳米复合材料的制备方法大体有两条路线[136-137]，它们的差异在于金属盐处理的时机不同，一种是在EG制备过程中用金属盐浸渍，然后再经过高温热处理和还原得到石墨-金属复合材料，如文献[129-132]。另一种方法是将金属盐溶液与EG混合，经加温热处理和还原得到石墨-金属复合材料。第一种方法制备的复合材料中金属粒子大部分插在石墨层间，允许负载的金属量较低，且分布不均匀；第二种方法可控制复合材料中金属的浓度，并且大部分金属粒子能均匀地分布在EG中，如张静等人[139]提出了用有机酸处理EG，制备了含有铁、钴的EG复合材料，发现金属粒子均匀地分布在EG表面，金属粒子分散性良好。目前，金属纳米粒子的负载工艺尚不成熟，选择合理的负载方法，更加有效地有机结合EG的吸附性能与金属纳米粒子的光催化性能是值得进一步研究的问题。

1.4.2 EG基低密度炭/炭复合材料

目前，在EG基炭/炭复合材料这一领域，国内外研究者采用的制备工艺多为浸渍-固化-碳化法。它是将各种增强坯体和浸渍剂（树脂或沥青等）经过浸渍、干燥、固化，而后在惰性气氛保护中炭化的过程。经过此过程后，制品仍为疏松结构，内部含有大量孔隙空洞。若要获得高致密度及强度的制品，必须要经过反复浸渍-碳化过程，使孔隙逐渐被填满。一般使用的浸渍剂包括酚醛树脂、糠醛树脂等[140-141]。Celzard等[142]对EG基炭/炭复合材料制备的块状活性炭的导电和机械性质进行了研究。研究发现：复合材料的传导性能主要由EG基体的性质决定，压缩后的EG基体在垂直和平行压力方向呈现各向异性，因此材料的传导性质呈现各向异性。尽管如此，复合材料的传导性质和纯的EG仍然在一个数量级上。所以，该复合材料应该具有较高的导热性。由于低密度具有大量的孔隙，这种复合材料的弹性模量很高，有着优秀的机械性质。而且由于制得的活性炭无灰分，完全开放微孔，因此适合用作催化剂载体。

习惯上，将导热系数小于0.23 w/m的材料称为隔热材料。隔热材料是一种含有大量气体、质量轻、导热系数低的材料，由固相及气相两种组分组成。对于多孔型隔热材料，可以视为固体材料和空气构成的两相复合材料，其导热系数与空隙率的关系，可以近似为颗粒分散型两相复合材料的导热系数与颗粒含量的关系，即随着孔隙率增加，材料导热系数减小。EG具有很高的孔隙率，以其为基制成低密度的复合材料有望应用在隔热材料方面。将酚醛树脂涂敷于压缩EG块表面，而后在180 ℃保温固化。由于EG颗粒间存在大量的孔隙，部分树脂会渗透到样品内部，包裹着EG颗粒。当高温炭化时，树脂形成的无定形碳包裹EG颗粒，像给石墨颗粒穿上一层硬的"外衣"，增强了制品的机械性能，同时填充了EG颗粒内部的部分孔隙，减小了材料的总孔容积[143]。在材料的导热过程中，由于EG的导热系数远大于无定型碳，复合材料的导热能力主要由EG基体决定。材料的热传递过程主要是由固体材料的热传导作用决定的。当热量传递遇到气孔，由于通过气孔传热的阻力较大，速度减慢，使得材料的传热能力降低，起到隔热的效果。因此，具有大量封闭气孔的结构更有利于复合材料的隔热。

1.4.3 EG/聚合物复合材料

电或热导体聚合物复合材料有望应用在电池、发光器件、电磁干扰屏蔽、抗静电涂料、电极、自润滑材料等，近年来受到人们关注。石墨在常温常压下电导率达到10^{-4} S/cm，纳米石墨微片保持了石墨的晶体结构，因而其导电性得以保持，常温常压下电导率亦能达到10^{-4} S/cm。其次，纳米石墨微片片层结构的尺寸也非常关键，在导电复合材料中，导电填料要形成一个优良的导电网络结构，导电填料的尺寸一般要达到纳米级。纳米石墨微片的厚度正是保持在100 nm以内，如此小的尺寸使得此种导电填料制备的聚合物/纳米石墨微片复合材料的渗滤阈值远低于普通导电填料制备的复合材料的渗滤阈值，从而使得聚合物的综合性能得以提高。EG具有丰富的多孔结构（孔径分布在2～10 nm）。石墨层表面拥有大量的酸及O—H官能团，有利于吸收有机物及聚合物。因此，EG能够吸收单体、引发剂及聚合物，生成聚合物/石墨纳米复合材料。近年来，人们使用EG制备多种聚合物/纳米（或普通）石墨复合材料，如纳米石墨微片与聚甲基丙烯酸甲酯（PMMA）、聚苯胺（PANI）、聚苯乙烯（PS）、石蜡聚乙二醇、十四醇及聚吡咯（PPy）复合材料[143-169]。这些复合材料显示了良好的导电性及热存储性能，如Afanasove等[170]将EG复合到煤焦油沥青中，发现该复合材料的渗滤阈值非常低（在常温下石墨含量仅为1.5 %），且与EG的堆积密度无关。目前聚合物/纳米石墨微片合成方法有机械共混法、插层法及原位聚合法。如何将聚合物基体、纳米石墨微片各自的功能性在复合材料中得到体现，并通过二者的有机结合实现新的更加优异的特殊性能，是未来此种复合材料的研究方向。

1.5 纳米石墨片的制备

纳米石墨是指纳米尺度大小的石墨或石墨片，其结构为多面体，各面由3～6层7～8 nm大小的石墨片堆叠而成，目前已经制备出的纳米级石墨结构主要有纳米石墨薄片、纳米石墨晶体、纳米石墨粉、纳米石墨锥、纳米石墨溶胶等。纳米石墨片本身具备普通石墨的优良的化学稳定性、导热、导电、自润滑性能。另外，它在自润滑材料、减摩、灭火阻燃复合材料和场发射材料等方面都体现了很好的功效[171-179]。纳米石墨片的制备方法有以下几种：

1.5.1 爆炸法

爆炸法的原理是将游离碳在负压平衡条件下用炸药爆轰，在高温高压作用下，碳原子发生聚集晶化等一系列变化，其物态变化为气态→液态→固态。

使所用炸药的爆轰热力学条件处于或趋于碳相图中的石墨相稳定区。控制炸药成分和爆炸的环境气氛可使爆炸后残留下游离的碳分成不同比例的纳米金刚石和纳米石墨。此法为20世纪八九十年代常用的可以大规模制备纳米金刚石和纳米石墨的常用方法[180]。目前，爆炸法制备纳米石墨的生成原理已基本清楚，制备工艺已基本成熟，可望实现大规模生产。

1.5.2 超声波法

此法的原理是将超声波作用于含固体的悬浮液，利用液相中形成的空化气泡，冲击并加速固体颗粒的摩擦，进而产生脆性颗粒的粉碎。在超声波粉碎EG过程中，溶剂能方便地进入EG孔隙和缝隙中，在超声波作用下，溶剂介质中空化气泡形成和破裂及伴随能量释放，液体中产生了高能量微环境，在毫微秒的时间内可达500 K的高温和约10^7 Pa的高压，所产生的高速射流使得纳米石墨薄片从EG上脱离，并进入溶剂介质中。华侨大学陈国华等[181]用超声波振荡EG酒精水溶液，制备纳米石墨薄片。影响石墨片性能的主要因素有乙醇浓度、振荡时间、超声波功率、温度等[182]。此法得到的纳米石墨薄片含量在70%以上，粒径为0.5～20 μm，厚度在100 nm以下。

1.5.3 脉冲激光液相沉积法

脉冲激光液相沉积法是一种独特的制备纳米材料的方法，其原理是在激光脉冲辐射靶材表面，生成含有靶材中性原子、分子、活性基团以及大量离子和电子的等离子体团。在一个激光脉冲内，等离子体团吸收激光能量成为处于高温高压高密度状态的等离子体团。等离子体团与液相体系发生能量交换，并随着激光脉冲的结束而猝灭的过程中，体系的活性粒子相互碰撞反应，生成与激光能量和反应条件相对应的产物。文献[183]在脉冲激光液相沉积法制备纳米材料方法的基础上，把固体石墨靶和水溶液相结合，再利用高能量的脉冲激光辐射靶材和溶质发生激光分解和光化学反应，生成了平均粒径为35 nm的分散性较好的易收集的石墨颗粒。利用这种方法制备纳米石墨时，脉冲激光能量和水溶液体系的能量交换对制备纳米石墨起主要作用。

1.5.4 电化学法

电化学法的原理是利用电解原理将电能转化为化学能。将固体优质碳棒制成一定几何形状的电极以其作为正极插入电解质溶液中。通电后碳原子在电流的作用下，在正极获得能量，当能量超过原子间的化学键力，并同时获得具有纳米尺度范围碳颗粒表面上的表面能时，这部分碳原子将于正极极板脱离，形成纳米石墨颗粒。游离在溶液中具有强烈的选择吸附性的纳米石墨颗粒会吸附电解质中的负离子而使其具有负电性。同种电荷间的相互排斥作用，使游离的纳米石墨颗粒之间不能相互接触而形成双电层结构，形成稳定的纳米石墨碳溶胶。对以上制得的纳米石墨碳溶胶进行包裹，包裹后采用真空、恒温喷雾干燥。文献[11]中利用石墨固体电极制备纳米石墨碳溶胶，并将溶胶通入包裹剂干燥，制备的纳米石墨碳粉80%以上都在15 nm以下。有人把石墨电极置于电解槽的阳极和阴极，对水性电解质进行电解。在电解过程中，间歇改变电极正负极，使电解质对石墨夹层进行电化学插入与脱插，最终使石墨以纳米薄片形式分散于介质中，制得的纳米石墨薄片尺寸在100～200 nm，厚度小于2 nm。

1.5.5 机械球磨法

球磨法的原理是物体在高速球磨机中被研磨，从大晶粒变为小晶粒。具体又可分为机械粉碎和气流粉碎，其中气流粉碎可获得微细的石墨粉末，而且粒度均匀，纯变高，但难以获得纳米薄片状的石墨微粒。机械粉碎特别是湿式的机械粉碎通过加入分散剂能获得片状的石墨粉末，但是生产效率较低。黄海栋等[184]用搅拌球磨法制备了平均粒径在200 nm左右的，厚度10～20 nm的片状纳米石墨。

以上几种方法中已实现大规模生产的是爆炸法和球磨法。最简单最早使用的是球磨法，但此法制备的产物中经常含有较多杂质，产品纯度低；超声波法制备工艺简单，且产品粒度纯度都满足要求，但设备昂贵，能耗较大，目前还无法应用于大规模工业生产；电化学法干净安全，易于操作，但速度慢，产量少，很难满足大规模生产的需要；脉冲激光液相沉淀法反应速度快，效率高，但能耗最大，反应机理复杂且其工艺很难放大，也不易满足大规模生产的需要。综合比较，随着超声技术的不断发展及各种超声振荡器的发明，超声波法是最有发展前景的一种制备方法。将机械粉碎与超声波粉碎结合起来是未来工业化生产的发展趋势。

将纳米石墨片应用于润滑体系中是一个全新的研究领域。纳米材料具有表面积大、高扩散性、易烧结性、熔点降低、硬度增大等特点。它不但可以在摩擦表面形成一层易剪切的薄膜，降低摩擦系数，而且可能对摩擦表面进行一定程度的填补和修复。用纳米材料作润滑油添加剂，可对摩擦副凹凸表面起填充和修复作用，减小表面粗糙度，增大实际接触面积，起到减摩作用。纳米粒子尺寸较小，可以认为近似球形，在摩擦副间可像鹅卵石一样自由滚动，起到微轴承作用，对摩擦表面进行抛光和强化作用，并支撑负荷，使承载能力提高，摩擦系数降低。另外，纳米微粒具有较高的扩散能力和自扩散能力，容易在金属表面形成具有极佳抗磨性能的渗透层或扩散层，表现出原位摩擦化学原理。

1.6 球磨制备碳纳米结构材料

近年来，碳纳米材料的研究受到人们关注，它具有优良的导电性、高热阻性、低热膨胀系数及高比表面积。实践证明，球磨是制备碳纳米材料的有效方法之一。在球磨机长时间运转过程中，球磨机的转动或振动使球与球、球与球磨壁之间产生碰撞、挤压，使得粉末被强烈地撞击、研磨和搅拌，发生反复的断裂、焊合、塑性变形，使新鲜未反应的表面不断地被暴露出来，并使粉末组织结构不断地细化，粉末在机械力化学作用下，各组分原子相互扩散，形成非平衡态或发生化学反应。在球磨过程中，粉末颗粒中引入大量的应变、缺陷以及纳米级的微结构，使粉末具有很高的晶格畸变能和表面能，成为扩散和反应的驱动力，在新鲜细小的微结构表面发生扩散和固态反应。

天然石墨在球磨期间的结构进展已被大量地研究[185-193]，通常的结论是石墨在球磨期间经历了晶态到非晶态的转变。球磨使天然石墨产生各种缺陷及碳纳米结构，缺陷如石墨晶面的分层、翘曲、层错等，纳米碳结构包括碳纳米弧、类洋葱、碳纳米管等[194-197]。退火对球磨态石墨的纳米结构具有另外的作用。Tang等[198]发现退火能重新组织球磨态石墨混乱的石墨层。Chen[199-200]等和Chadderton等[201]发现球磨石墨能形成混乱的纳米多孔碳粉，随后的退火导致了碳纳米管的形成。球磨石墨/金属粉末（如Fe、Co、Ni、B）混合物实现机械合金化是当前的另一大研究热点，通常的结论是球磨导致了石墨-金属无定形体系及金属碳化物的形成[202-207]。此外，Marshall等[208]将天然石墨与具有催化石墨化作用的过渡金属Co粉末混合，发现Co的添加能够影响石墨在球磨及随后的退火期间的纳米结构演化。

1.7　本书的选题背景及研究内容

本书的选题背景如下：

含各种油及纺织染料的废水已成为水污染的主要形式。研究表明，EG对各种油类及纺织染料等有机污染物具有极强的吸附能力。室温下每克 EG 可以吸附 80 g 以上重油，且吸附过程可在 1～2 min 内完成，是目前吸油能力最强的吸附材料，且 EG 吸附后漂浮于水面，便于回收。此外，EG 具有很强的疏水性，无毒并呈化学惰性，不会造成二次污染，是一种新型绿色环保型吸附材料，有望可作为吸附材料用于水污染治理。使用光催化剂（如 TiO_2、ZnO、NiO）降解有机污染物一直是多年来的研究热点，其原理是光催化剂在光照下产生高活性自由基，能够将多数有机污染物彻底氧化矿化，并最终生成 H_2O、CO_2 等无机小分子，特别是对难以生物降解的有机物普遍具有良好的氧化分解作用。2002 年，日本学者尝试在 EG 中负载光催化剂 TiO_2，成功地制得了 EG/TiO_2 复合材料。这种材料对重油同时具有 EG 的吸附能力和 TiO_2 的降解能力，对重油吸附量可达 50 g/g，在 UV 照射下，被吸附重油的降解速度比重油中混合 TiO_2 粒子的情况要快得多。后来人们发现这种材料对水中甲基橙也同时具有吸附与降解能力。随后，人们又陆续制备了 EG/NiO、EG/NiB 等 EG/光催化剂复合材料。然而，目前报道的光催化剂对 EG 的负载工艺单一。由于负载工艺将会影响到催化剂粒子在 EG 中的分布状态，从而影响到 EG/光催化剂复合材料的吸附和降解性能，因此，本书选用 ZnO 作为光催化剂，采用三种工艺将 ZnO 负载到 EG 中，获得 EG/ZnO 复合材料，目的在于通过研究 ZnO 负载工艺对 EG/ZnO 复合材料的结构及其对水面原油和水中甲基橙的吸附与降解性能的影响，从而获得一种能够高效去除水中有机污染物的 EG/光催化剂复合材料。

纳米石墨片本身具备普通石墨的优良的化学稳定性、导热、导电、自润滑性能。另外它在自润滑材料、减摩、灭火阻燃复合材料和场发射材料等方面都体现了很好的功效。目前，纳米石墨片的制备方法主要有爆炸法、机械球磨法、脉冲激光液相沉积法、电化学法等，且加工对象多为天然石墨。2004年，华侨大学提出采用超声波粉碎EG制备纳米石墨片。此法的原理是在超声波作用于EG悬浊液过程中，溶剂能方便地进入EG孔隙和缝隙中，使得纳米石墨薄片从EG上脱离，并进入溶剂介质中。在较佳超声波粉碎工艺下，所得纳米石墨薄片粒径为0.5～20 μm，厚度在100 nm以下。相比其他方法，使用超声波振荡EG制备纳米石墨片工艺简单，是较有发展前景的一种制备纳米石墨片的方法。目前此法存在的主要问题是如何获得尺寸更小的纳米石墨片。因此，本书提出采用二次插层工艺制备EG，并通过超声波振荡EG制备纳米石墨片，目的在于获得一种新型EG，并以此降低纳米石墨片的尺寸。

近几年来，因其具有优良的导电性、高热阻性、低热膨胀系数及高比表面积，碳纳米结构材料日益受到人们关注。研究表明，机械球磨天然石墨是制备碳纳米材料的有效手段，通常的结论是石墨在球磨期间经历了晶态到非晶态的转变。而且，球磨使石墨产生各种缺陷及碳纳米结构，缺陷如石墨晶面的分层、翘曲、层错等，纳米碳结构包括碳纳米弧、类洋葱、碳纳米管等。退火对球磨石墨的纳米结构具有另外的作用，通常的结论是退火能使球磨石墨混乱的石墨层得到重新组织，从而提高其结晶度。此外，有人发现发现球磨石墨形成了混乱的纳米多孔碳粉，随后的退火导致了碳纳米管的形成。近年来，球磨天然石墨/金属混合物制备碳纳米结构材料（或实现机械合金化）成为另一大研究热点，通常的结论是球磨导致了石墨/金属无定形体系及金属碳化物的形成。此外，人们发现过渡金属（Fe、Co、Ni）的添加影响到石墨在球磨及随后的退火期间的纳米结构演化。

　　EG是通过高温下快速加热可膨胀石墨得到，在此期间，天然石墨片沿c轴方向剧烈膨化，形成了它特有的疏松多孔结构。EG的这种特性结构势必会影响到它球磨后的纳米结构。另外，相比天然石墨，EG张开的石墨层也会影响球磨期间石墨与金属之间的接触程度与反应程度，从而影响到EG/金属体系在球磨期间的结构演化。考虑到EG石墨层的张开程度与可膨胀石墨的膨化温度密切相关，本书分别采用不同温度膨化可膨胀石墨制备EG，本书提出对EG（或EG/金属混合物）进行机械球磨，以期获得一种不同于球磨天然石墨的碳纳米结构材料。

　　将纳米材料应用于润滑体系中是一个全新的研究领域。用纳米材料作润滑油添加剂，不但可以在摩擦表面形成一层易剪切的薄膜，降低摩擦系数，而且对摩擦副凹凸表面可起到填充和修复作用，减小表面粗糙度，增大实际接触面积，起到减摩作用。因此本书将超声波振荡EG得到的纳米石墨片及球磨EG得到的碳纳米结构材料作为润滑油添加剂，考察了它们的减摩性能。

　　本书主要研究内容如下：

　　（1）以醋酸锌为ZnO原料，分别加热醋酸锌和水洗后的可膨胀石墨、醋酸锌和水洗并干燥后的可膨胀石墨、醋酸锌和EG的混合物，制备了三种EG/ZnO复合材料。通过XRD、SEM、BET等方法表征了复合材料的结构，并通过紫外分光光度计、FTIR、紫外可见吸收光谱等手段研究了EG/ZnO对水面原油及水中甲基橙的吸附与降解性能。

　　（2）分别对天然石墨、可膨胀石墨和EG进行插层-膨化，制备了三种EG，并对所得EG进行超声波振荡制备了三种纳米石墨片。借助XRD、SEM等手段表征了相应产物的结构，并研究了纳米石墨片作为润滑油添加剂的摩擦性能。

（3）将可膨胀石墨分别在600 ℃、800 ℃和1000 ℃加热，制备了三种EG，并对其进行机械球磨。借助XRD、SEM和TEM等表征了球磨EG的纳米结构，并研究了球磨EG作为润滑油添加剂的摩擦性能。

（4）对上述三种EG在添加金属的条件下（Fe或Ni）进行机械球磨并随后退火。借助XRD、SEM、TEM、Roman等方法表征了球磨并退火EG/金属混合物的纳米结构，并研究了球磨产物作为润滑油添加剂的摩擦性能。

第 2 章　实验方法与设计

2.1 样品的制备

2.1.1 EG 的制备

2.1.1.1 对天然石墨插层制备 EG

制备一次插层 EG 的原料主要包括天然鳞片石墨（35 目，纯度 99%，青岛天和石墨有限公司提供）、H_2O_2（30%）和 H_2SO_4（98%）。制备过程如下：

（1）用天平称取 5 g 天然石墨，置于烧杯中。

（2）用量筒量取 10 mL H_2SO_4（硫酸）和 1.5 mL H_2O_2（双氧水），依次倒入盛有石墨的烧杯中，搅拌均匀。反应 90 min 后，得到石墨层间化合物（Graphite Intercalation Compound，简称 GIC，记为 GIC1）。

（3）水洗 GIC 恒 pH 为 5～7，然后放到干燥箱中 70 ℃干燥 24 h，得到可膨胀石墨（又叫残余 GIC，记为 RGIC1）。

（4）将可膨胀石墨放到马弗炉中高温加热 20～40 s，可膨胀石墨在此期间剧烈膨化，形成 EG，记为 EG1。

图 2-1 显示了采用化学氧化法制备一次插层 EG 的流程图。

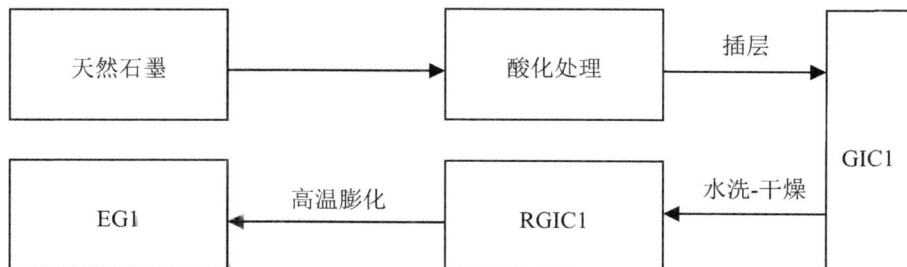

图 2-1　化学氧化法制备 EG 的流程图

2.1.1.2 对可膨胀石墨插层制备 EG

对可膨胀石墨二次插层制备 EG 的工艺如图 2-2 所示，具体过程如下：

（1）用天平称取一次插层可膨胀石墨 6 g，置于烧杯中。

（2）用量筒量取一定量 H_2SO_4 和 H_2O_2，依次倒入盛有一次插层可膨胀石墨的烧杯中，搅拌均匀。反应 90 min 后，得到 GIC2。

（3）水洗 GIC 使 pH 为 5～7，然后放到干燥箱中 70 ℃干燥 24 h，得到可膨胀石墨（RGIC2）。

（4）将可膨胀石墨放到马弗炉中 1000 ℃加热 20～40 s，得到二次插层 EG，记为 EG2。

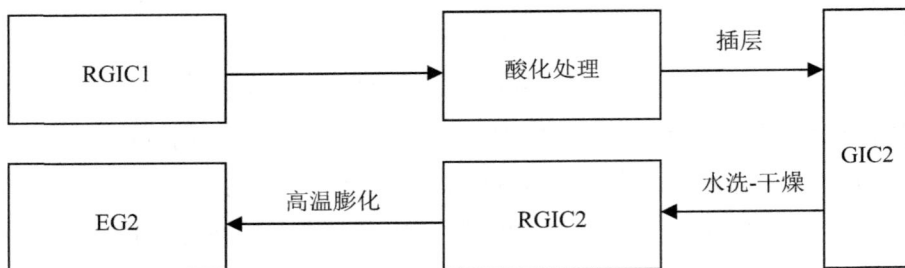

图 2-2　对可膨胀石墨二次插层制备 EG 的流程图

2.1.1.3 对 EG 插层制备 EG

对 EG 二次插层制备二次插层 EG 的工艺如图 2-3 所示，具体过程如下：

（1）用天平称取 EG1 6 g，置于烧杯中。

（2）用量筒量取一定量 H_2SO_4 和 H_2O_2，依次倒入盛有一次插层 EG 的烧杯中，搅拌均匀。反应 90 min 后，得到 GIC3。

（3）水洗 GIC 使 pH 为 5～7，然后放到干燥箱中 70 ℃干燥 24 h，得到可膨胀石墨（RGIC3）。

（4）将可膨胀石墨放到马弗炉中 1000 ℃加热 20～40 s，得到二次插层 EG，记为 EG3。

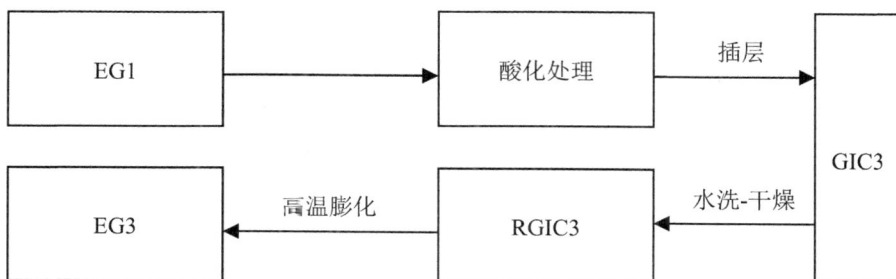

```
┌─────────┐          ┌─────────┐   插层   ┌─────────┐
│   EG1   │ ───────▶ │ 酸化处理 │ ───────▶ │         │
└─────────┘          └─────────┘          │         │
                                          │  GIC3   │
┌─────────┐  高温膨化 ┌─────────┐ 水洗-干燥 │         │
│   EG3   │ ◀─────── │  RGIC3  │ ◀─────── │         │
└─────────┘          └─────────┘          └─────────┘
```

图 2-3　对 EG 二次插层制备 EG 的流程图

2.1.2　纳米石墨片的制备

纳米石墨片制备过程是将以上三种 EG（EG1、EG2 和 EG3）分别放入酒精水溶液中（EG 与酒精溶液的质量比为 1:400，水和酒精的体积比为 65:35）进行超声波振荡（KQ-3200B，超声功率 150 W）12 h，过滤后空气中干燥得到。相应的纳米石墨片（Graphite Nanosheets，简称 GN）分别记为 GN1、GN2 和 GN3。

超声波粉碎的原理是超声波作用于含固体的悬乳液，如果固体颗粒较小，则它对超声空化的影响也会很小，液相中形成的空化气泡将以球形对称方式崩溃，所产生的冲击波会加速固体颗粒，使其具有较高的速度，造成颗粒间的剧烈摩擦，进而产生脆性颗粒的粉碎。而当固体颗粒大小是液体中空化气泡直径的几倍时，受固体表面的影响，其附近空化气泡的崩溃是非对称的，从而产生指向固体表面的高速射流，速度可达 100 m/s 以上，这种微射流会在固体表面产生局部的破坏。在超声波粉碎 EG 过程中，利用溶剂能方便进入 EG 孔隙和缝隙中。在超声波作用下，溶剂介质中空化气泡的形成和破裂，及伴随能量的释放，空化现象所产生的瞬间内爆有强烈的冲击波，液体中空化气泡的快速形成和突然崩溃产生了短暂的高能量微环境，在毫微秒的时间内可达 5000 K 的高温和约 107 Pa 的高压，所产生高速射流使得纳米石墨薄片从 EG 上脱离，并进入溶剂介质中。由于 EG 的多层次结构，石墨微片和石墨薄片间距之间的作用力很小，更容易发生相对滑动，因而会具有更加良好的润滑性能。经过超声波的照射作用，使得连在一起的 EG 的石墨微片先后脱落下来，成为独立的石墨片，所以超声波振荡后得到的微片为纳米石墨片。

2.1.3 EG/ZnO 的制备

以醋酸锌（Zn(Ac)$_2$）为制备 ZnO 的原料，采用 EG1 的制备工艺，根据 Zn（Ac）$_2$ 溶液对 EG 复合时机的不同，分为以下三种方案。

方案 1：Zn(Ac)$_2$ 溶液浸渍水洗后的可膨胀石墨

将一定浓度的 Zn(Ac)$_2$ 水溶液与水洗后的可膨胀石墨混合均匀，放置 3 天，70 ℃下干燥 24 h，最后将所得产物放到马弗炉中首先 700 ℃加热 30 s，随后 450 ℃焙烧 3 h。产物计为 EG/ZnO-1。

方案 2：Zn(Ac)$_2$ 溶液浸渍水洗并干燥后的可膨胀石墨

将一定浓度的 Zn(Ac)$_2$ 水溶液与水洗并干燥后的可膨胀石墨混合均匀，放置 3 天，70 ℃下干燥 24 h，最后将所得产物放到马弗炉中首先 700 ℃加热 30 s，随后 450 ℃焙烧 3 h。产物计为 EG/ZnO-2。

方案 3：Zn(Ac)$_2$ 溶液浸渍 EG

将一定浓度的 Zn(Ac)$_2$ 水溶液与 EG 混合均匀，放置 3 天，70 ℃下干燥 24 h，最后将所得产物放到马弗炉中 450 ℃焙烧 3 h。产物计为 EG/ZnO-3。

以上三种方案中使用的可膨胀石墨和 EG 均以 35 目天然石墨为原料，采用一次插层工艺。

2.1.4 球磨 EG 样品的制备

通过对天然石墨进行插层制备可膨胀石墨（见图 2-1），然后分别在

600 ℃、800 ℃和 1000 ℃加热可膨胀石墨，获得三种 EG（分别记为 EG600、EG800 和 EG1000），并对 EG（或其与 Fe 或 Ni 粉末混合物）进行机械球磨，具体工艺如下：

将 EG 用搅拌器搅拌破碎 5 min，得到 EG 粉末。将 EG 粉末（或者其与 Fe 或 Ni 粉末以质量比 5∶1 混合）置入球磨罐中。磨球选用不同直径的承钢球（GCr15，φ13 mm×6 粒+φ8 mm×30 粒）。为防止粉末发生凝结，选用乙醇为球磨介质。选定球料比为 40∶1，转速为 450 rpm，利用 GN-2 型高能球磨机对上述粉末分别球磨 60 h、80 h 和 100 h。随后将球磨 80 h 的 EG600 和 EG600/Ni 在真空退火炉中退火 2 h 和 4 h。

图 2-4 是沈阳市新科仪机电设备厂生产 GN-2 型高能球磨机的工作示意图。运转时，支撑盘转动产生的离心力使磨球和粉料向圆盘轴心方向流动，球磨罐自转所产生的离心力又使其向圆盘轴心方向流动，从而产生研磨效果。

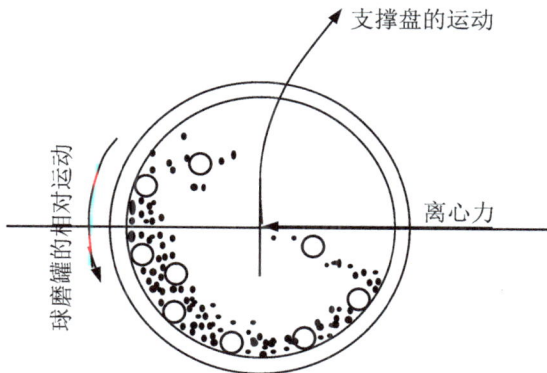

图 2-4　GN-2 型高能球磨机的工作示意图

GN-2 型高能球磨机采用高速离心旋转并高频震动方式。球磨罐在离心轴盘上高速离心旋转的同时，具有自导向功能，使其与轴盘形成相对运动。该产品机身采用悬挂结构，在高速旋转的同时可产生高频震动，使球、料、壁之间产生研磨力和撞击力。由于高频高能研磨、碰撞，材料均匀混合，可达非晶态并形成合金。该球磨机广泛应用于新材料研发、材料合成以及粉体工程等多个领域。

2.2 样品表征方法

（1）X射线衍射分析（XRD）：采用日本理学的 D/max-2500/PC 型X射线衍射仪。它采用 CuK$_\alpha$ 射线，石墨单色器结合 PHA 单色化。管电压为 40 kV，管电流为 100 mA，最大功率为 12 kW，波长为 1.540 56 Å，扫描角度 10°～100°。本实验 XRD 主要用于 EG 及相关材料的物相分析、晶面间距和微晶尺寸计算。为防止插层物蒸发，GIC 及可膨胀石墨样品均用家用保鲜膜包裹进行 XRD 测试。

（2）透射电镜分析（TEM）：采用日本 JEOL 公司生产的 JEM-2010 型高分辨透射电子显微镜，其加速电压为 200 kV，晶格分辨率为 0.14 nm，点分辨率为 0.23 nm，放大倍数为 200～1 500 000。本章中 TEM 样品均为粉末，制备时先在酒精溶液中超声波分散 15 min 得到悬浊液，将此悬浊液滴在已制好的微栅铜网上，空气中干燥后进行 TEM 观察。本实验中 TEM 主要用于观察 EG 及相关材料的形貌，高分辨（HRTEM）用于观察球磨及退火产物石墨层的混乱度和缺陷。

（3）扫描电镜（SEM）及能谱（EDS）：低倍扫描电镜型号为 KYKY-2800，高倍扫描电镜型号为 S4800。用于观察 EG 及相关材料样品的形貌。EDS 与 SEM 配套，本书中它用于球磨及退火产物中元素的定性及定量分析。

（4）激光拉曼光谱仪（Roman）：型号为 SPEXRamalog6，双单色器为 SPEX1403。主要参数：激光功率为 800 mV，波长为 514.5 nm，狭缝高 2 cm，宽 400 μm；扫描条件：步长 2 cm^{-1}，时间 0.5 s，累计次数 3～5 次。本书中 Roman 用于分析 EG 及相关材料的结构混乱度。

（5）红外/拉曼光谱（FTIR）：采用德国 BRUKER 公司生产的 E55+FRA 106 型傅里叶红外/拉曼光谱仪。光谱范围为 10 000～370 cm^{-1}，分辨率优于 0.5 cm^{-1}（可达 0.2 cm^{-1}），波数精度优于 0.01 cm^{-1}，透光率优于 0.1%T，信噪比高于 3600∶1（峰-峰值），分辨率谱区范围为 2200～2100 cm^{-1}。本书中 FTIR 用于测定 EG 及相关材料的官能团。

（6）综合热分析：采用德国 STA 449 C 型差热扫描仪（DSC）。本书中用于分析球磨 EG1000/Fe 混合物相变（加热速度 20 ℃/s，通 Ar）。

2.3　样品性能测试

2.3.1 EG/ZnO 对水面原油的吸附与降解性能

图 2-5 显示了 EG/ZnO 对水面原油的吸附过程，可以看出，随着 EG/ZnO 投放到水面溢油上约 2 min 后，原油特征的棕色消失了（见图 2-5（b）），这是由于它被 EG/ZnO 吸附的原因。当水面原油的量超过 EG/ZnO 的最大吸附量时，将达到饱和吸附，此时会有少量棕色原油漂浮在水面，EG/ZnO 周围及表面出现透明的油状物质（见图 2-5（d））。基于以上观察，我们测定了 EG/ZnO 对水面浮油的最大吸附量（g/g）=（$M_2 - M_1$）/M_1，这里 M_1 是 EG 质量，M_2 是 EG 吸附原油后的质量。

EG/ZnO 对水面浮油的吸附过程完成后，将溶液放在 30 W（UV-C，254 nm）高压汞灯（Philips）照射下反应，定期取样。用三氯甲烷将原油从 EG/ZnO 中萃取出后，用于分析其在光照期间的降解性能，分析手段包括原油的红外光谱、紫外-可见吸收光谱、荧光光谱、失重率。

2.3.2 EG/ZnO 对水中甲基橙的吸附与降解性能

在 150 mL 的烧杯中装入甲基橙溶液和 EG/ZnO，甲基橙和 EG/ZnO 的浓度分别为 20 mg/L 和 60 mg/L。溶液在 30 W（UV-C，254 nm）高压汞灯（Philips）照射下反应。定期取溶液，使用 721 型分光光度计测定其 λ_{max}＝465 nm 处的吸光度。在黑暗条件下，复合材料仅具有 EG 的吸附能力；而在 UV 照射下，复合材料同时具有 EG 的吸附能力和 ZnO 的降解能力。因此在黑暗和 UV 照射条件下，可分别得到甲基橙的吸附率和去除率，二者均可用等式（$A_0 - A$）/A_0 计算，其中 A_0 和 A 分别是甲基橙的初始吸光度和在测定时间的吸光度。降解率可近似地用去除率和吸附率的差值来表示。

图 2-5　EG/ZnO 对水面原油的吸附过程：（a）水面原油；（b）加入 EG 2min 后；

（c）吸油后的膨胀石墨；（d）吸附原油饱和后

2.3.3　摩擦性能测试

润滑油选用中国石油天然气股份有限公司提供的 SJ15W-40 型汽油机油。选用原始 EG、球磨 EG、纳米石墨片等作为润滑油添加剂。这些添加剂均以 5％质量百分比添加到基础油中，另添加硅烷偶联剂作为分散剂，超声波振荡 10 min，使添加剂在油中分散均匀。使用 MMU-5G 型高温摩擦磨损试验机进行减摩性能测试。

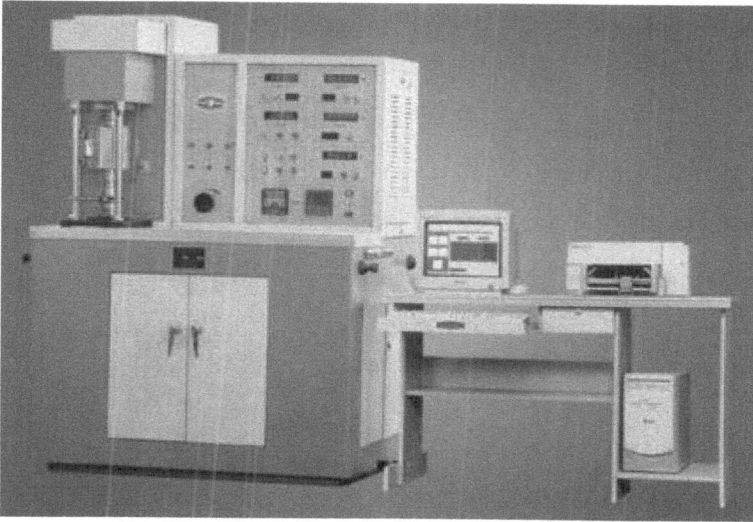

图 2-6　MMU-5G 型高温摩擦磨损试验机

图 2-7　主轴驱动系统和高温炉

　　摩擦磨损试验是在济南益华摩擦学测试技术有限公司生产的 MMU-5G 屏显式高温端面摩擦磨损试验机进行。本试验机可以以端面摩擦的形式，测定材料的抗磨性能及摩擦副的匹配特性。

　　试验机主要结构如图 2-6 和图 2-7 所示，该试验机由主机、计算机控制系统组成。本书采用端面磨损摩擦副（见图 2-8）进行试验，其上试样摩擦面为环面，材料为滚动轴承钢 GCr15，内径为 $\phi 20$ mm，外径为 $\phi 26$ mm，平均摩擦半径为 23 mm；下试样选用为 45#钢的圆盘，半径为 50 mm。这里上下试样的粗糙度为 Ra0.16。

图 2-8　上试样（a）和下试样（b）的形貌

2.4　本章小结

　　本章介绍了样品的制备、结构表征及性能测试方法。样品包括一次插层 EG 及两种二次插层 EG、纳米石墨片、EG/ZnO 复合材料、球磨并退火产物。性能测试包括 EG/ZnO 复合材料对水面原油和水中甲基橙的吸附和降解性能，原始 EG、纳米石墨片及球磨 EG 作为润滑油添加剂的摩擦性能。

第 3 章　膨胀石墨/ZnO 复合材料的制备及其吸附与降解性能

含各种油及纺织染料的废水已成为水污染的主要形式。研究表明，EG 对各种油类及纺织染料等有机污染物有极强的吸附能力，且吸附后漂浮在水面上，便于回收。此外，EG 具有很强的疏水性，无毒并呈化学惰性，不会造成二次污染，是一种新型绿色环保型吸附材料。利用光催化剂（如 TiO$_2$、ZnO、NiO 等）降解水中有机污染物一直是多年来的研究热点。近期有人尝试将光催化剂负载到 EG 中，制备 EG/光催化剂复合材料，该材料结合了 EG 的吸附性能和光催化剂的降解性能。但是，目前使用的光催化剂负载工艺单一。由于负载工艺的不同将会影响到光催化剂粒子在 EG 中的分布，因此选择合理的负载方法，更加有效地结合 EG 的吸附性能与光催化剂的降解性能是值得进一步研究的问题。

本章以醋酸锌作为光催化剂 ZnO 的原料，分别加热醋酸锌和水洗后的可膨胀石墨、醋酸锌和水洗并干燥后的可膨胀石墨、醋酸锌和 EG 的混合物，制备了三种 EG/ZnO 复合材料，分别记为 EG/ZnO-1、EG/ZnO-2 和 EG/ZnO-3。通过 XRD、SEM 和 BET 比表面积等方法表征了 EG/ZnO 复合材料的结构，并研究了该材料对原油和甲基橙的吸附与降解性能。

3.1 EG/ZnO 复合材料的结构表征

3.1.1 SEM 分析

图 3-1 显示了这三种 EG/ZnO 复合材料的 SEM，可以看出这三种复合材料均保持了 EG 的疏松多孔结构。虽然 ZnO 颗粒有所团聚，但由于 EG 具有疏松多孔的蠕虫状结构，仍有足够的光线能穿透空隙形成三维的光降解环

境。而以硅胶、玻璃片、陶瓷膜等为载体的光催化剂只能提供二维平面光降解环境。这里 EG/ZnO-1 和 EG/ZnO-2 中的 ZnO 颗粒团聚成微米级（1～20 μm），且不均匀地分布在 EG 片层中；而 EG/ZnO-3 中的 ZnO 颗粒团聚成亚微米级（200～500 nm），且几乎均匀地分布在 EG 片层中。此外，EG/ZnO-2 中的 ZnO 颗粒绝大多数分布在石墨片的表面，而 EG/ZnO-1 和 EG/ZnO-3 中的 ZnO 颗粒分布在石墨片的表面和夹层中，内部孔也被 ZnO 颗粒部分填充。这种 ZnO 颗粒分布的差异与复合材料的制备工艺有关。当水洗并干燥的可膨胀石墨与醋酸锌混合时，绝大多数石墨层是封闭的，这样醋酸锌只能分布在可膨胀石墨层的表面，因此 EG/ZnO-2 中的 ZnO 颗粒绝大多数分布在石墨片的表面。而当水洗后的可膨胀石墨与醋酸锌混合时，部分石墨层是开放的，这样部分醋酸锌可进入可膨胀石墨的夹层，因此 EG/ZnO-1 中的 ZnO 颗粒可部分地分布在石墨片的内部。研究表明[38]，EG 的孔绝大多数是开放孔，而封闭孔的孔隙率不足 1%，因此当 EG 与醋酸锌混合时，醋酸锌很容易进入 EG 孔内。以上原因也造成了三种复合材料中 ZnO 允许负载量的不同（见表 3-1）。

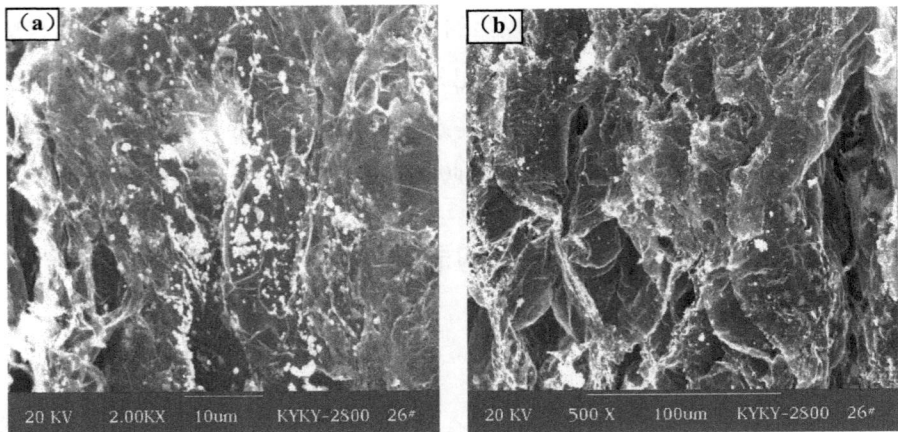

图 3-1　EG/ZnO 复合材料的 SEM：（a）EG/ZnO-1；（b）EG/ZnO-2；（c）EG/ZnO-3

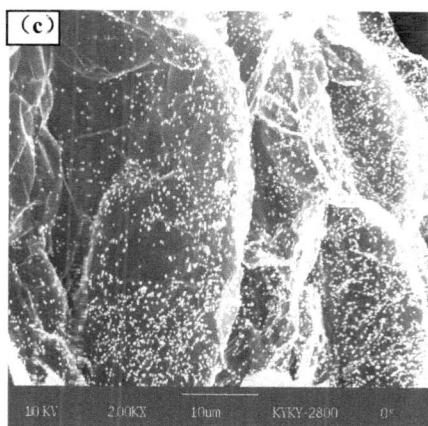

续图 3-1

表 3-1 EG/ZnO 复合材料的结构参数

样品	ZnO 允许负载量 / wt%	膨胀容积 / (mL/g)	BET 比表面积 / (m²/g)
纯 EG		300	50
EG/ZnO-1	40	250	45
EG/ZnO-2	35	240	42
EG/ZnO-3	80	40	15

3.1.2 结构参数分析

表 3-1 显示了三种 EG/ZnO 的结构参数。可以看出，与其他材料相比，EG/ZnO-3 的膨胀容积和 BET 是最低的，这是由于醋酸锌水溶液的浸渍造成了 EG 颗粒被驱散，破坏了 EG 特有的缠绕空间和大孔结构，并造成 ZnO 颗粒填充了大量的微孔通道。EG/ZnO-1 和 EG/ZnO-2 的膨胀容积和 BET 均低于纯 EG，这是由于经过醋酸锌浸渍处理的可膨胀石墨表面覆盖有醋酸锌，就像给石墨片穿了一层"刚硬的衣服"，在接下来的高温膨化处理过程中，"刚硬的衣服"就会抑削可膨胀石墨的膨化。此外，醋酸锌溶液的浸泡，也

对石墨层间插层物浓度产生了影响，从而影响到可膨胀石墨的膨化。与EG/ZnO-1相比，EG/ZnO-2的膨胀容积和BET均较低，这与醋酸锌在可膨胀石墨中的分布差异有关。图3-2是经不同工艺掺醋酸锌处理后的可膨胀石墨的宏观形貌。可以看出，水洗并干燥后进行掺醋酸锌处理的石墨片（见图3-2（b））显得很亮，这是因为较多的醋酸锌覆盖在石墨层表面。图3-3显示了经两种不同工艺掺醋酸锌处理后的可膨胀石墨的SEM，图中清楚地显示了可膨胀石墨的层状结构，其中白色物质为醋酸锌。可以看出，醋酸锌与水洗后的可膨胀石墨混合后，除了有一部分醋酸锌分布在石墨层的表面和边缘之外，尚有部分醋酸锌存在于石墨层间（见图3-3（a））。而当醋酸锌与水洗并干燥后的可膨胀石墨混合后，绝大部分醋酸锌分布在石墨层表面及边缘（见图3-3（b））。其原因在于醋酸锌与水洗后的可膨胀石墨混合时，较多的石墨层处于打开状态，醋酸锌容易插入石墨层间。而当醋酸锌与水洗并干燥后的可膨胀石墨混合时，石墨层多处于闭合状态，醋酸锌很难进入石墨层间。因此，对于EG/ZnO-2来说，较多的醋酸锌分布在可膨胀石墨的片层表面，在随后的加热过程中，醋酸锌对可膨胀石墨膨化的抑制作用更加明显，降低其膨胀容积和BET。

图3-2　经掺醋酸锌处理的可膨胀石墨的宏观形貌：
（a）水洗后掺醋酸锌；（b）水洗并干燥后掺醋酸锌

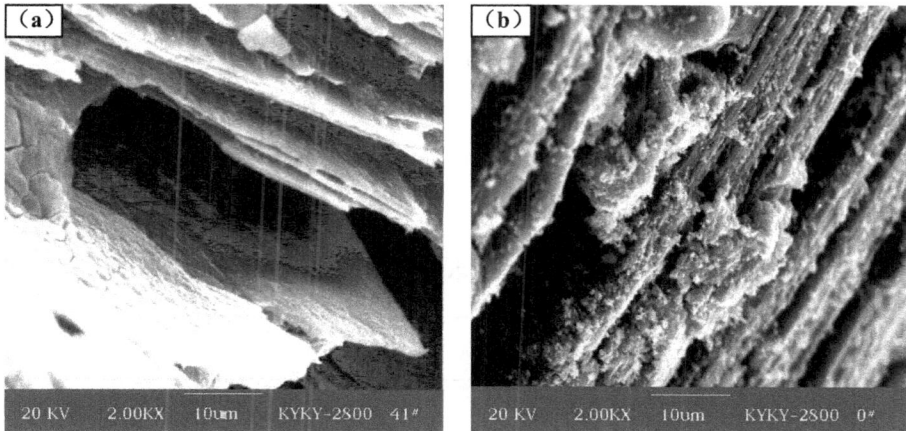

图 3-3　经掺醋酸锌处理的可膨胀石墨的 SEM:
（a）水洗后掺醋酸锌；（b）水洗并干燥后掺醋酸锌

3.2 EG/ZnO 复合材料的吸附与降解性能

3.2.1 三种 EG/ZnO 的吸附与降解性能对比

从表 3-2 可以看出，三种 EG/ZnO 对水面原油的吸附量均低于纯 EG，这显然与它们的膨胀倍数较低有关。在这三种 EG/ZnO 中，EG/ZnO-3 对水面原油的吸附量最低，而 EG/ZnO-1 和 EG/ZnO-2 的吸附量相差不大，这是因为 EG/ZnO-3 中 EG 颗粒形成的缠绕空间及颗粒内的大孔结构被破坏，造成储油空间减少。

在暗室条件下，EG/ZnO 对水中甲基橙仅具有 EG 的吸附功能；而在紫外线（UV）照射下，EG/ZnO 则同时具有 EG 的吸附功能和 ZnO 的降解功能。表 3-2 显示纯 EG 的吸附率和去除率的差值可以被忽略，但对于 EG/ZnO 却不然，这说明负载 ZnO 对甲基橙的降解是非常有必要的，同时也说明甲基橙的降解率可以近似地通过去除率和吸附率的差值来表示。这里甲基橙的吸附率可以排序为 EG/ZnO-1> EG/ZnO-2> EG/ZnO-3，这与它们的结构参数相一致。然而，甲基橙的去除率排序刚好倒过来，即 EG/ZnO-3> EG/ZnO-2>

EG/ZnO-1。因此，不难推断出甲基橙的降解率可以排序为 EG/ZnO-3>
EG/ZnO-2> EG/ZnO-1，以上结果与 ZnO 颗粒在 EG 中的分布有关。EG/ZnO-3
的降解率最高是由于其中的 ZnO 颗粒细小且均匀地分布。与 EG/ZnO-1 相比，
EG/ZnO-2 的降解率较高是由于 EG/ZnO-2 中的 ZnO 颗粒较多地分布在石墨
片外层，有利于接受 UV 照射。

表 3-2　EG/ZnO 复合材料对水中原油和甲基橙的去除能力

样品	原油吸附量/ （g/g）	甲基橙吸附率/ （暗室 3h，%）	甲基橙去除率/ （UV 下 3 h，%）
纯 EG	70	70	72
EG/ZnO-1	50	55	78
EG/ZnO-2	52	52	82
EG/ZnO-3	26	37	85

基于以上分析可知，EG/ZnO-3 对甲基橙的去除率最高，而对水面浮油
的吸附量最小。因此，我们下面选用 EG/ZnO-3 对水中甲基橙进行脱色，选
用 EG/ZnO-1 和 EG/ZnO-2 处理水面浮油。

3.2.2 EG/ZnO 对甲基橙的吸附与降解性能

图 3-4 显示了 EG/ZnO-3 中 ZnO 含量对甲基橙去除率的影响（反应时间
3 h），可以看出，随着 ZnO 含量提高，去除率先增加直至 ZnO 含量为 50%，
然后下降。这是由于随着 ZnO 含量增加，ZnO 表面有效激活面积增加，导
致 EG/ZnO 降解能力提高。但是，随着 ZnO 含量增加，EG/ZnO 内 EG 量下
降，其吸附能力降低。另外，随着 ZnO 含量增加，EG/ZnO 的容积密度增大，
会导致下沉到水底的 EG/ZnO 颗粒量增加，这样接受光照的 ZnO 量下降，
导致降解能力下降。因此，ZnO 的最佳含量为 50%。

图 3-5 显示了含 50%ZnO 的 EG/ZnO-3 在不同反应时间的吸附率和去除
率。可以看出，经过 2 h UV 照射，去除率已到 100%，但 3 h 时吸附率仅为

20.0%。这说明对于 EG/ZnO-3 来说，ZnO 的降解功能是甲基橙去除的主要因素，EG 的主要功能是将甲基橙吸附并提供降解场所。

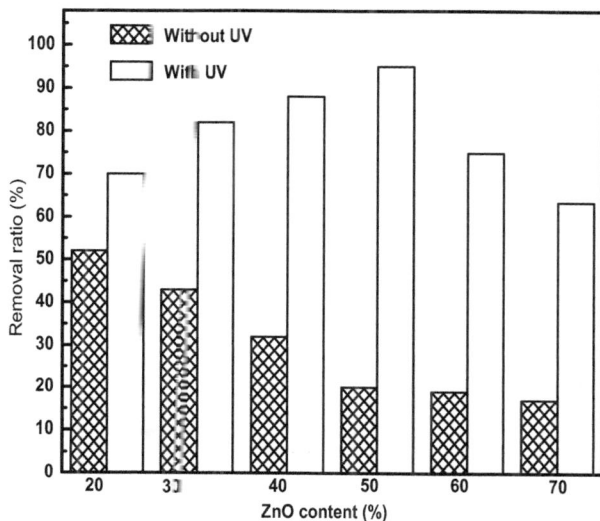

图3-4　EG/ZnO-3中ZnO含量对甲基橙去除率的影响

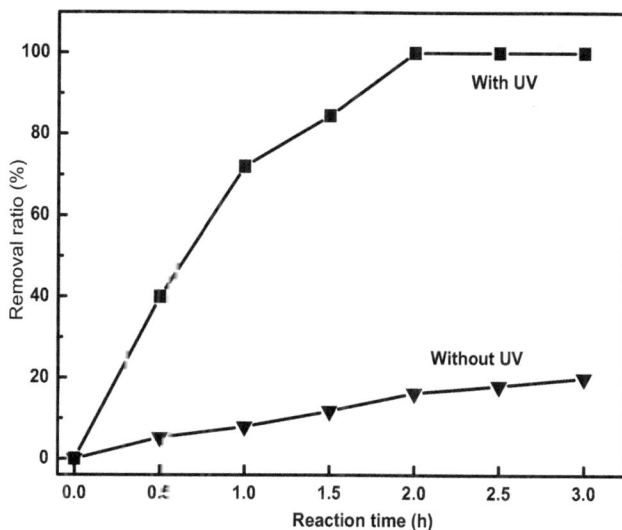

图 3-5　含 50%ZnO 的 EG/ZnO-3 在不同反应时间的吸附率和去除率

3.2.3 EG/ZnO 对吸附原油的降解性能

3.2.3.1 吸附与降解过程

图 3-6 显示了 EG/ZnO 对原油的吸附与降解过程。当 EG/ZnO 投放到水面，原油被吸附，分散的石墨颗粒聚积成团，如图 3-6（b）所示。伴随着 UV 照射，原油逐渐降解，吸油后团聚在一起的复合材料又重新分散，平铺在水面上，如图 3-6（c）所示。这种重新分散对提高原油的降解效率是极为有利的，因为这有助于原油接受光照的面积，形成三维光照环境。下面将光照一定时间后的原油用三氯甲烷从复合材料中萃取出后，进行相关分析。

图 3-6　EG/ZnO 对原油的吸附和降解原油过程：
（a）水面原油；　（b）吸附后；　（c）UV 照射后

3.2.3.2 红外光谱分析

傅里叶变换红外光谱分析技术可以提供分子内可能存在的官能团，以及官能团所处的化学环境等信息，是鉴别有机物最为常用的分析方法之一，它常被用来定性地分析原油的降解程度[209]。

图 3-7 分别是吸附在纯 EG、EG/ZnO-1 和 EG/ZnO-2 中原油的 FT-IR 谱线随 UV 照射时间的变化（EG/ZnO 中 ZnO 含量 35%，每克 EG/ZnO 中吸附原油 15 g），其中 3410～3200cm⁻¹ 和 1632cm⁻¹ 的 O—H 伸缩振动模是由于在实验过程中，KBr 吸收大气中的水蒸气产生。随着 UV 照射时间的增加，原油的三个特征峰——C—H 伸缩振动模、C—H 变形振动模和 C—C 伸缩振动模均明显缩短，这说明原油已被降解。但即使照射 100 h，这三个峰依然可见，这说明原油没有完全降解。

通过比较可以看出，随照射时间延长图3-7（b）和（c）中原油特征峰的缩短幅度均比图3-7（a）大，其中，图3-7（c）中各峰的缩短幅度最大。由于图中各峰变化趋势具有同步性，因此图3-8以原油的C—H伸缩振动模随时间的变化为例，对各吸附材料中原油的降解程度进行了直观对比。由图可知，随着照射的增加，三者的C—H峰透射率均逐步下降，而且两种复合物中原油的C—H峰透射率均高于纯EG，其中EG/ZnO-2比EG/ZnO-1中原油的C—H透射率要高。直到100 h，三者的C—H峰透射率大小顺序保持不变。

以上分析表明，在相同紫外照射条件下，EG/ZnO-2中原油降解程度最大，EG/ZnO-1次之，EG最差。这说明在EG中掺ZnO粒子光催化剂，加快了EG中原油的降解。而EG/ZnO-2比EG/ZnO-1中原油降解程度大的原因可能是由于EG/ZnO-2中的ZnO粒子较多地分布在石墨层表面及边缘，造成更多的ZnO粒子受到紫外光照射。下面我们以EG/ZnO-2为例（EG/ZnO-2中ZnO含量35%，每克EG/ZnO-2中吸附原油15 g），进一步分析被吸附原油的降解性能。

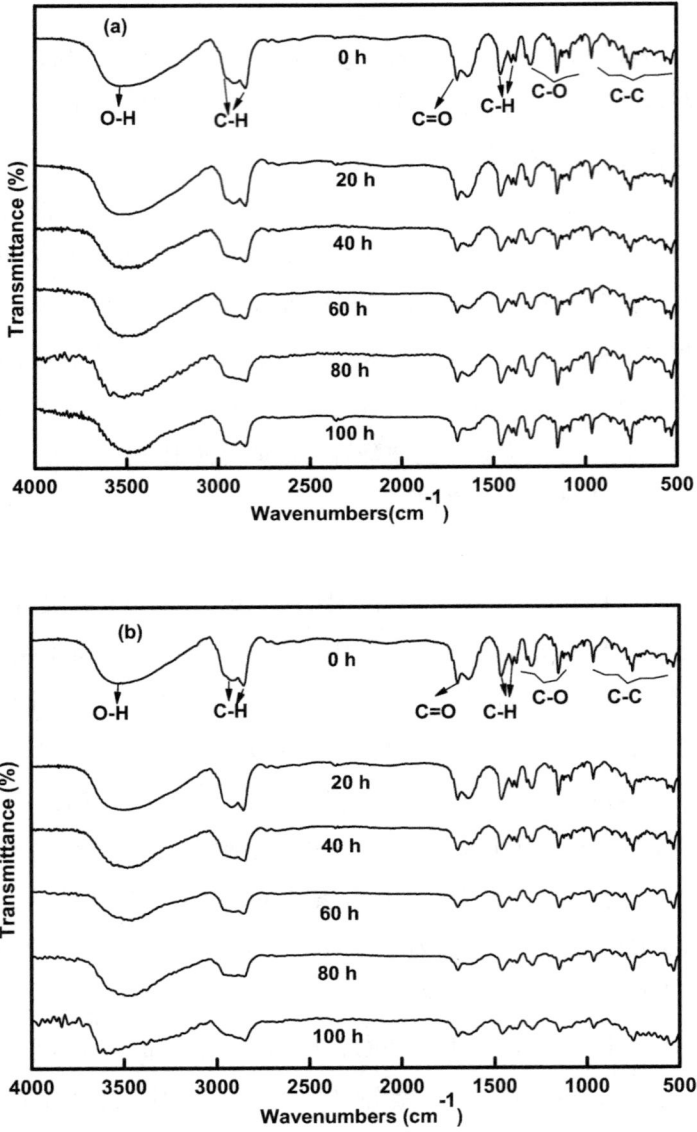

图 3-7 吸附在不同吸附剂中原油的 FT-IR 随 UV 照射时间的变化：
（a）纯 EG；（b）EG/ZnO-1；（c）EG/ZnO-2

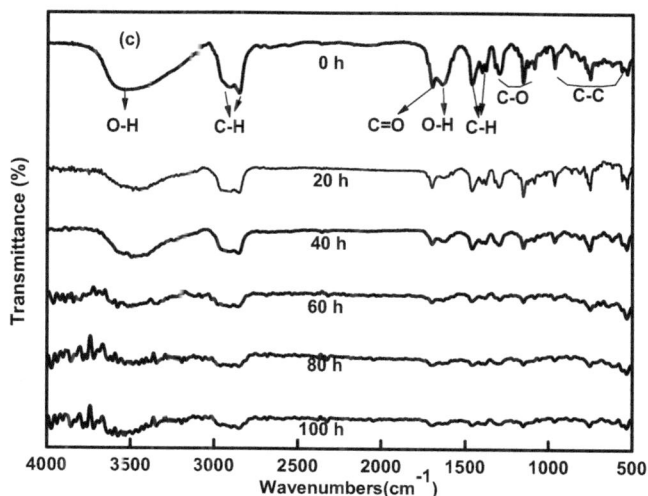

续图 3-7

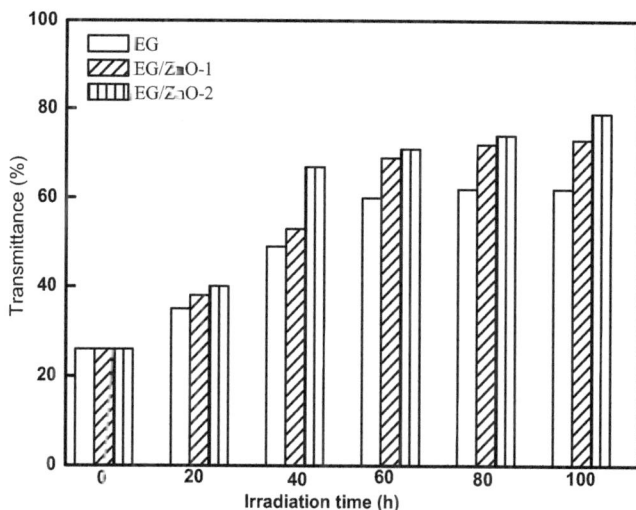

图3-8　三种吸附剂中原油的C—H伸缩振动模随UV照射时间的变化

3.2.3.3 紫外-可见吸收光谱分析

原油是一系列芳烃、烷烃等的混合物，紫外-可见吸收光谱是检测芳烃化合物比较常用的方法，能较好地用于表征相对简单的体系[210]。因此，实验中采用这种方法分析了原油发生光催化降解后组成的变化，结果如图3-9所示。可以看出光照后原油吸收峰强度大幅下降，并出现非对称性宽化。此外，吸收峰的位置发生了蓝移，波长由250 nm移至240 nm附近，并在波长为260 nm处出现了新的吸收峰。由此推断，经紫外光照射100 h后，在复合材料中ZnO的作用下，所吸附的部分原油发生了明显的光催化降解反应，并可能生成了新的物质。

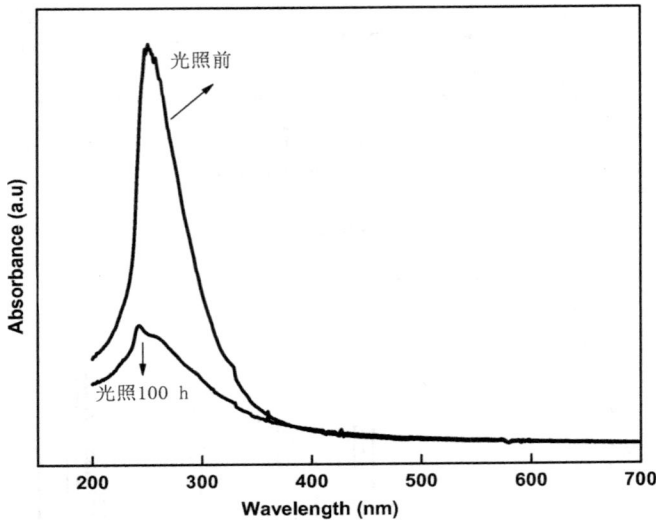

图 3-9　原油光照前后紫外-可见吸收光谱图

3.2.3.4　荧光光谱分析

芳烃中共轭体系的π电子受到较短波长的光激发时，会吸收能量而跃迁至较高的能阶，当电子回到原先的平衡态时，就会以辐射的形态（荧光）释放出多余的能量。

图 3-10 是原油在 UV 照射前后的荧光光谱图，由图可见，光照 100 h 后原油的荧光强度下降，且最大吸收峰的位置从波长 528 nm 处移动到 540 nm 处，这也说明光照后原油的组成发生了变化。实验中发现，光照过程中有挥

发性臭味产生。文献[211-212]指出，引起油脂臭味的主要成分可能是低分子的醛、酮、游离脂肪酸以及不饱和碳氢化合物等。因此，原油光催化降解反应的中间产物可能有上述物质生成。

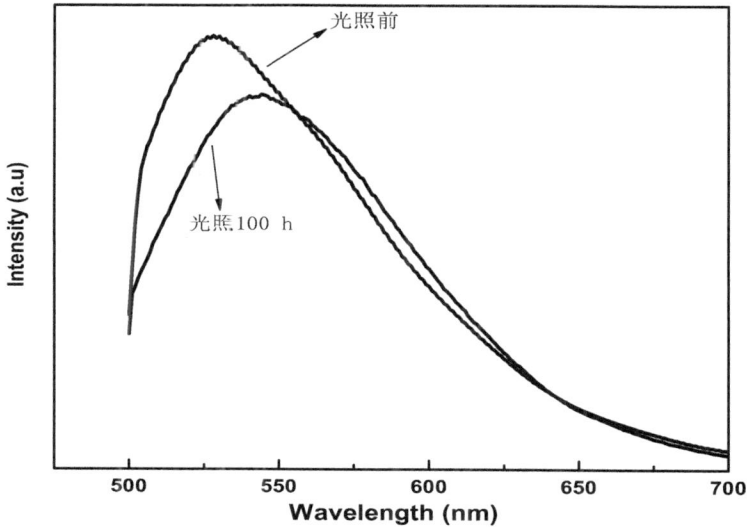

图 3-10 原油光照前后荧光光谱图

3.2.3.5 油失重分析

吸附在 EG 中的原油经光照后因降解会有失重，我们通过测量原油光照期间的失重率研究了 EG/ZnO 中 ZnO 含量及原油含量对原油降解的影响，如图 3-11 和 3-12 所示。

从图 3-11 可以看出，吸附在复合物中的原油（曲线 a、b、c）失重率均高于吸附在纯 EG（曲线 d），并且失重率随 ZnO 含量的提高而提高。这说明在 EG 中负载 ZnO 有利于原油的降解，并且提高 ZnO 含量可以增强复合物的降解能力。由图 3-12 可见，失重率随复合物中原油含量的降低而提高，这是因为降低原油含量意味着增加了 ZnO 的相对含量。

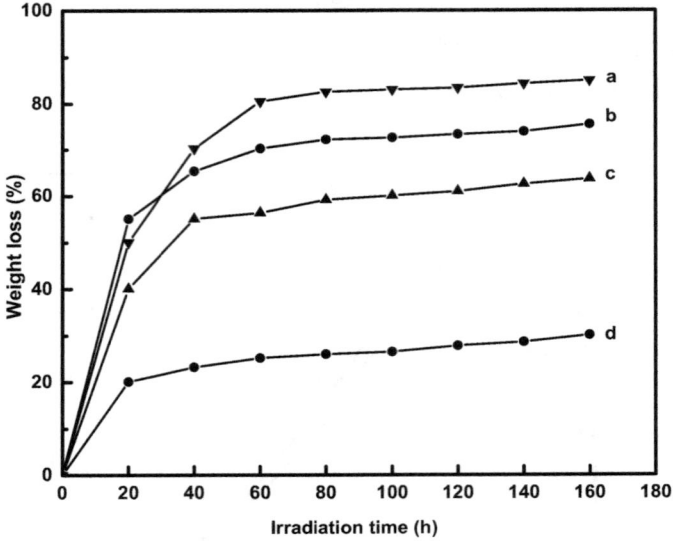

图 3-11 复合材料中 ZnO 含量对被吸附原油降解的影响（固定油与复合材料的重量比为 3 g/g，复合材料中 ZnO 含量分别为：（a）35%；（b）25%；（c）15%；（d）0

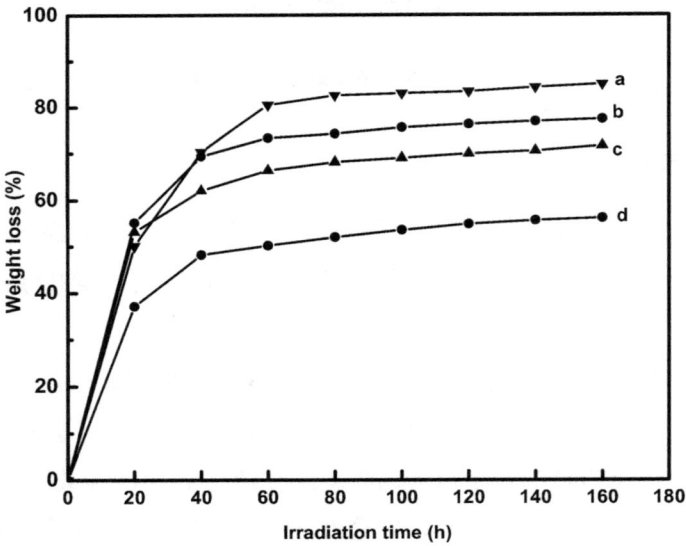

图 3-12 油与复合材料的重量比对被吸附原油降解的影响（固定复合材料中 ZnO 含量为 35%，油与复合材料的重量比分别为：（a）3 g/g；（b）7 g/g；（c）11 g/g；（d）15 g/g

以上结果说明，在 EG 中负载 ZnO 加速了被吸附原油的降解，而且提高复合材料中 ZnO 含量或降低复合材料中原油的量均可提高原油的降解速度。但是即使在理想条件下，即复合材料中 ZnO 含量为 35%，每克复合材料吸附 3 g 原油时，照射 100 h，原油失重率为 85%。进一步改善工艺，加大复合材料中 ZnO 含量，进一步延长照射时间，使得原油完全降解，是需要进一步去做的工作。此外，这里使用的原油降解分析手段均属定性或半定性的，寻找一种定量的分析手段，准确地测试原油的降解程度，值得进一步研究。

3.3　本章小结

我们分别加热醋酸锌和水洗后的可膨胀石墨、醋酸锌和水洗并干燥后的可膨胀石墨、醋酸锌和 EG 的混合物，成功地制备了三种 EG/ZnO 复合材料，并研究了该材料对原油和甲基橙的吸附和降解能力。

三种 EG/ZnO 复合材料均保持了 EG 的疏松多孔结构，且 ZnO 在 EG 上的分布及结构参数与 ZnO 的负载方法密切相关。由醋酸锌和可膨胀石墨混合制备的 EG/ZnO-1 和 EG/ZnO-2 中的 ZnO 颗粒团聚成微米级（1～20 μm），且不均匀地分布在 EG 片层中，而由醋酸锌和 EG 混合得到的 EG/ZnO-3 中的 ZnO 颗粒团聚成亚微米级（200～500 nm），且几乎均匀地分布在 EG 片层中。此外，EG/ZnO-2 中的 ZnO 颗粒绝大多数分布在石墨片的表面，而 EG/ZnO-1 和 EG/ZnO-3 中的 ZnO 颗粒分布在石墨片的表面和夹层中，内部孔也被 ZnO 颗粒部分填充。EG/ZnO-1 和 EG/ZnO-2 的膨胀容积均可达到 240 mL/g 左右，略低于 EG 的 300 mL/g，而 EG/ZnO-3 的膨胀容积仅为 40 mL/g。

在 UV 照射下，三种 EG/ZnO 对水中甲基橙同时具有吸附和降解功能。综合比较，EG/ZnO-3 对水中甲基橙的去除率高于 EG/ZnO-1 和 EG/ZnO-2。当 EG/ZnO-3 中 ZnO 含量为 50% 时，它的吸附和降解功能综合达到最佳，对水中甲基橙的去除率最高。EG/ZnO-3 的原油吸附能力仅为 26 g/g，低于 EG/ZnO-1 和 EG/ZnO-2 的 50 g/g 左右。UV 照射下，吸附在 EG、EG/ZnO-1 和 EG/ZnO-2 中的原油均可被降解。与 EG 相比，吸附在 EG/ZnO-1 和 EG/ZnO-2 中原油的降解速度均较高，其中吸附在 EG/ZnO-2 中原油的降解速度最高。这说明在 EG 中负载 ZnO 可加速被吸附原油的降解。此外，提高复合材料中 ZnO 含量或降低复合材料中原油含量均可提高原油的降解速度。

第4章　纳米石墨片的制备及其结构与摩擦性能

纳米石墨片是指纳米尺度大小的石墨片,它本身具备普通石墨优良的化学稳定性、导热、导电等性能。另外它在自润滑材料、灭火阻燃复合材料和场发射材料等方面都体现了很好的功效。目前,纳米石墨片的制备方法主要有爆炸法、超声波法、机械球磨法、脉冲激光液相沉积法、电化学法等。其中,使用超声波振荡EG制备纳米石墨片工艺简单,是最有发展前景的制备方法之一。该方法目前主要存在的问题是如何控制纳米石墨片的尺寸,从而满足不同的产品需求。因此,我们提出采用二次插层工艺制备EG,并对之进行超声波振荡制备纳米石墨片,旨在探索一种新的EG制备工艺,并以此控制纳米石墨片的尺寸。

本章分别对天然石墨、可膨胀石墨和EG进行插层,制备了三种EG(分别记为EG1、EG2和EG3),并对这些EG进行超声波振荡制备了三种纳米石墨片(分别记为GN1、GN2和GN3)。借助XRD、SEM等手段表征了相应产物的结构,并评价了纳米石墨片作为润滑油添加剂的摩擦性能。

4.1 纳米石墨片的制备及结构表征

4.1.1 GN1 的制备及结构表征

GN1由超声波振荡EG1获得,而EG1通过对天然石墨插层、膨化获得,如图2-1所示。我们的研究表明,当天然石墨:浓硫酸:双氧水=6 g:10 mL:1.5 mL 时,EG1 的膨胀容积最高,约为 300 mL/g。下面我们采用此配方,研究了天然石墨在插层、膨化、超声波振荡期间的结构变化。

图 4-1 是 35 目天然石墨的 XRD,由于样品的高度取向性,图中仅显示了三个(001)峰(002、004 和 006),最强峰(002)位于 26.5°,晶面间

距 d_{002}=0.335 nm。

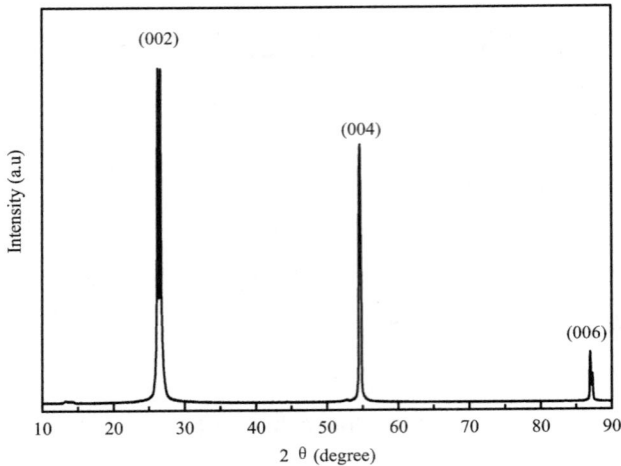

图 4-1　天然石墨的 XRD

　　图 4-2 是由天然石墨经氧化-插层反应后得到的石墨层间化合物（GIC1）的 XRD，这里天然石墨的最强峰（002）峰显得很弱，GIC 的特征峰出现。这说明天然石墨绝大部分已经转变为另一种化合物，硫酸氢石墨（$C^{+} \cdot HSO_4^{-} \cdot 2H_2SO_4$）。GIC 最显著的峰出现在 24.4°，晶面间距为 0.365 nm，这个峰与天然石墨峰相似，晶面间距增大的原因是由于石墨层间由很弱的范德华力连接，插层物进入造成。图中其他峰可归因为由氧化-插层反应形成的 GIC 结构。

　　阶数结构是 GIC 的特性结构，表示插入物将几层石墨层夹在其中进行叠层，可用公式 $I_c = d_i + (n-1)0.335$ 来计算，这里 I_c 是沿 c 轴方向的强度周期，可通过布拉格方程计算；d_i 是夹着插入层的碳层间距（沿 c 轴方向包含一个插入层的高度）；n 是 GIC 的阶数。计算结果显示，GIC1 中除了 3 阶结构之外，还出现了两个 5 阶结构的峰，显示 GIC1 为 3 阶和 5 阶的混阶结构。

　　图 4-3 是由 GIC1 经水洗-干燥后得到的可膨胀石墨（RGIC1）的 XRD。图中再一次显示了天然石墨的（002）和（004）峰，并出现了天然石墨的（101）峰，这应与石墨的取向性降低有关。图中其他三个峰属于高阶 GIC 结构，

其中两个为 11 阶，在 26°附近的 GIC 峰无法确定阶数。以上现象是因为 GIC 的水洗-干燥过程造成了硫酸氢石墨的分解。由于即使经过水洗-干燥处理，石墨层间仍会残留插层物，因此可膨胀石墨又称为残余 GIC，其结构很难精确测量。

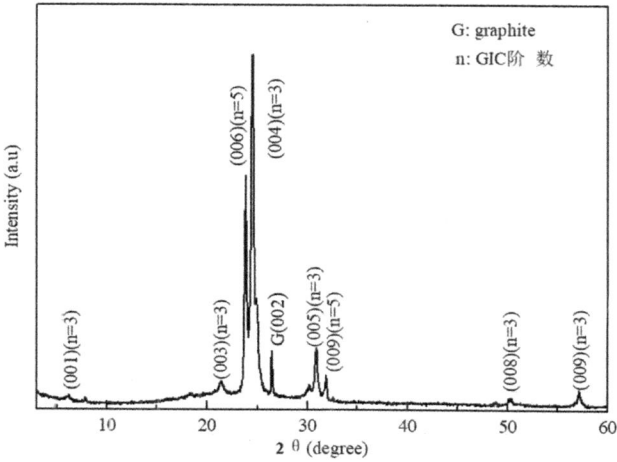

图 4-2　GIC1 的 XRD

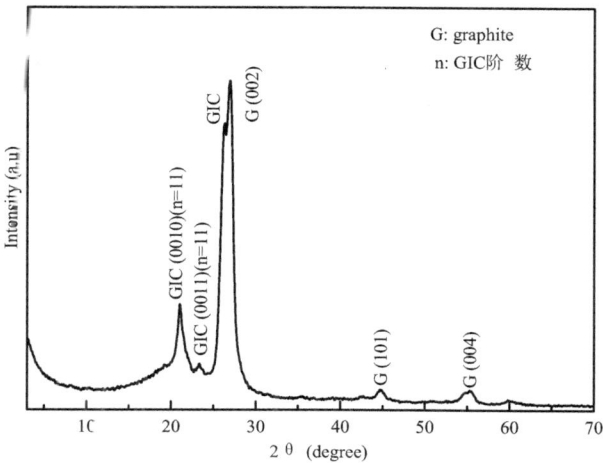

图 4-3　RGIC1 的 XRD

图 4-4 和 4-5 分别显示了天然石墨和 RGIC1 的 SEM。可以看出，和天然石墨相比，RGIC1 的石墨层沿 c 轴方向部分地膨胀了。统计结果表明，35 目天然石墨片的平均厚度约为 10 μm，而 RGIC1 的平均片层厚度膨胀至 500 μm。天然石墨的体积密度为 1.7 mL/g，而 RGIC1 的体积密度膨胀至 11 mL/g。

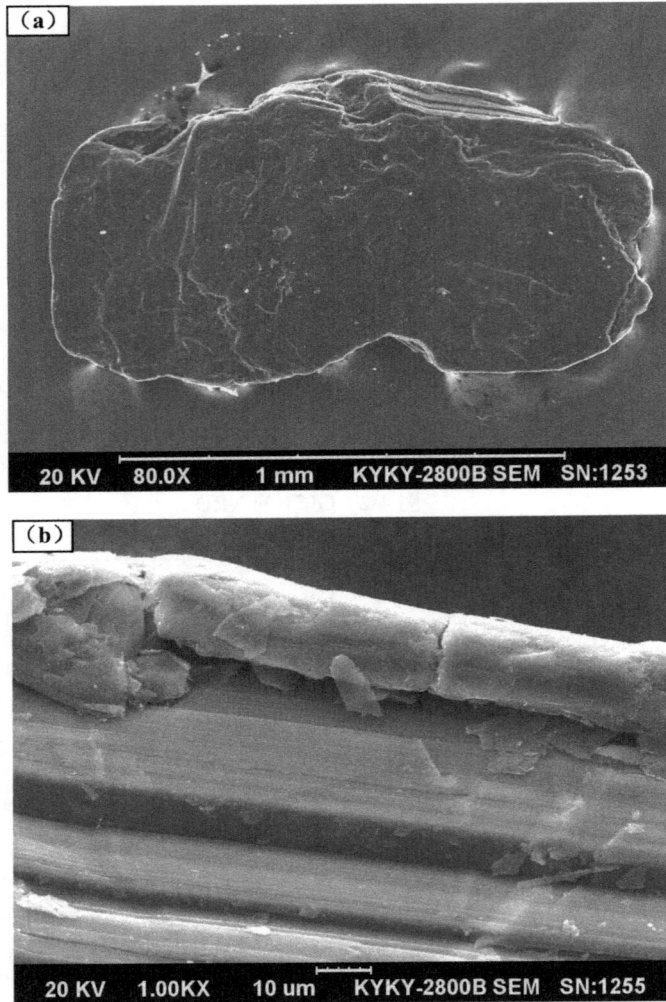

图 4-4 天然石墨的 SEM

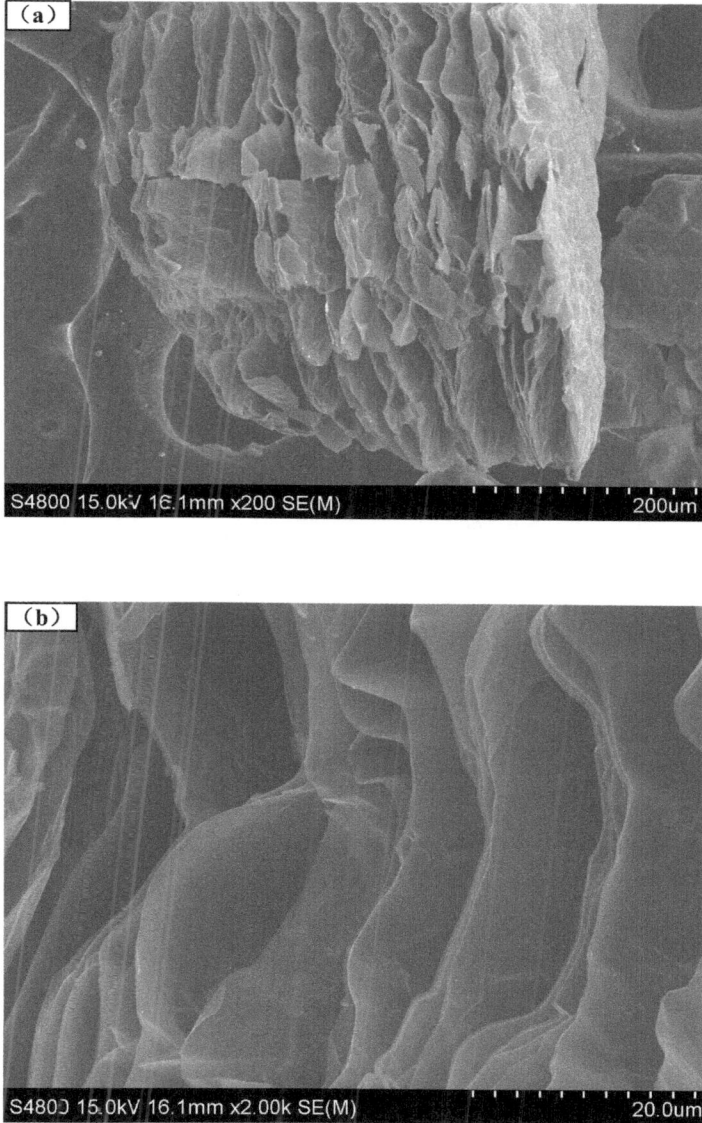

图 4-5　RGIC1 的 SEM

图 4-6 是 RGIC1 在 1000 ℃瞬间加热膨化后形成的膨胀石墨（EG1）的

SEM，与 RGIR1 相比，EG1 的石墨层沿 c 轴方向进一步剧烈张开，形成蠕虫状颗粒（见图 4-6（a）），并在蠕虫状颗粒上形成网络孔（见图 4-6（b））。EG1 蠕虫状颗粒长度一般为几个毫米，如前所述，天然石墨的厚度约为 10 μm，说明 EG1 较天然石墨沿 c 轴方向膨化了几百倍。

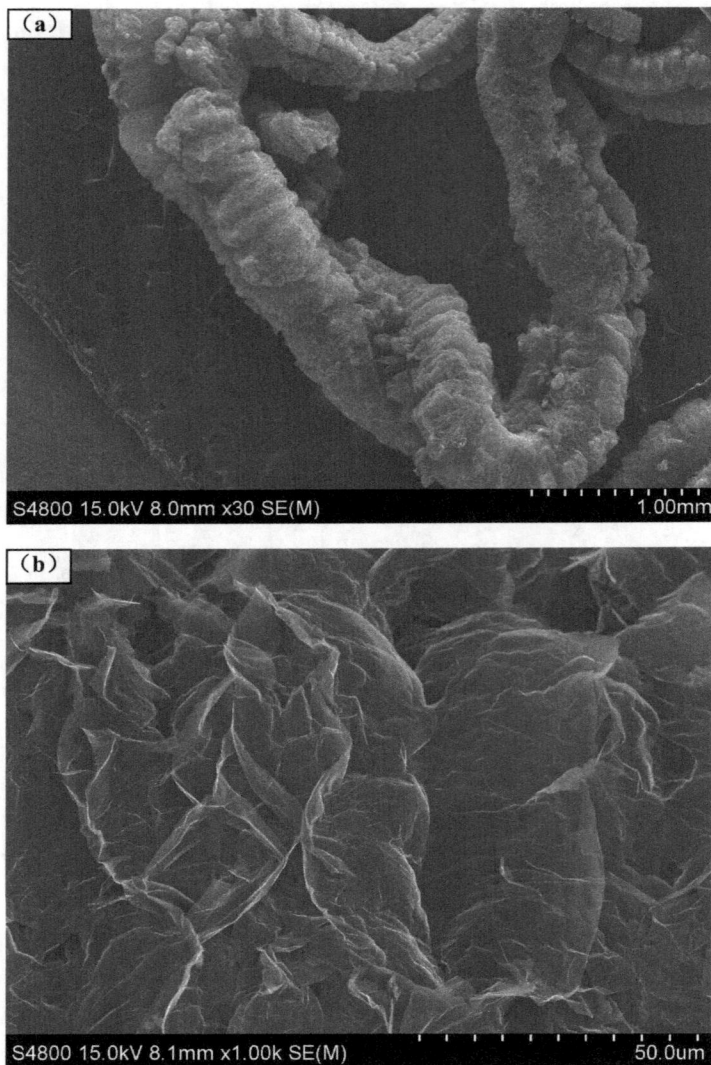

图 4-6　EG1 的 SEM

图 4-7 是 EG1 的 XRD。与 RGIC1 相比（见图 4-3），这里可膨胀石墨中的 GIC 峰消失，仅留下石墨的峰，d_{002} 晶面间距为 0.335 nm，这是由于可膨胀石墨中的残余插层物在高温加热期间分解、挥发造成的。EG1 与天然石墨的 XRD 相似（见图 4-1），只是衍射峰强度较低，且增加了几个非（001）峰（100、101*、101、110 和 112），位于 44.7° 的（101*）峰属于斜六方相，它与石墨中的正六方相一起出现，它们的主要区别在于石墨层的堆垛顺序，正六方为 ABABAB……，而斜六方为 ABCABCABC……。这些非（001）峰的出现是由于 EG1 的取向性降低造成的。

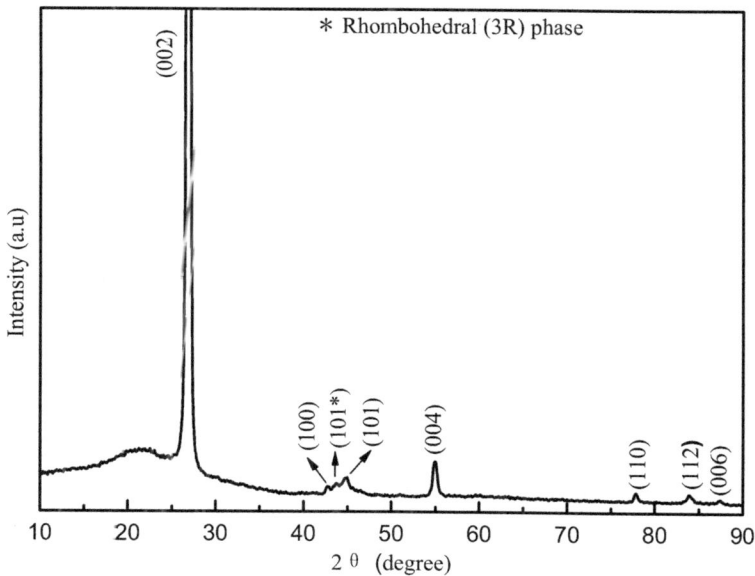

图 4-7 EG1 的 XRD

图 4-8 是 EG1 经超声波振荡后得到的纳米石墨片（GN1）的 SEM。可以看出，EG1 蠕虫状颗粒上连在一起的石墨片已被分离开，形成了独立的带有弯曲的石墨片。由于可膨胀石墨中片层之间的插层并不均匀，使得高温加热期间石墨层的膨化程度不同，造成纳米石墨片出现了多种形态。如图（b）中的石墨片弯曲成半闭合的桶状，片层边缘密实；图（c）中的片层边缘是由两个连在一起的石墨片组成；图（d）中的石墨片表面出现凸起，类似气

泡状，这是由于高温加热期间，可膨胀石墨片层之间产生的高压气流不足以将石墨片张开造成的。统计分析显示，GN1 的粒径大部分分布在 10～20 μm，平均直径约 16 μm；石墨片厚度大部分分布在 10～50 nm，平均厚度 25 nm。

图 4-8　GN1 的 SEM

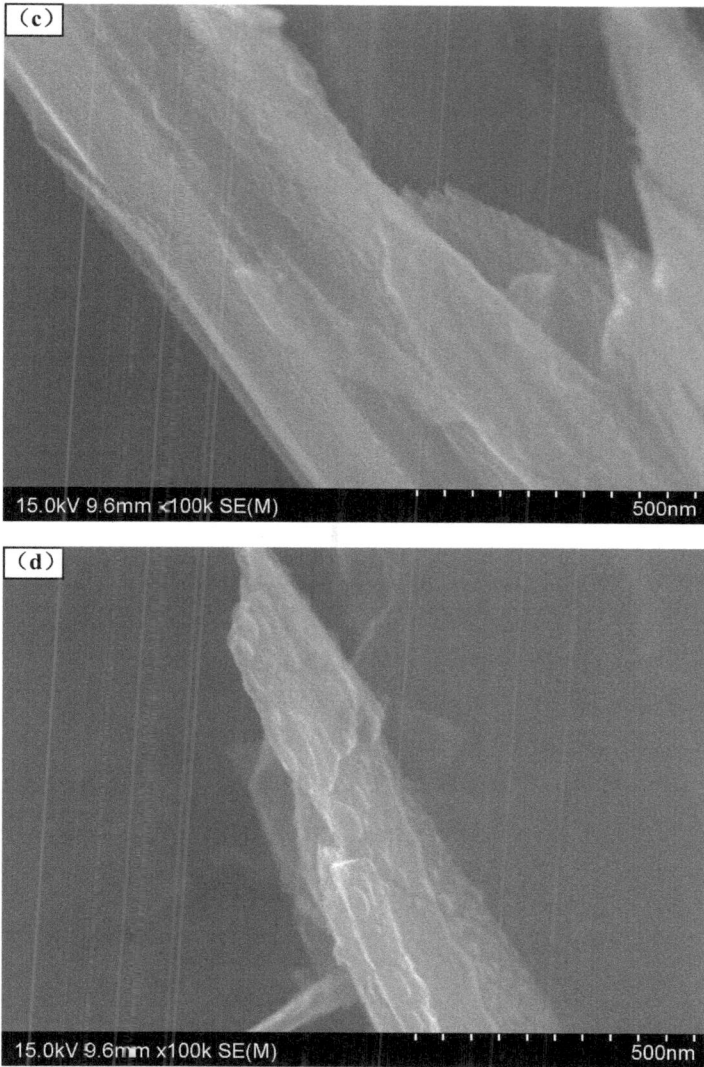

续图 4-8

图 4-9 显示了 GN1 的 XRD。相比 EG1（见图 4-7），GN1 的（00l）峰变得尖锐，几乎看不到 EG1 中出现的非（00l）峰。这说明纳米石墨片的晶面取向性比 EG 加强，比较接近于天然石墨，只是晶面取向性稍差。

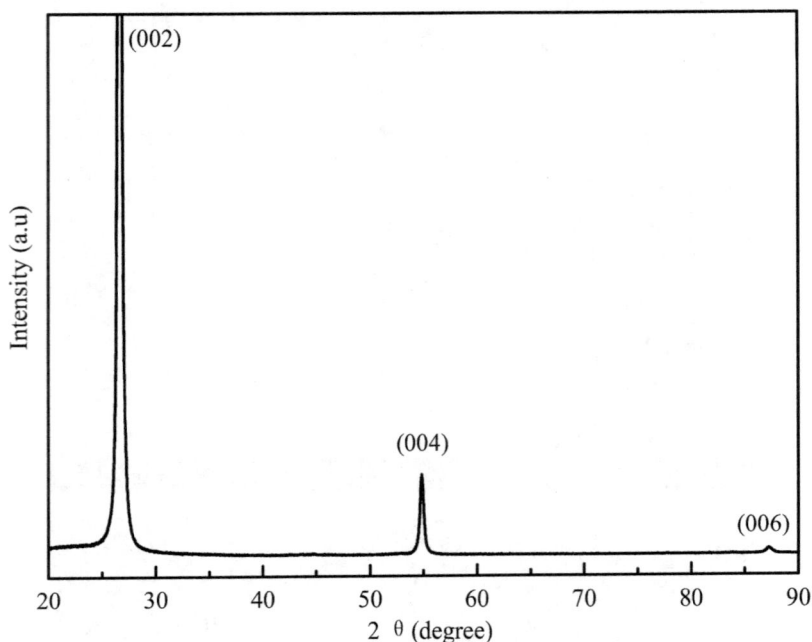

图 4-9　GN1 的 XRD

图 4-10 显示了天然石墨、RGIC1、EG1 和 GN1 的平均微晶尺寸（L_c）。这里 L_c 是利用谢乐公式可以从 XRD 谱中计算出的石墨沿 c 轴方向的微晶尺寸，其公式如下：

$$L_c = \frac{0.89 \cdot \lambda}{\beta \cdot \cos\theta} \tag{1}$$

其中 L_c 为石墨的微晶尺寸，λ 为实验所用 X 射线波长（$\lambda=0.15406$ nm），β 为（002）衍射峰的半高宽（已校正），θ 为布拉格角。

可以看出，RGIC1 的微晶尺寸（7.3 nm）小于天然石墨（40.5 nm），这显然与可膨胀石墨的石墨层沿 c 轴方向裂开有关。EG1 的微晶尺寸（14..3 nm）高于可膨胀石墨，这是因为经过高温膨化后，可膨胀石墨中的残余插层物在高温加热过程中挥发，使得部分石墨层关闭。GN1 的微晶尺寸（14.2 nm）略低于 EG1，说明 EG1 经超声波振荡后微晶尺寸下降不多。

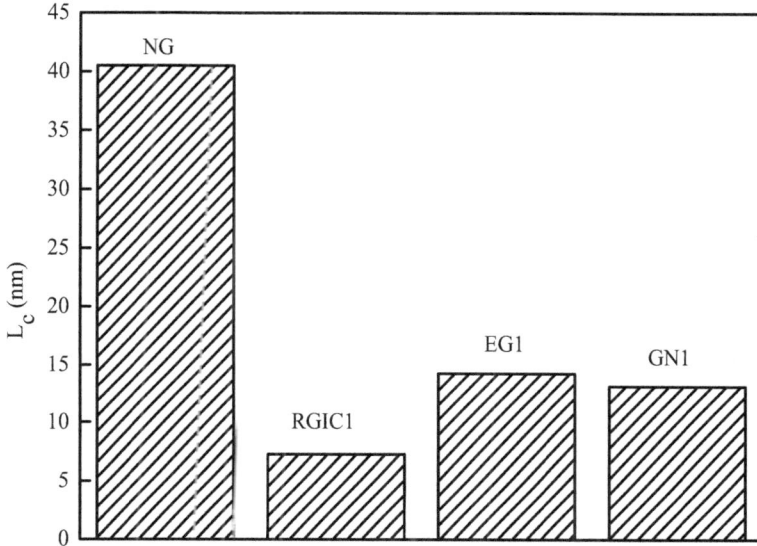

图 4-10　天然石墨（NG）、RGIC1、EG1 和 GN1 的平均微晶尺寸（L_c）

4.1.2 GN2 的制备及结构表征

GN2 是通过超声波振荡 EG2 获得，而 EG2 是通过对 RGIC1 二次插层，并随后膨化获得，如图 2-2 所示。这里我们根据 EG1 的最佳制备工艺（天然石墨：浓硫酸：双氧水=5 g：10 mL：1.5 mL），固定 RGIC1 的质量为 6 g，浓硫酸和双氧水的体积比为 1：0.15，通过改变浓硫酸和双氧水的量，对 EG2 的制备工艺进行了优化，结果如表 4-1 所示。可以看出，当 RGIC1 为 6 g，浓硫酸和双氧水的量分别为 10 mL 和 1.5 mL 时，所得的 EG2 膨胀容积最高（样品 7），为 280 mL/g。下面我们选用样品 7 的配方，分析了 RGIC1 在插层、膨化、超声波振荡期间的结构变化。

表 4-1　浓硫酸和双氧水用量对 EG2 膨胀容积的影响

EG2 样品	浓硫酸：双氧水（mL：mL）	膨胀容积/（mL/g）
1	4：0.6	240
2	5：0.75	220
3	6：0.9	250
4	7：1.05	230
5	8：1.2	260
6	9：1.35	270
7	10：1.5	280
8	12：1.8	260
9	15：2.25	240

图 4-11 是 RGIC1 经再次氧化-插层形成的 GIC2 的 XRD。通过公式 $I_c=d_i+(n-1)0.335$，计算得到 $I_c=2.838$ nm，因此 GIC 的阶数为 7，高于 GIC1 的阶数（3 阶和 5 阶的混阶，如图 4-2 所示）。这可能是因为作为原料的可膨胀石墨的石墨片已经部分膨化，造成硫酸在石墨层间的插层严重不均匀，硫酸优先并大量地进入张开的石墨层间，而很难进入封闭的石墨层间。由于 GIC1 的原料是天然石墨，硫酸可相对较均匀地进入石墨层间。

图 4-12 是 RGIC2 的 XRD。与 RGIC1 类似，这里也显示了石墨的（002）和（004）峰，同时还有几个 GIC 的峰，说明 RGIC2 是石墨与 GIC 的混合物。

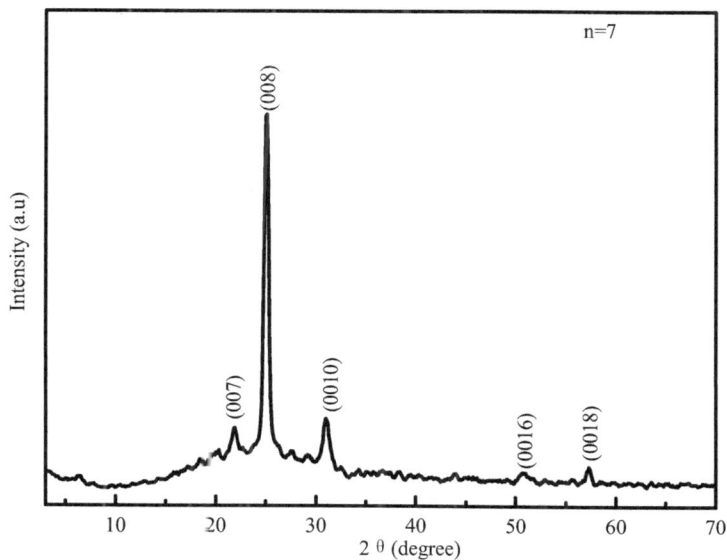

图 4-11　GIC2 的 XRD

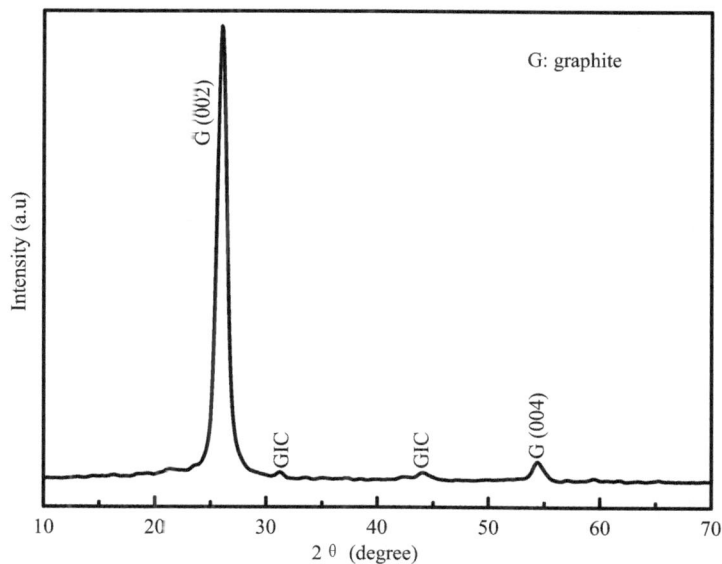

图 4-12　RGIC2 的 XRD

图 4-13 是 RGIC2 的 SEM。与 RGIC1（见图 4-5）相比，RGIC2 的石墨片发生了严重扭曲，并在片层表面出现严重褶皱。这可能是由于作为原料的 RGIC1 的石墨层已经部分张开，在氧化-插层反应期间，硫酸大量地进入张开的石墨层，在氧化腐蚀作用下，导致石墨层发生扭曲，片层表面出现褶皱。测量结果显示，RGIC1 的体积密度为 11 mL/g，而 RGIC2 的体积密度达到 35 mL/g，说明二次插层使得可膨胀石墨的石墨层进一步膨化。

图 4-13　RGIC2 的 SEM

15.0kV 9.4mm x1.00k SE(M)　　　50.0um

续图 4-13

　　图 4-14 是 EG2 的 SEM。对比 EG1（见图 4-6）可以发现，EG2 的蠕虫状颗粒明显要短，长度一般不超过 2 mm，而 EG1 的颗粒长度可达 6 mm。这主要是由于二次插层造成可膨胀石墨鳞片进一步裂开，并因受到腐蚀而变脆，导致在膨化过程中蠕虫状颗粒断裂。此外，从图 4-14（a）可明显观察到 EG2 蠕虫状颗粒上的网络孔（二级孔），而从图 4-6（a）中不太容易看到 EG1 颗粒的网络孔。将蠕虫状颗粒上的网络孔放大观察（见图 4-6（b）和 4-14（b）），可以发现 EG2 的网络孔形状比较规则，接近圆形，孔径大小较为均匀，孔的轴向比较一致地朝向垂直于平面方向。而 EG1 的网络孔的形状各异，包括圆形、椭圆形和半闭合孔，孔径大小不均，且孔的轴向很不一致。

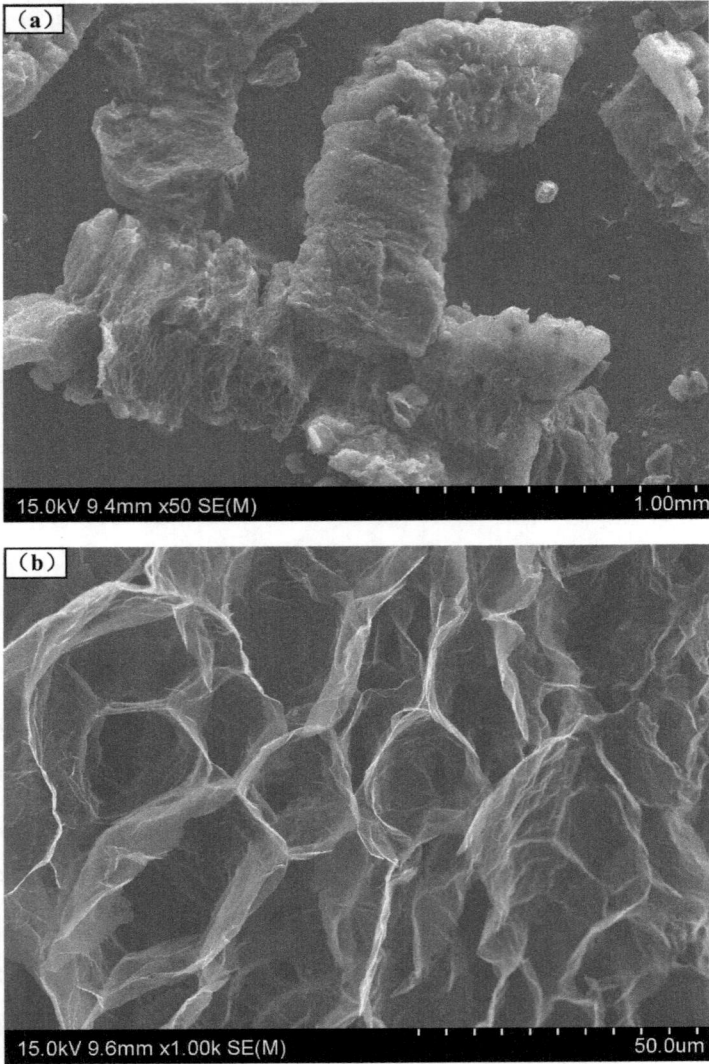

图 4-14　EG2 的 SEM

　　以上结果说明，相比 EG1，EG2 的网络孔发育更加完善，这与网络孔的形成机理有关。如第 1 章所述，每一个 EG 蠕虫状颗粒由许多微胞组成，微胞之间裂开形成一级 V 形孔，而网络孔（二级孔）存在于微胞中。可膨胀石墨鳞片可粗分为片层有序区，在高温气化过程中，片层间的连接处首先被气流胀开，造成微胞之间产生大的裂缝，形成一级 V 形孔。而片层有序区内部存在若干亚片层，亚片层之间结合相对更紧密，后续膨化形成微胞，同时这些亚片层发生不均匀变形形成了 EG 的网络孔。由于二次插层使这些亚片层进一步张开，使片层之间的结合减弱，导致膨化期间这些片层张开变形更充分。值得注意的是，尽管 EG2 的蠕虫状颗粒上的网络孔发育比 EG 更完全，但 EG2 的膨胀容积仅为 280 mL/g，小于 EG1 的 300 mL/g。这主要是因为 EG2 的蠕虫状颗粒较短，颗粒之间形不成缠绕空间，而缠绕空间的大小严重影响着 EG 的膨胀容积。

图 4-15 是 EG2 经超声波振荡得到的纳米石墨片（GN2）的 SEM。统计分析显示，GN2 的直径大部分分布在 6～15 μm，平均直径约 10 μm；石墨片厚度大部分分布在 5～20 nm，平均厚度 11 nm，小于由 EG1 制备的纳米石墨片（GN1）的平均直径约 16 μm，平均厚度 25 nm。这表明，对可膨胀石墨二次插层处理工艺降低了纳米石墨片的平均粒径和厚度。

图 4-15　GN2 的 SEM

4.1.3 GN3 的制备及结构表征

GN3 是通过超声波振荡 EG3 获得，而 EG3 是通过对 EG1 二次插层，并随后膨化得到，如图 2-3。这里我们固定 EG1 的质量为 6 g，浓硫酸和双氧水的体积比为 1：0.15，通过改变浓硫酸和双氧水的量，探索了 EG3 的制备工艺，结果如表 4-2。相比 EG1 和 EG2，EG3 制备工艺中的浓硫酸和双氧水量明显增多。这是因为这里的原料是经过搅拌粉碎的 EG1，它保持了膨胀石墨的多孔结构，对插层物的吸附量很大。如浓硫酸和双氧水量不足，则它们与 EG1 的混合很不均匀。从表 4-2 可以看出，当 EG1 为 6 g，浓硫酸和双氧水的量分别为 30 mL 和 4.5 mL 时，所得的 EG3 膨胀容积最高（样品 4），为 75 mL/g。下面我们选用样品 4 的制备工艺，研究 EG1 在插层、膨化及超声波振荡期间的结构变化。

表 4-2　浓硫酸和双氧水用量对 EG3 膨胀容积的影响

EG3 样品	浓硫酸：双氧水/ （mL：mL）	RGIC3 的 体积密度/（mL/g）	膨胀容积/ （mL/g）
1	12：1.8	36	42
2	18：2.7	40	50
3	24：4.6	42	60
4	30：4.5	52	75
5	36：5.4	54	70

图 4-16 显示了 EG1 经氧化-插层反应后得到的 GIC3 的 XRD，图中 EG 的石墨峰消失，在 20.9° 出现一个明显的 GIC 的峰，晶面间距=0.425 nm，高于 EG 的 0.335 nm。说明 EG1 的氧化-插层反应完全，EG 已经转变为另一种化合物——硫酸氢石墨盐。

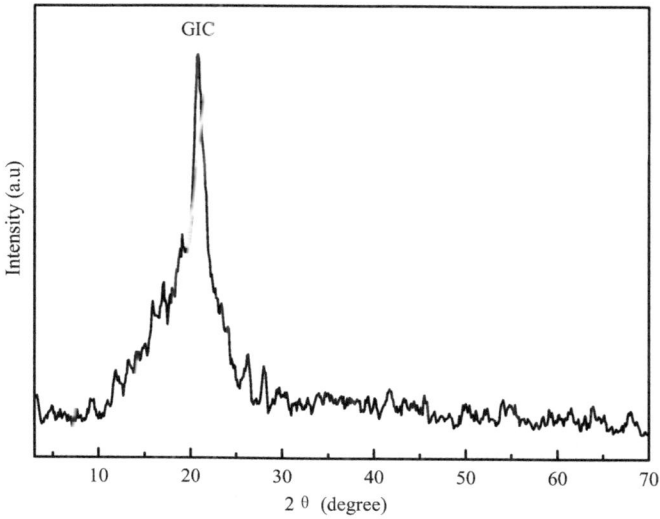

图 4-16 GIC3 的 XRD

图 4-17 是 GIC3 经水洗-干燥处理得到的 RGIC3 的 XRD。与 RGIC1 和 RGIC2 类似，图中再一次显示了石墨的（002）和（004）峰，同时还有 GIC 的峰，说明 RGIC3 是石墨与 GIC 的混合物。

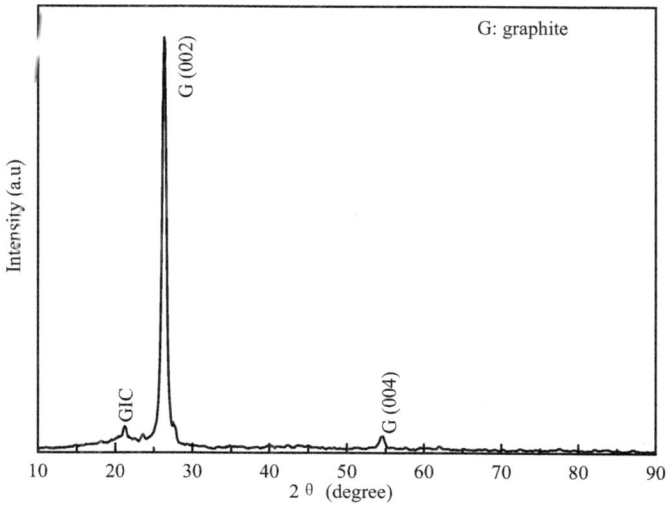

图 4-17 RGIC3 的 XRD

图 4-18 是 RGIC3 的 SEM。可以看出，RGIC3 保持了 EG1 的多孔结构，不过 EG1 蠕虫状颗粒变得很短，长度仅为 50～300 μm，以至于"蠕虫"不再弯曲。颗粒上的网络孔清晰可见，一些剥落的石墨片散布在颗粒上。这显然是由于 EG1 的破碎及氧化-插层反应造成的。

图 4-18　RGIC3 的 SEM

图 4-19 是 EG3 的 SEM。相比 RGIC3，EG3 的部分颗粒有所加长，可达 0.5 mm，并出现了"蠕虫状"弯曲，如图 4-19（a）所示。这说明 RGIC3 的石墨片插层不太均匀，导致在高温加热期间，RGIC3 颗粒部分膨化。在 EG3 颗粒表面可以看到散布的弯曲的石墨片，如图 4-19（b）所示。放大观察发现，有些石墨片弯曲成半圆状，半圆的长度达 70 μm，宽度为 20 μm，如图 4-19（c）所示；有些石墨片弯曲成多层（3～4 层）的筒状，筒的长度 15 μm，直径约 9 μm，如图 4-19（d）所示。这些现象可能是由于 RGIC3 中出现了散布的石墨片，它们在高温加热期间出现弯曲造成的。

图 4-19　EG3 的 SEM

续图 4-19

　　图 4-20 是超声波振荡 EG3 得到的纳米石墨片（GN3）的 SEM。统计结果显示，这些石墨片的直径分布在 4～12 μm，平均直径约 8 μm；厚度分布在 2～9 nm，平均厚度约 4.5 nm，小于 GN1 的平均直径 16 μm，平均厚度 25 nm，以及 GN2 的平均直径 10 μm，平均厚度 11 nm，如表 4-3 所示。这说明，两种二次插层工艺均可降低纳米石墨片的尺寸，尤其是对 EG 进行二次插层。

图 4-20　GN3 的 SEM

表 4-3　三种纳米石墨片的尺寸

样品	粒径范围/μm	平均粒径/μm	厚度范围/nm	平均厚度/nm
GN1	10～20	16	10～50	25
GN2	6～15	10	5～20	11
GN3	4～12	8	2～9	4.5

4.2 纳米石墨片的摩擦性能

我们将上述三种纳米石墨片作为润滑油添加剂,研究了它们的减摩性能（载荷 200 N,室温）,结果如图 4-21 所示。可以看出,基础油的摩擦系数约为 0.065,添加三种纳米石墨片后,摩擦系数均得到降低。其中添加 GN1 或 GN3 时,摩擦系数降至约 0.045;添加 GN2 时,摩擦系数降至约 0.027。

以上结果说明,纳米石墨片作为润滑油添加剂具有减摩性能。石墨具有六方晶系晶体结构,其层与层之间以范德华力结合,容易滑动,故表现出良好的减摩作用。纳米石墨片添加到润滑油中,片状纳米石墨颗粒吸附在摩擦面上，能够形成一层或者多层低剪切应力的薄片状润滑膜，起到了减摩作用，同时也阻止了边界润滑时出现的摩擦副直接接触。图中显示 GN2 减摩效果最佳，而 GN1 和 GN3 减摩效果相差不大。如前面分析，GN1 的平均尺寸最大，GN3 的平均尺寸最小，GN2 的平均尺寸介于二者之间。这说明减摩效果与纳米石墨片的尺寸有关，当纳米石墨片具有合适的尺寸时，减摩效果最佳，这可能是因为合适尺寸的纳米石墨片更利于摩擦表面薄片状润滑膜的形成。

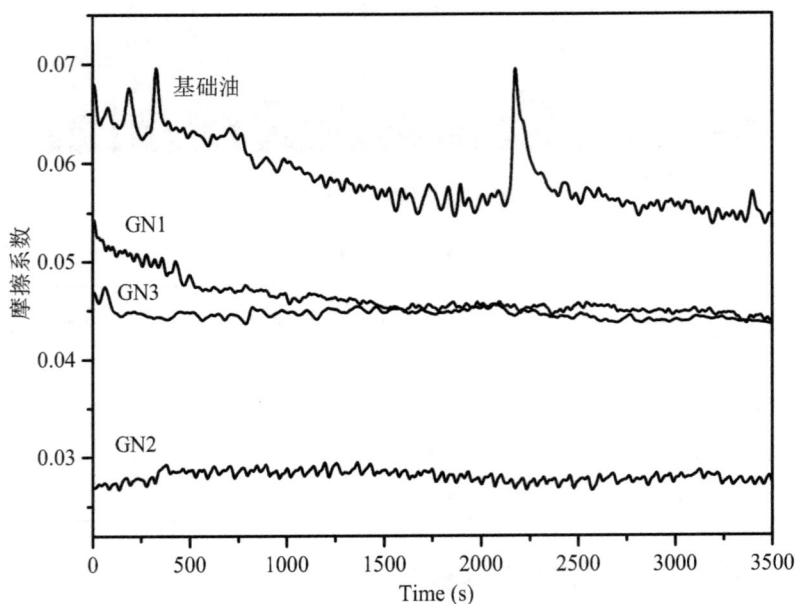

图 4-21　纳米石墨片的添加对摩擦系数的影响

4.3　本章小结

我们分别对天然石墨、可膨胀石墨和 EG 进行插层，制备了三种 EG，并对其超声波振荡制备纳米石墨片。研究了三种 EG 及相应纳米石墨片的制备工艺及微观结构，并评价了纳米石墨片作为润滑油添加剂时的摩擦性能。

　　当对天然石墨（或可膨胀石墨）进行插层制备 EG1（或 EG2）时，最佳制备工艺均是天然石墨或可膨胀石墨：硫酸：双氧水=6 g：10 mL：1.5 mL，所得 EG1 和 EG2 的膨胀容积分别为 300 mL/g 和 280 mL/g。而对 EG1 进行插层制备 EG3 时，最佳制备工艺是 EG1：硫酸：双氧水=6 g：30 mL：4.5 mL，此时所得的 EG3 的膨胀容积为 72 mL/g。和 EG1 相比，EG2 蠕虫状颗粒上的网络孔更加完善。而 EG3 的蠕虫状颗粒严重变短，并在此颗粒上发现微米级弯曲的石墨片，其中一些石墨片弯曲成半圆状，有些石墨片弯曲成多层筒状。

　　将 EG 进行波振荡制备纳米石墨片，发现纳米石墨片的尺寸与 EG 的制备工艺密切相关。由 EG1 得到的纳米石墨片 GN1 的平均粒径和厚度分别为 16 μm 和 25 nm，由 EG2 得到的纳米石墨片 GN2 的平均粒径和厚度分别降至 10 μm 和 11 nm，而由 EG3 得到的纳米石墨片 GN3 的平均直径和厚度分别降至 8 μm 和 4.5 nm。这说明两种二次插层工艺均可降低纳米石墨片的尺寸，尤其对 EG 进行二次插层处理。将纳米石墨片作为润滑油添加剂，发现三种纳米石墨片对润滑油均具有减摩作用，其中 GN2 的减摩效果最佳，而 GN1 和 GN3 的减摩效果相差不大。通过比较我们知道，GN2 的平均尺寸介于 GN1 和 GN3 二者之间，说明当纳米石墨片具有合适的尺寸时，才具有较佳的减摩效果。

第 5 章　球磨膨胀石墨的结构与摩擦性能

目前，碳纳米结构材料因其具有优良的导电性、高热阻性、低热膨胀系数、高比表面积等，日益受到人们关注。实践证明，球磨是制备碳纳米材料的有效方法之一。目前，球磨天然石墨的微观结构已被大量地研究，通常的结论是石墨在球磨期间经历了从晶态到非晶态的转变。球磨还使天然石墨产生了各种缺陷及碳纳米结构，其中缺陷包括石墨晶面的分层、翘曲、层错等，纳米碳结构包括碳纳米弧、类洋葱、碳纳米管等。EG是通过高温快速加热可膨胀石墨得到，在此期间，天然石墨片沿c轴方向剧烈膨化，形成了EG特有的疏松多孔结构。EG的这种特性结构将会影响到它球磨后的微观结构。然而，截至目前，有关球磨EG结构方面的报道极少。

考虑到EG的结构特征与可膨胀石墨的加热温度密切相关，本章我们将可膨胀石墨分别在600 ℃和1000 ℃加热，制备了两种EG（分别计为EG600和EG1000），并对其进行机械球磨。借助XRD、SEM和TEM等表征了球磨EG的微观结构，并研究了球磨EG作为润滑油添加剂的摩擦性能。

5.1 球磨 EG 的结构表征

5.1.1 XRD 分析

图 5-1 显示了 EG1000 在不同球磨时间的 XRD。图 5-1（b）中位于 43.7°的（101*）峰属于斜六方相，它与石墨中的正六方相一起出现，它们的主要区别在于石墨层的堆垛顺序，正六方为 ABABAB……，而斜六方为ABCABCABC……。随着球磨时间的延长，所有的石墨峰均出现宽化。位于42°～46°之间的三个峰（100、101*和101）在 60 h 合并成一个宽峰，变

得难以区分。这里我们注意到与（110）峰相比，（112）峰的宽化速度显然
要快，说明（hkl）峰比（hk0）峰更容易破坏。这符合已经证实的理论[190]，
即球磨期间石墨晶体的三维（3D）晶面更容易被破坏。从图 5-1（a）可以
看出，EG 的最强峰（002）逐渐向低角度迁移且出现不对称宽化，说明石墨
结构的破坏造成了石墨层晶面间距（d_{002}）的增加及缺陷的产生。（002）峰
的不对称宽化可能与石墨微晶尺寸（L_c）的减小及石墨层的无序化有关。图
5-2 是 EG600 在不同球磨时间的 XRD，可以看出它与 EG1000 具有相似的过
程，只是 60 h 后在（002）峰附近出现了几个非石墨峰（*标记），这可能
与它在球磨期间的结晶度变化有关。

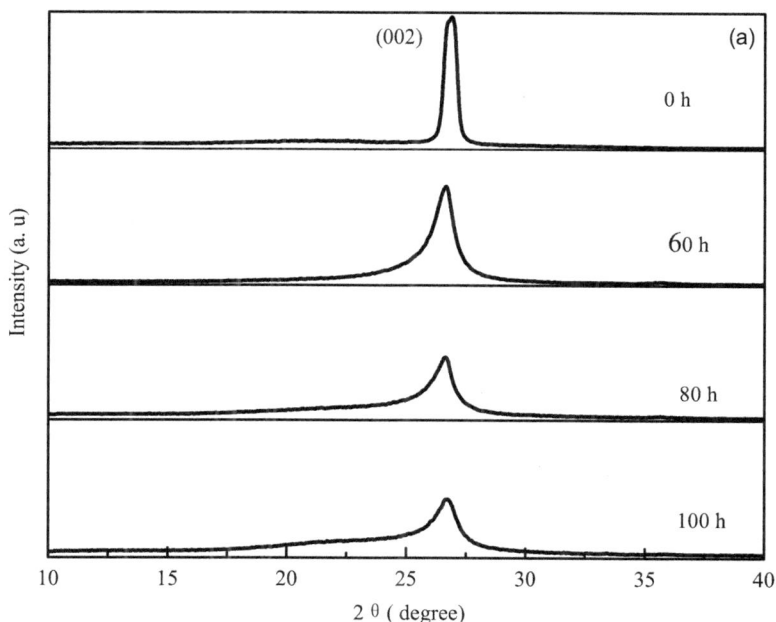

图 5-1　EG1000 在不同球磨时间的 XRD：（a）（002）峰；（b）其他峰

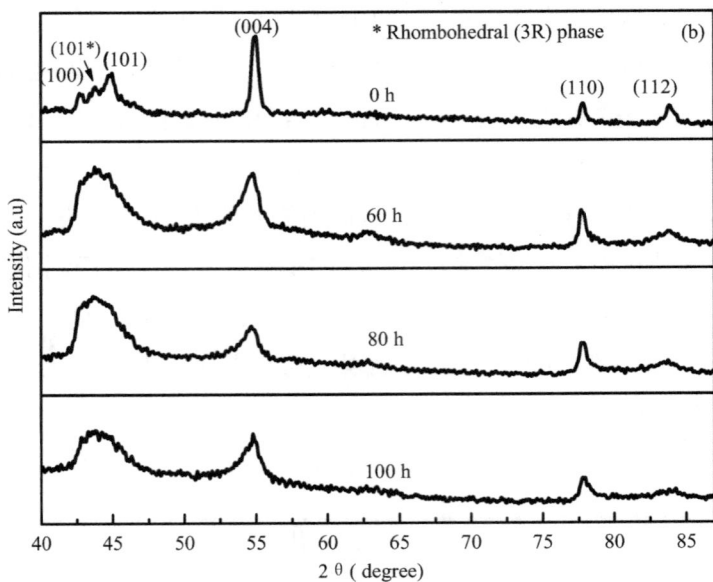

续图 5-1

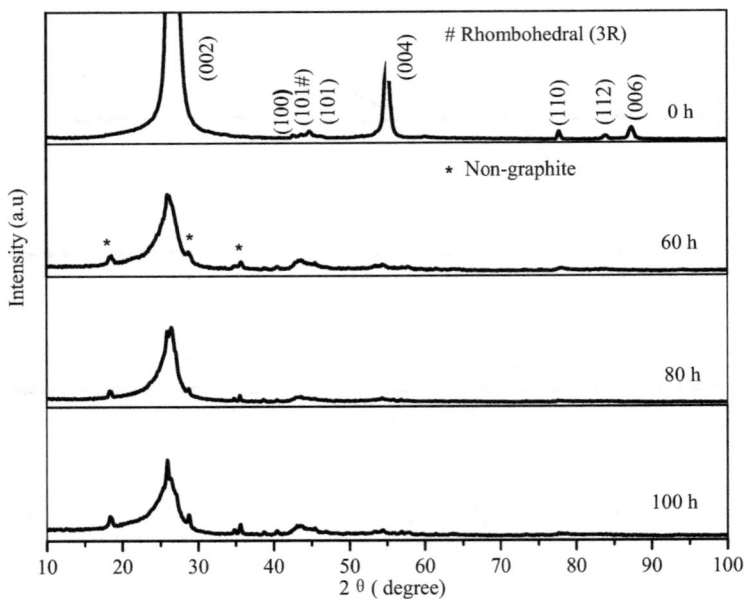

图 5-2　EG600 在不同球磨时间的 XRD

图 5-3 和 5-4 分别显示了 EG600 和 EG1000 在球磨期间微晶尺寸（L_c）和晶面间距（$d_{(02)}$）的变化。这里 L_c 是由谢乐公式计算得到（半高宽已校正），d_{002} 由布拉格方程计算得到。可以看出，随着球磨时间的增加，两种 EG 的 L_c 均逐渐降低，同时 d_{002} 逐渐升高，显示 EG 随着球磨时间的延长，结晶度逐渐降低。与 EG600 相比，EG1000 的这两个结构参数变化较小。

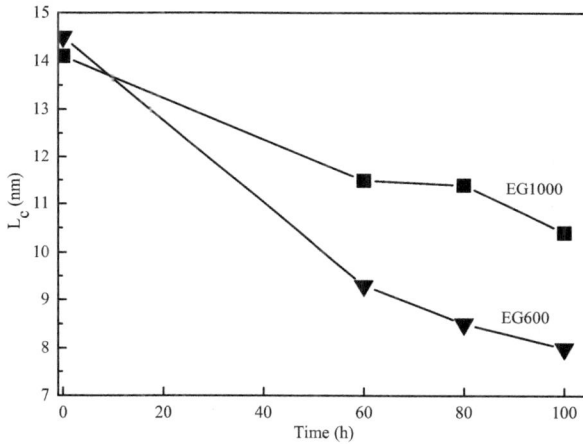

图 5-3　EG600 和 EG1000 在不同球磨时间的平均微晶尺寸

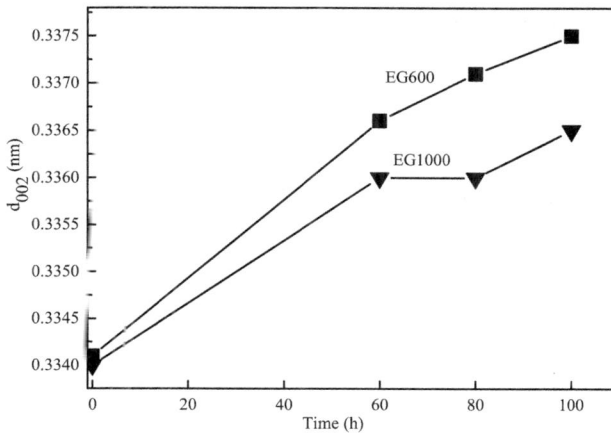

图 5-4　EG600 和 EG1000 在不同球磨时间的平均晶面间距

　　与大多数球磨天然石墨相比[188, 190, 193]，这两种 EG 的 L_c 下降程度要小得多，这与天然石墨和 EG 的结构差异有关。在可膨胀石墨快速且剧烈的加热过程中，石墨层片间的水蒸气和 SO_x 气体快速生成，产生气体压力，使得天然石墨片沿堆垛层方向急剧膨胀 100～300 倍，并使相对平坦的天然石墨片变成具有褶皱的柔性石墨片，像带有褶皱的纸状，如图 5-5 和 5-6 所示。

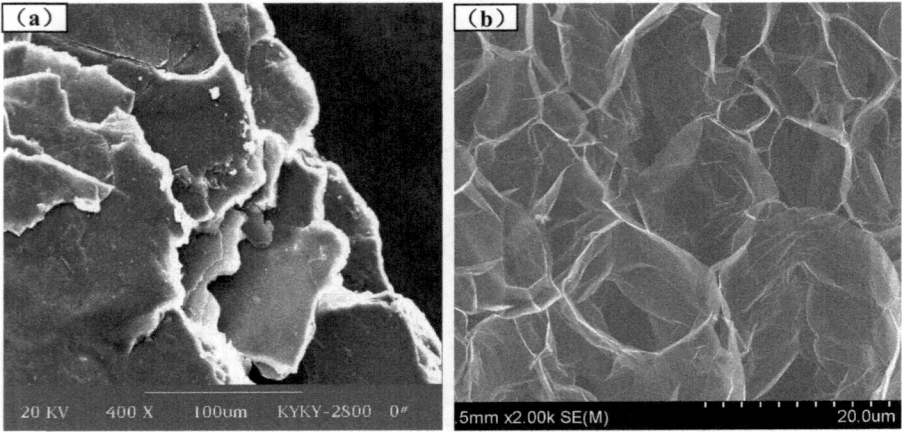

图 5-5　天然石墨（a）和 EG（b）的 SEM

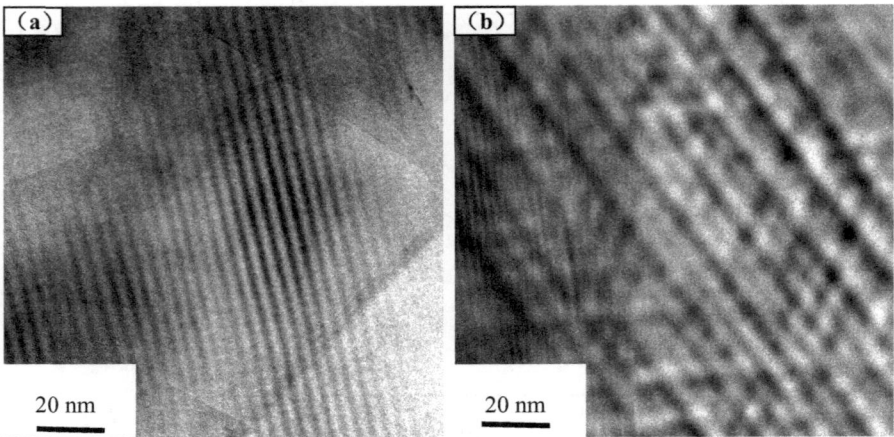

图 5-6　天然石墨（a）和 EG 的 TEM（b）

实验中常用的球磨机有振动式和行星式两种，其中行星式球磨机对石墨片具有很强的剥离功能，因为它是由切应力控制的。因此，对于天然石墨，行星式球磨机是一种良好的石墨片剥离方法。然而，EG 带有皱褶的柔性石墨片在球磨期间将会锁合在一起，形成具有优良抗剥离性能的柔性石墨片。这样，EG 的石墨片剥离变得困难，因此 EG 的 L_c 下降程度比天然石墨要小得多。

从图 5-3 和图 5-4 还可以看出，在球磨期间 EG1000 比 EG600 的微晶尺寸（L_c）下降程度要小。如经过 100 h 球磨，EG600 和 EG1000 的 L_c 分别从 14.5 nm 降低到 8 nm 和从 14.1 到 10.3 nm。与 EG1000 相比，EG600 的 L_c 变化程度比较接近于天然石墨[188, 190, 193]。这可能是因为随着可膨胀石墨的加热温度从 600 ℃提高到 1000 ℃，EG 的膨胀容积提高（这里 EG600 和 EG1000 的膨胀容积分别为 70 mL/g 和 300 mL/g），EG 的蠕虫状颗粒进一步膨化，且颗粒上的网络孔发育更加完全，石墨片上的褶皱增多（见图 5-7），石墨片的柔韧性提高，从而在球磨期间石墨片的锁合更加牢固，抗剥离性能更强。从它们的 XRD（见图 5-8）可以看出，与 EG1000 相比，EG600 中的石墨（001）峰要强，比较接近于天然石墨，这说明 EG600 的晶面取向性要好于 EG1000。因此，可以说 EG600 的微观结构介于天然石墨和 EG1000 之间。

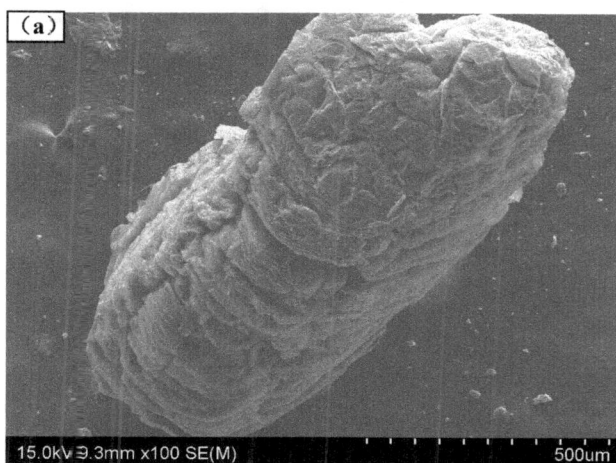

图 5-7　EG600（a，b）和 EG1000（c，d）的 SEM

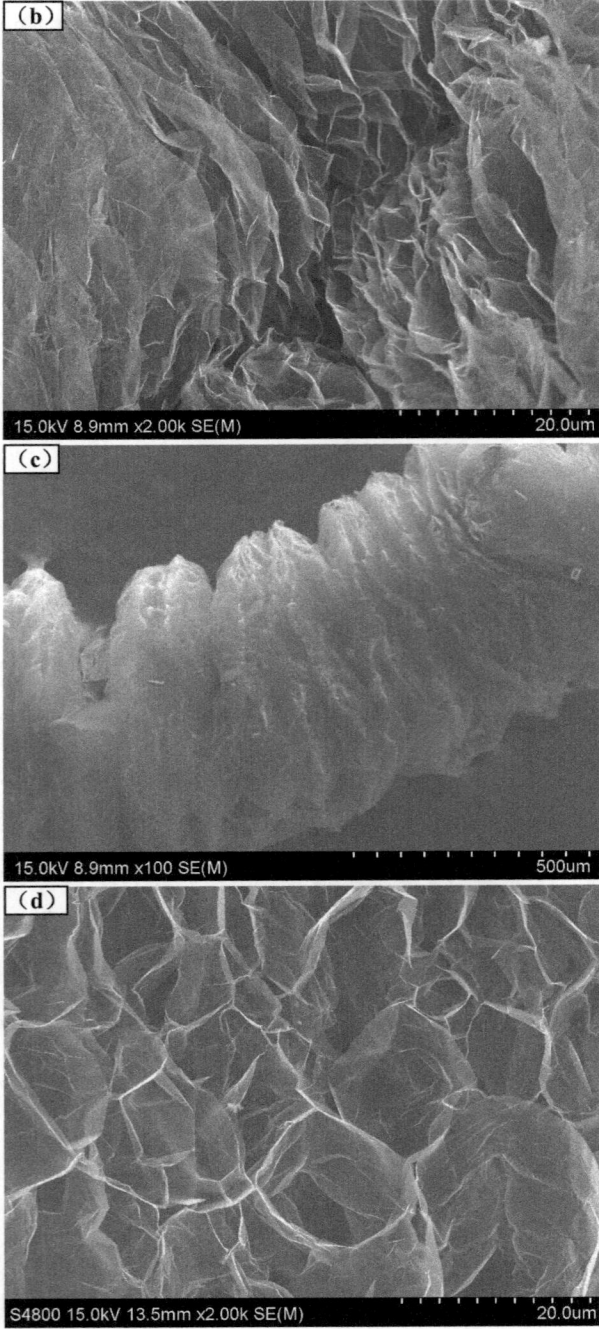

15.0kV 8.9mm x2.00k SE(M)　　　　　20.0um

15.0kV 8.9mm x100 SE(M)　　　　　500um

S4800 15.0kV 13.5mm x2.00k SE(M)　　　20.0um

续图 5-7

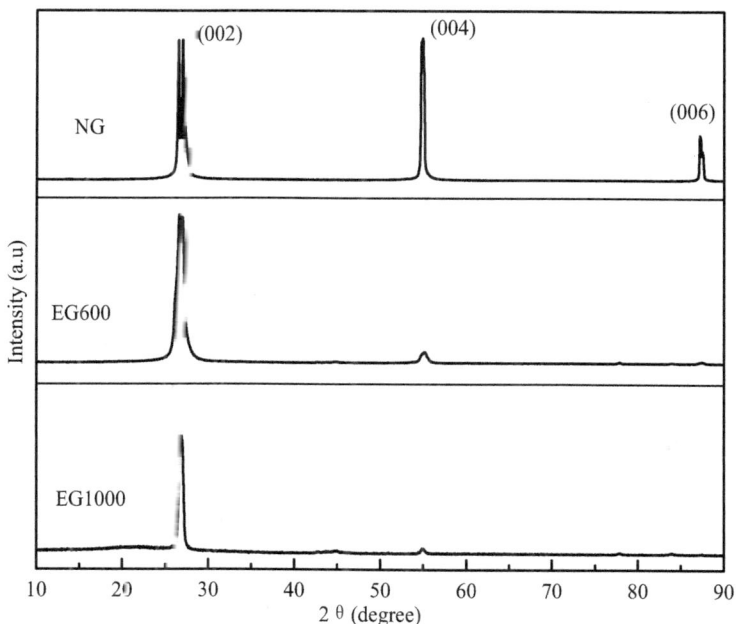

图 5-8　天然石墨（NG）、EG600 和 EG1000 的 XRD

5.1.2 HRTEM 分析

图 5-9 是 EG1000 球磨 100 h 后的 HRTEM。从图 5-9（a）可看到高度翘区的石墨层，使得石墨层间距增大，最大可达 0.70 nm，这比原始 EG 的层面间距（$d_{002}=0.335$ nm）大大提高，这证实了前面的 XRD 分析。此外，这里还可以看到大量断裂的单片石墨层，形成了石墨层面内缺陷。

图 5-9（b）显示了两个碳纳米弧结构，它们的弯曲角度分别为 15° 和将近 180°。这些高度弯曲的碳纳米弧结构应该归因于石墨层的直接弯曲。图 5-9（b）同样显示了大量的石墨层面内缺陷，如在 15° 和 180° 碳纳米弧的内部出现了三处空位缺陷（宽度 1～2 nm），它们穿越了整个石墨层（厚度约 2 nm）。此外，大量断裂的单片石墨层在图 5-9（b）中也可看到。从图 5-9（c）中可看到堆垛层错以及大量断裂的单层石墨。需要指出的是，以上缺陷并非来自原始的 EG1000，因为它的 HRTEM（这里没有显示）中除了

由于可膨胀石墨膨化导致的个别石墨层轻度分层和弯曲外，大多为平坦的石墨层。图 5-9 中出现的石墨层面内缺陷在大多数球磨天然石墨中很少观察到。

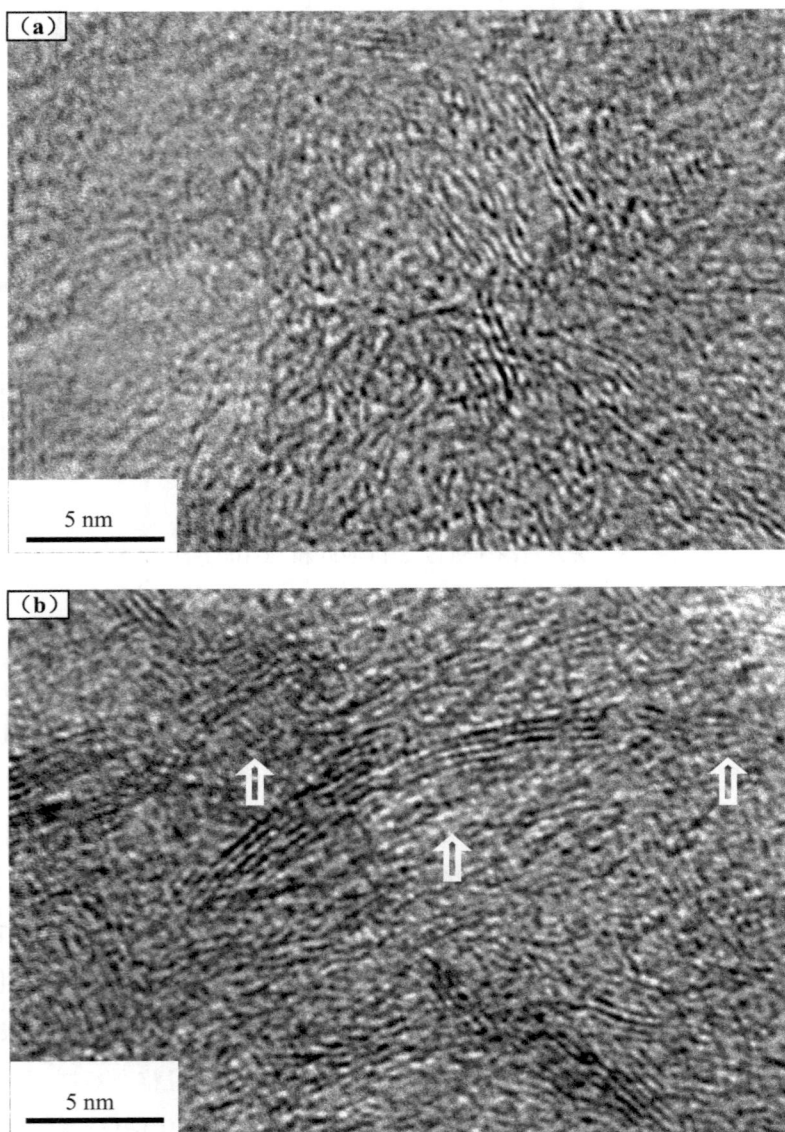

图 5-9　EG1000 球磨 100 h 后的 HRTEM

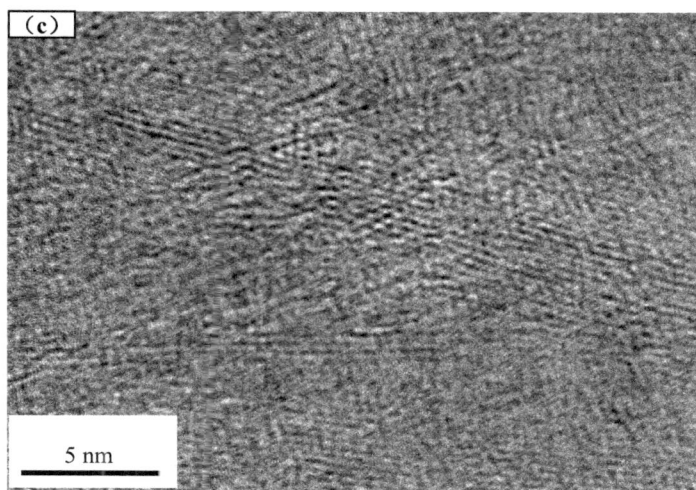

续图 5-9

对于球磨石墨材料，碳纳米弧的出现与石墨的微观结构有关。石墨层内以极强的 C—C 共价键接合，而层间以极弱的 π—π 键接合。在球磨期间，石墨层间优先断裂，而不是在石墨层内。此外，球磨可产生 2～6 GPa 的瞬间应力，而且持续的球墨可产生高温，这足以产生高度弯曲的石墨层，形成各种碳纳米弧结构及分层、翘曲、堆垛层错等缺陷。对于天然石墨，球磨过程中石墨层内缺陷不大容易形成，因为石墨层容易剥离，且容易断裂，即使形成层内缺陷也较难观察到。然而对于 EG，它带有褶皱的石墨层具有很高的韧性，在球磨期间由于柔性石墨片的形成，层间的断裂变得相对困难。由于 EG 是天然石墨经插层和膨化得到，在此期间，石墨面内的 C—C 键可能受到了破坏，从而导致 EG 在球磨期间形成面内缺陷。此外，EG 具有褶皱纸状的石墨层在球磨期间很容易受到揉搓和折叠，由于这些经过折叠的石墨片不易断裂，从而产生的层内缺陷易被观察到。

5.1.3 SEM 分析

图 5-10 显示的是球磨 80 h EG600 的 SEM。从图（a）可以看出，经过 80 h 球磨，EG 特有的疏松多孔蠕虫状颗粒变成了球状颗粒，小颗粒直径为 1～2 μm，

大颗粒的直径约为 25～30 μm，厚度为几个微米。放大观察大颗粒的侧面，可看到层状的石墨片，从片层上可看到残存的孔结构，如图（b）所示。这些大颗粒应是由球磨期间形成的 EG 小颗粒相互粘接而成，由于它不断受到磨球冲击、挤压，使得石墨层表面的孔变浅、变平。放大观察图（a）中的大颗粒的表面，则可看到石墨片表面具有大量的孔结构，如图（c）所示。将图（c）继续放大，可看出这些孔的孔径约为 20～100 nm，孔壁厚度最小可达 1.5～2 nm，如图（d）所示。如放大观察图（a）中的单个小颗粒或大颗粒表面的小颗粒，可看到絮状的多孔石墨颗粒，如图（e）所示。相比图（d），图（e）中的孔径相差不大，但孔壁较厚，最小为 4 nm。

通过观察球磨前 EG600 的孔状结构（见图 5-7（b））可以看出，相比球磨后的 EG，原始 EG600 的孔显得很深，孔径较大（从几个微米到 20 μm），孔壁厚度为几十个纳米。球磨导致这些原始孔的孔壁从外层向内层逐渐剥落，使深处的孔逐渐显露出来，导致球磨后的孔变浅，孔径变小。同时，这些显露出来的深处孔的孔壁在球磨期间又逐渐被剥离掉，使其变薄。相比图 5-10（e），图 5-10（d）中的孔壁更薄的原因可能是这些孔位于大颗粒石墨层的表面，磨球对它的冲击更稳定、更持续。而图 5-10（e）中的小颗粒处于游离或飘忽状态，磨球对它的冲击不够稳定。

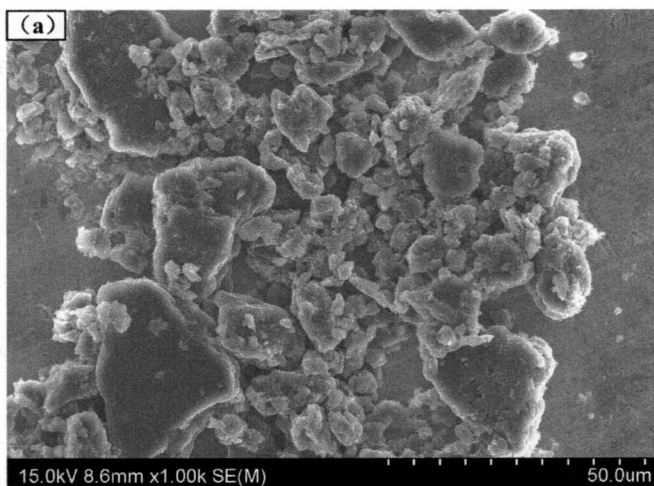

图 5-10　球磨 80 h EG600 的 SEM

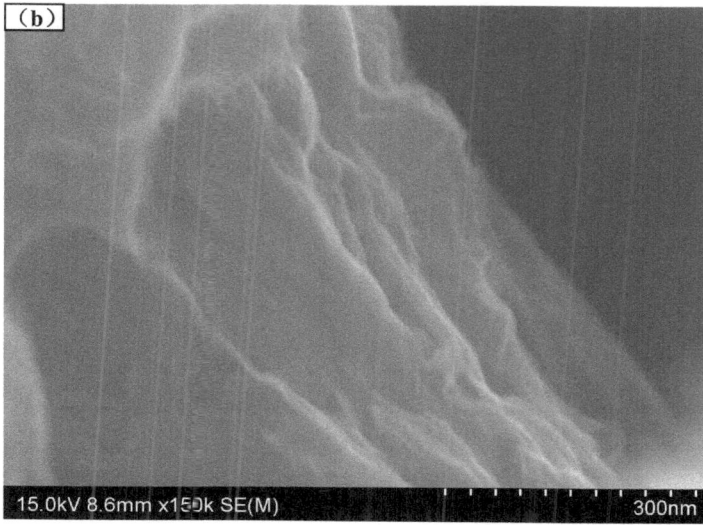

续图 5-10

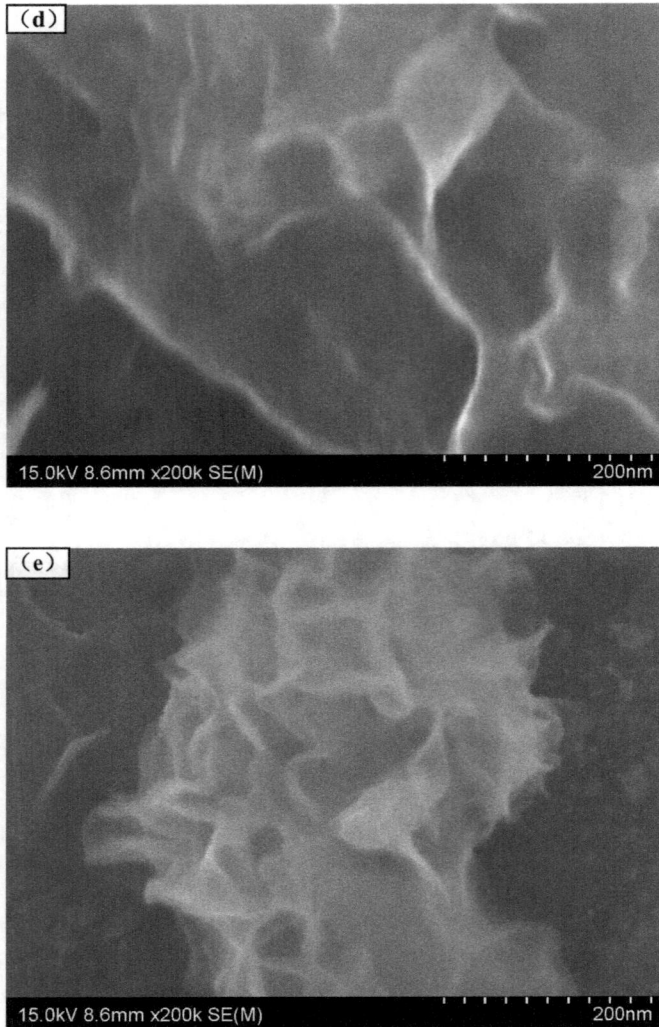

续图 5-10

以上分析表明，球磨后的 EG 部分地保留了它的孔状结构，相比原始 EG，球磨后孔径变小，孔变浅，孔壁变薄。

5.2 球磨的 EG 的摩擦性能

本实验分别以天然石墨、EG600 和球磨 80 h 的 EG600 作为润滑油添加剂，研究了它们的摩擦学性能，如图 5-11 所示（室温，载荷 200N）。可以看出，基础油的摩擦系数约为 0.065 左右，在基础油中加入天然石墨（35 目）后，摩擦系数降至 0.005 5，加入 EG 粉末后降至 0.04 左右，加入球磨 EG 后降至 0.035 左右。以上结果说明，三种添加剂对润滑油均具有减摩作用，其中球磨 EG 效果最好，EG 次之，天然石墨最不明显。EG 比天然石墨减摩效果好的原因可能是由于 EG 对油品具有吸附作用，润滑油能够很好地浸入到 EG 片层之间，降低了石墨层面的表面能，削弱了层面间的结合强度。此外，天然石墨经过插层、高温膨化后，石墨颗粒尺寸变小，相对更容易进入摩擦表面，形成润滑膜。球磨 EG 比原始 EG 润滑效果更好的原因可能是球磨 EG 部分地保持了原始 EG 的孔状结构（见图 5-10），润滑油同样能够浸入石墨层间，减少石墨层间结合力。此外，球磨可使 EG 中粘连在一起的石墨片分离，从而有利于石墨片更均匀地进入摩擦表面，形成润滑膜。

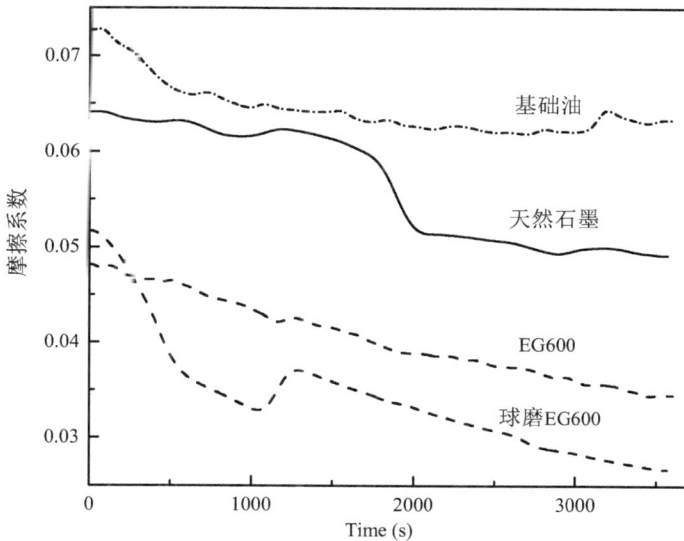

图 5-11　含不同添加剂润滑油的摩擦系数

5.3 本章小结

本章我们研究了球磨 EG600 和 EG1000 的微观结构及其作为润滑油添加剂的摩擦性能。

XRD 分析显示,经过 100 h 球磨,EG600 和 EG1000 的微晶尺寸(L_c)分别从 14.5 nm 降低到 8 nm 和从 14.1 nm 到 10.3 nm。与大多数天然石墨相比,这两种 EG 在球磨期间微晶尺寸的下降程度要小得多。这是因为天然石墨经过插层、膨化后,天然石墨平坦的石墨片变成了 EG 带有皱褶的纸状石墨片。EG 的这种石墨片在球磨期间将会锁合在一起,形成具有优良抗剥离性能的柔性石墨片,导致 EG 的微晶尺寸下降程度比天然石墨要小得多。EG600 比 EG1000 的微晶尺寸下降程度大的原因在于它的石墨片褶皱发育不够完善。

从球磨 100 h 的 EG1000 的 HRTEM 中可以观察到石墨层的翘曲、位错、分层等缺陷及碳纳米弧结构,这与球磨天然石墨类似。此外,在球磨 EG 中还出现了大量的石墨层面内缺陷,其中有些面内缺陷出现在单层石墨片内,导致其断裂;还有些面内缺陷出现在多层石墨片形成的碳纳米弧内,这种现象在大多数球磨天然石墨中很少观察到。从球磨 80 h EG600 的 SEM 发现,EG 特有的疏松多孔的蠕虫状颗粒球磨后团聚成球状颗粒,但颗粒上仍部分地保留了孔状结构,同时还可看到散布的絮状多孔石墨颗粒,这些孔的孔壁最薄可达 1.5 nm。

天然石墨、EG600 和球磨 EG600 作为润滑油添加剂均具有减摩作用,其中球磨 EG 减摩效果最好,EG 次之,天然石墨最不明显。

第 6 章　球磨膨胀石墨/金属的结构与摩擦性能

近年来，球磨天然石墨/金属混合物制备碳纳米结构材料（或实现机械合金化）成为一大研究热点，通常的结论是球磨导致了石墨/金属无定形体系及金属碳化物的形成。与天然石墨相比，EG 的石墨层沿 c 轴方向剧烈张开，这势必影响球磨期间石墨与金属之间的接触程度与反应程度，从而影响到 EG/金属体系在球磨期间的结构演化。然而，目前关于球磨 EG/金属结构方面的报道极少。

鉴于 EG 的膨化程度与可膨胀石墨的加热温度密切相关，本章将可膨胀石墨分别在 600 ℃、800 ℃和 1000 ℃加热，制备了三种 EG（分别记为 EG600、EG800 和 EG1000），并对 EG/Fe 和 EG/Ni 混合物进行球磨并随后退火。借助 XRD、Roman、SEM 和 TEM 等表征了球磨并随后退火 EG/金属混合物的微观结构，并研究球磨产物作为润滑油添加剂的摩擦性能。

6.1　球磨 EG/Fe 的结构表征

6.1.1 XRD 分析

图 6-1 是三种 EG/Fe 混合物在不同球磨时间的 XRD。可以看出，随着可膨胀石墨加热温度的提高，EG/Fe 混合物的非晶化过程被加速。对于 EG600/Fe，球磨 100 h 后石墨和 Fe 仍保持了较好的结晶化程度；而对于 EG800/Fe，球磨 80 h 石墨就出现了无定形结构；对于 EG1000/Fe，更是在球磨 60 h 就出现了无定形结构石墨和无定形 Fe，说明了无定形 EG/Fe 体系的形成，此外，这里还可以看到 Fe_3C 相的峰。值得提出的是，无 Fe 添加的 EG1000 下在球磨期间并没有产生无定形碳（见图 6-1）。此外，EG600/Fe 和 EG800/Fe 在 28.16°（*标记）附近出现了非石墨峰，这应属于两种 EG

在球磨期间的结晶度变化。

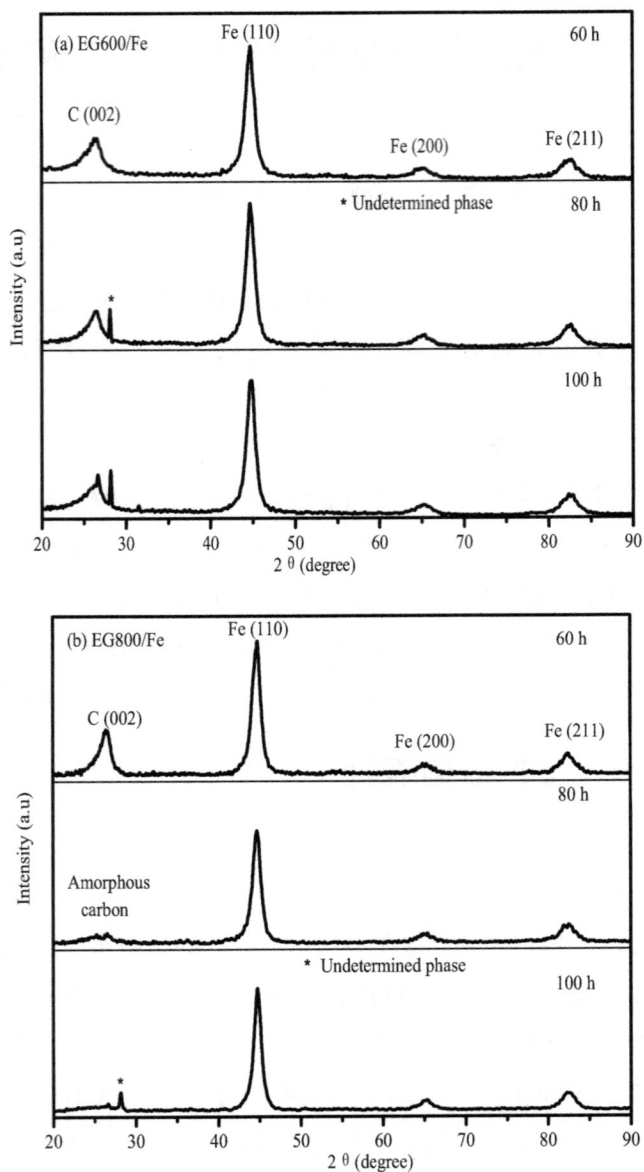

图 6-1 三种 EG/Fe 在不同球磨时间的 XRD：

（a）EG600/Fe；（b）EG800/Fe；（c）EG1000/Fe

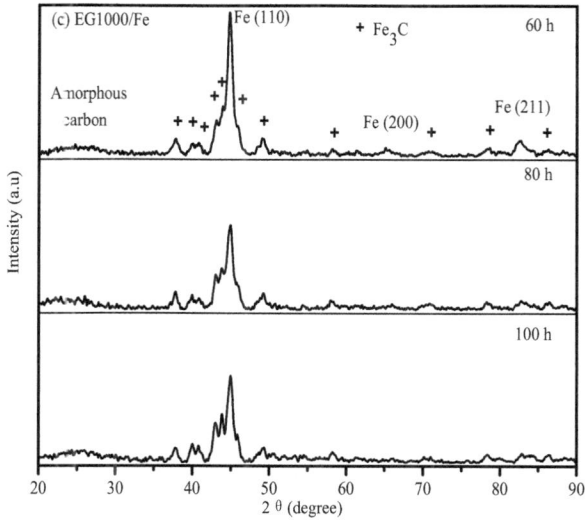

续图 6-1

　　图 6-2 显示了球磨 60 h EG1000/Fe 的差热扫描分析（DSC）曲线。可以看出，从室温到 720 ℃之间有一段长的吸热阶段，这是加热期间产生的

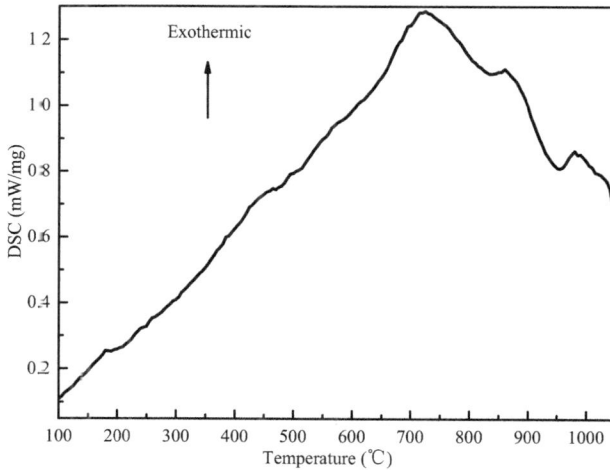

图 6-2　球磨 60 h EG1000/Fe 的 DSC 曲线

晶粒生长及晶格应变的释放。720 ℃以后样品开始放热，这是因为 Fe_3C 为亚稳相，在这里开始分解成 Fe 和石墨。图中位于 825 ℃和 955 ℃的两个尖锐吸热峰符合由 Fe_3C 分解造成的石墨化的第一和第二阶段[202]。

图 6-3 和 6-4 分别显示了 EG600 及其掺 Fe 混合物在不同球磨时间的平均微晶尺寸（L_c）和晶面间距（d_{002}），可以看出在球磨期间它们的平均微晶尺寸逐渐减少，同时晶面间距逐渐增加。和无 Fe 添加的 EG600 相比，EG600/Fe 混合物中 EG 的两个结构参数变化均较小。以上结果说明，球磨降低了 EG600 的结晶化程度，且 Fe 的添加抑制了这个过程。然而，通过比较 EG1000（见图 5-1）和 EG1000/Fe（见图 6-1（c））的 XRD 图谱可以看出，Fe 的添加加速了 EG1000 的非晶化过程。

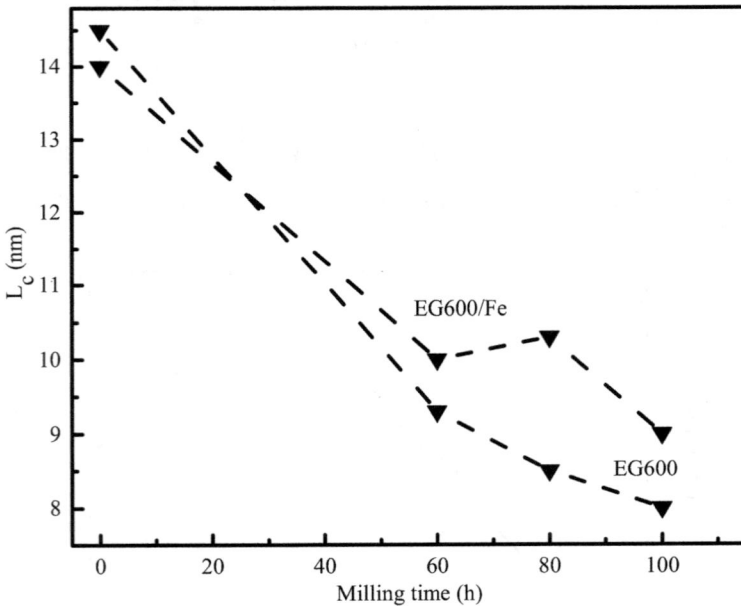

图 6-3　EG600 及其掺 Fe 混合物在不同球磨时间的平均微晶尺寸（L_c）

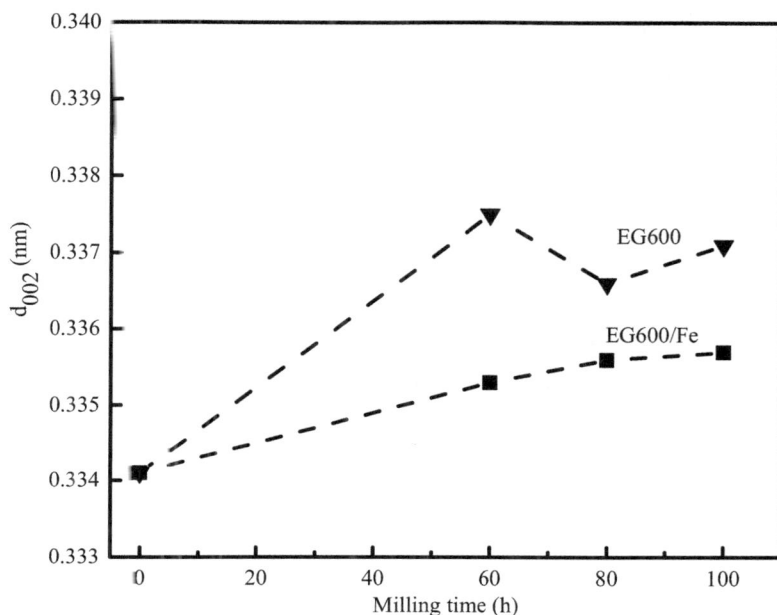

图 6-4　EG600 及其掺 Fe 混合物在不同球磨时间的晶面间距（d_{002}）

6.1.2 HRTEM 分析

图 6-5 是两种 EG/Fe 混合物球磨 100 h 后的 HRTEM。可以看出，EG600/Fe 的石墨层出现了弯曲、分层、翘曲等缺陷。而 EG1000/Fe 展示了高度混乱的石墨层，这里的石墨层高度弯曲，环绕成球状，这与过度球磨的天然石墨类似，说明了无定形石墨结构的形成[193]。图 6-6 显示了球磨 EG1000 /Fe 的 TEM 及选区电子衍射，可以看出尺寸为几十个纳米 Fe 颗粒分布在石墨颗粒中，衍射图片为非晶光晕。这与前面的 XRD（见图 6-1）分析相一致。

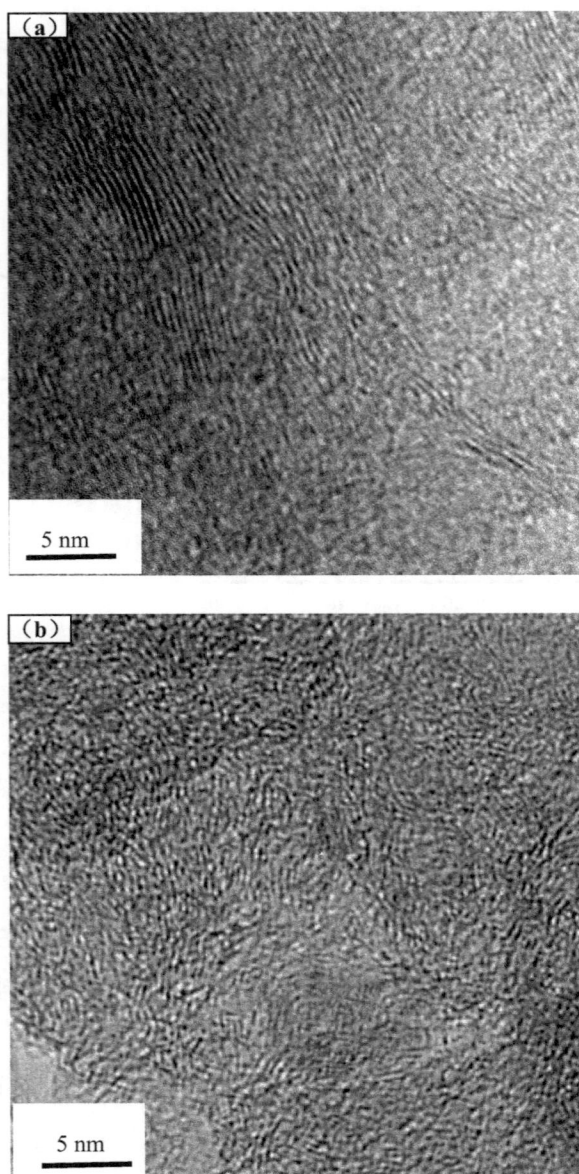

图 6-5　两种 EG/Fe 球磨 100 h 的 HRTEM：（a）EG600 /Fe；（b）EG1000/Fe

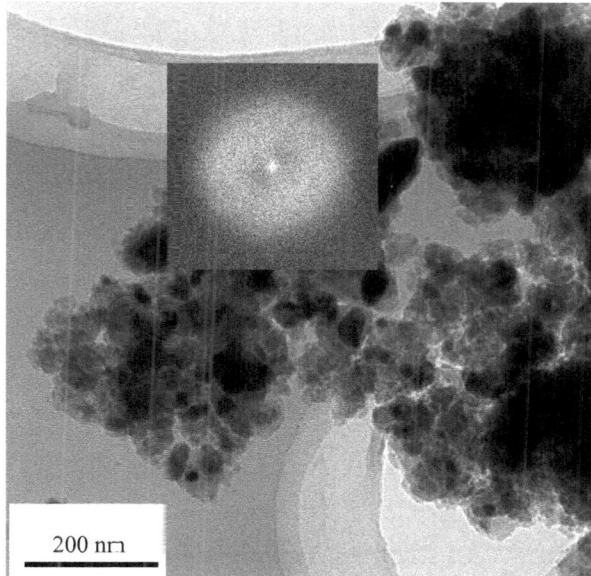

图 6-6　EG1000/Fe 球磨 100 h 的 TEM 及选区电子衍射

6.2 球磨 EG/Ni 的结构表征

6.2.1 XRD 分析

图 6-7 是两种 EG/Ni 混合物在不同球磨时间的 XRD。对于 EG600/Ni,石墨峰在球磨期间出现了轻度宽化,Ni 峰无明显变化。而对于 EG1000,在球磨 100 h 后出现无定形石墨峰及无定形 Ni 峰,说明无定形 EG/Ni 体系形成。此外,图中还可看到一个弱的 Ni_3C 峰,说明了 Ni 的碳化物的形成。这说明与 EG/Fe 相似,可膨胀石墨加热温度的提高加速了 EG/Ni 体系的非晶化过程。

图 6-8 和 6-9 显示了 Ni 的添加对两种 EG 在球磨期间平均微晶尺寸变化的影响。可以看出,在球磨期间所有样品的微晶尺寸均降低,掺 Ni 减缓了 EG600 的微晶尺寸的降低,但加速了 EG1000 的这一过程。这说明球磨降低了 EG 的结晶化程度,掺 Ni 减缓了 EG600 的这一过程,但加速了 EG1000

的这一过程。以上分析说明 Ni 添加对两种 EG 的非晶化过程所起的作用与 Fe 添加类似。此外，在图 6-8 和图 6-9 中我们注意到，EG/Ni 混合物在球磨 80 h 显示了较高的微晶尺寸，说明石墨在 80 h 的结晶化程度要高于 60 h 和 100 h，对于 EG/Fe，也有类似的现象（见图 6-3 和图 6-4）。考虑到无金属添加的 EG 并没有这种"80 h 现象"，因此这种现象应该与金属的添加有关。

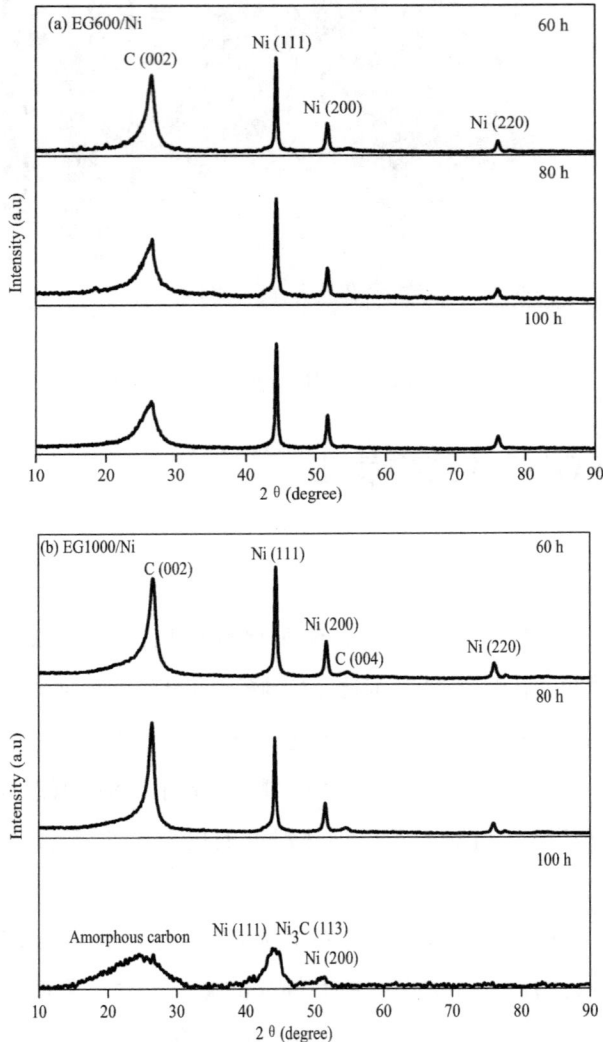

图 6-7　两种 EG/Ni 混合物在不同球磨时间的 XRD：（a）EG600/Ni；（b）EG1000/Ni

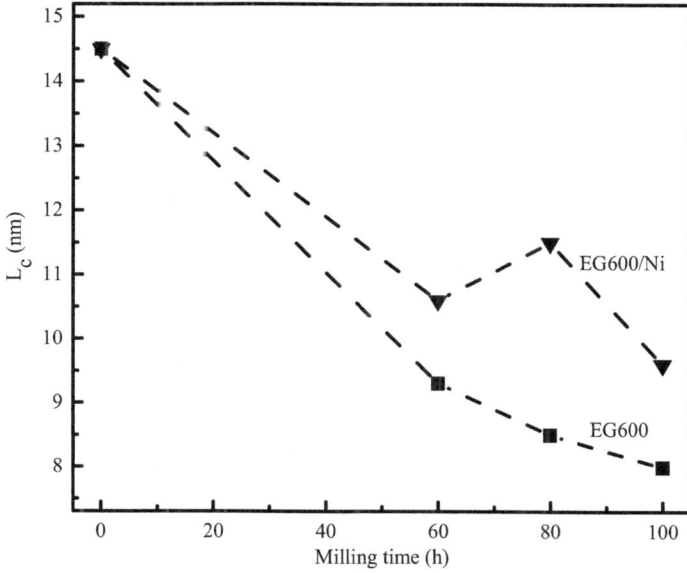

图 6-8　EG600 及其掺 Ni 混合物在不同球磨时间的平均微晶尺寸

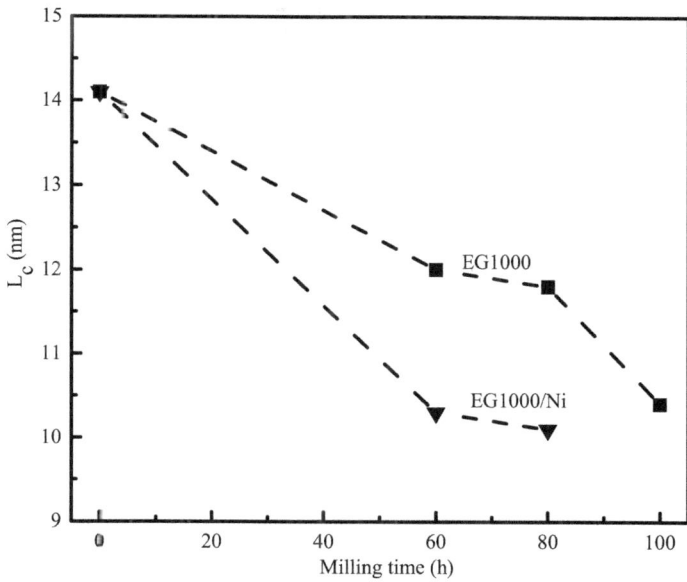

图 6-9　EG1000 及其掺 Ni 混合物在不同球磨时间的平均微晶尺寸

6.2.2 TEM 分析

图 6-10 显示了 EG1000/Ni 混合物球磨 100 h 后的 TEM 及选区电子衍射，可以看出几十个纳米的 Ni 颗粒被包裹在石墨颗粒中，衍射图片为非晶光晕。这与前面的 XRD（图 6-7）分析一致。

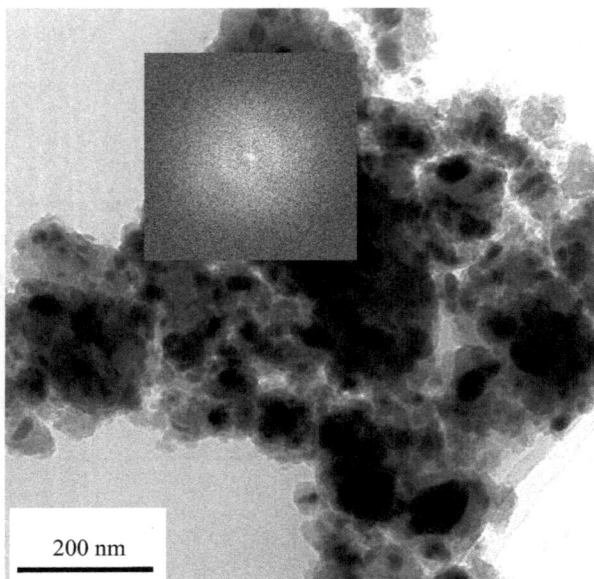

图 6-10 EG1000/Ni 球磨 100 h 的 TEM 及选区电子衍射

6.2.3 拉曼分析

对于碳材料，拉曼谱中 D 峰和 G 峰的相对强度随结构变化而变化，$I_D/(I_D+I_G)$ 经常被用来表示碳的结构混乱度[213-215]。图 6-11 显示了球磨 80 h 的 EG600 及其掺 Ni 混合物八次测量的 $I_D/(I_D+I_G)$ 值。图中一个显著的特点是，和 EG600/Ni 混合物相比，无 Ni 添加的 EG600 显示了高度弥散的 $I_D/(I_D+I_G)$ 值，EG600 及 EG60Ni 混合物的 $I_D/(I_D+I_G)$ 分别分布在 20.7%～55.8% 和 31.7%～45.8% 之间。以上结果说明，Ni 的添加有助于 EG 的均匀球磨。

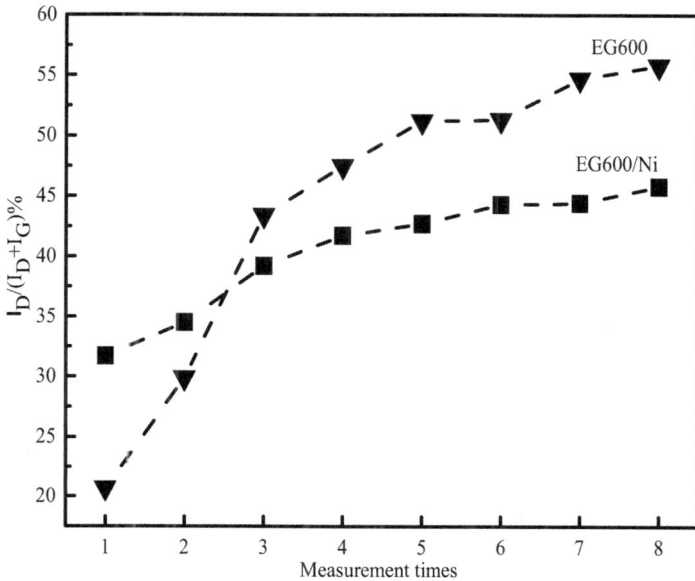

图 6-11　EG600 及其掺 Ni 混合物球磨 80 h 后的 $I_D/(I_D+I_G)$

综上所述，提高可膨胀石墨加热温度可加速 EG/Fe（或 Ni）混合物球磨期间的非晶化过程。与无 Fe（或 Ni）添加的 EG 相比，Fe（或 Ni）的添加可抑制 EG600 球磨期间的非晶化过程，但加速了 EG1000 的这个过程。这是因为随着可膨胀石墨的加热温度从 600 ℃提高到 1000 ℃，EG 的膨胀容积提高（这里 EG600、EG800 和 EG1000 的膨胀容积分别为 70 mL/g、160 mL/g 和 300 mL/g），EG 的蠕虫状颗粒长大，且颗粒内部的孔发育完全。这意味着，石墨片的长开程度随着可膨胀石墨加热温度的提高而提高，这样添加的金属粒子更容易进入石墨片层之间，而且与金属颗粒接触的石墨片变薄。结果导致球磨期间 EG 与金属颗粒的接触和反应更加充分，因此可膨胀石墨加热温度的提高加速了 EG/金属体系的非晶化过程并导致金属碳化物的生成。

Fe（或 Ni）的添加对 EG 球磨期间的结晶度变化有以下几种影响：（1）催化石墨化作用。研究证实某些金属（如 Mn、Gr、Ti、V、B、Si、Fe、Co、Ni 等）对碳材料具有催化石墨化作用，且这种作用与温度、碳材料的类型、催化元素的类型、催化元素的量等有关[216-217]。球磨可产生 2～6 GPa 的瞬间应力，且持续的球磨可产生高温，这导致了催化石墨化作用的可能性；（2）缓冲作用。添加的金属颗粒可能起到缓冲垫作用，降低钢球对 EG 的冲击；（3）助磨作用。添加的金属颗粒可能起到助磨剂作用，加速钢球对 EG 的研磨。此外金属的添加还具有均质化作用，金属颗粒可能起到研磨介质作用，导致 EG 的均匀球磨。

结果显示，Fe（或 Ni）的添加抑制了 EG600 球磨期间的非晶化过程，这可能是由于它们对 EG 的催化石墨化作用和缓冲作用要大于助磨作用，因为 EG600 与金属颗粒接触的石墨片层相对较厚。此外，文献[208]显示 Co 的添加能减缓天然石墨球磨期间的非晶化过程。与 EG800 和 EG1000 相比，EG600 的石墨片厚度比较接近于天然石墨。随着可膨胀石墨加热温度的提高，与金属颗粒接触的 EG 石墨片逐渐变薄，二者的接触也变得充分，此时金属颗粒的助磨作用会逐渐大于催化石墨化作用和缓冲作用，这就是为什么 Fe（或 Ni）的添加加速了 EG1000 球磨期间的非晶化过程。

对于 EG/Fe（或 Ni）混合物，EG 的结晶化程度在球磨 60～80 h 之间提高，随后在 80～100 h 之间下降。这可能是因为从 60 h 到 80 h，金属颗粒的催化石墨化作用和缓冲作用大于助磨作用，因为这期间 EG 颗粒相对较大。进一步延长球磨时间，石墨颗粒变小，使得 EG 和金属颗粒之间的接触更加充分，结果金属颗粒的助磨作用会逐渐大于催化石墨化作用和缓冲作用。

6.3 球磨并退火 EG/Ni 的结构表征

本节以 EG600 为例，分析球磨 EG600 及 EG600/Ni 混合物在退火过程中的结构演化。

6.3.1 XRD 分析

图 6-12 显示了（a）原始 EG/600、（b）球磨 80 h 的 EG/600、（c）球磨 80 h 的 EG600/Ni、（d）球磨 80 h 并退火 4 h 的 EG600、（e）球磨 80 h 并退火 4 h 的 EG600/Ni 的 XRD。可以看出球磨期间所有的石墨峰均出现宽化，

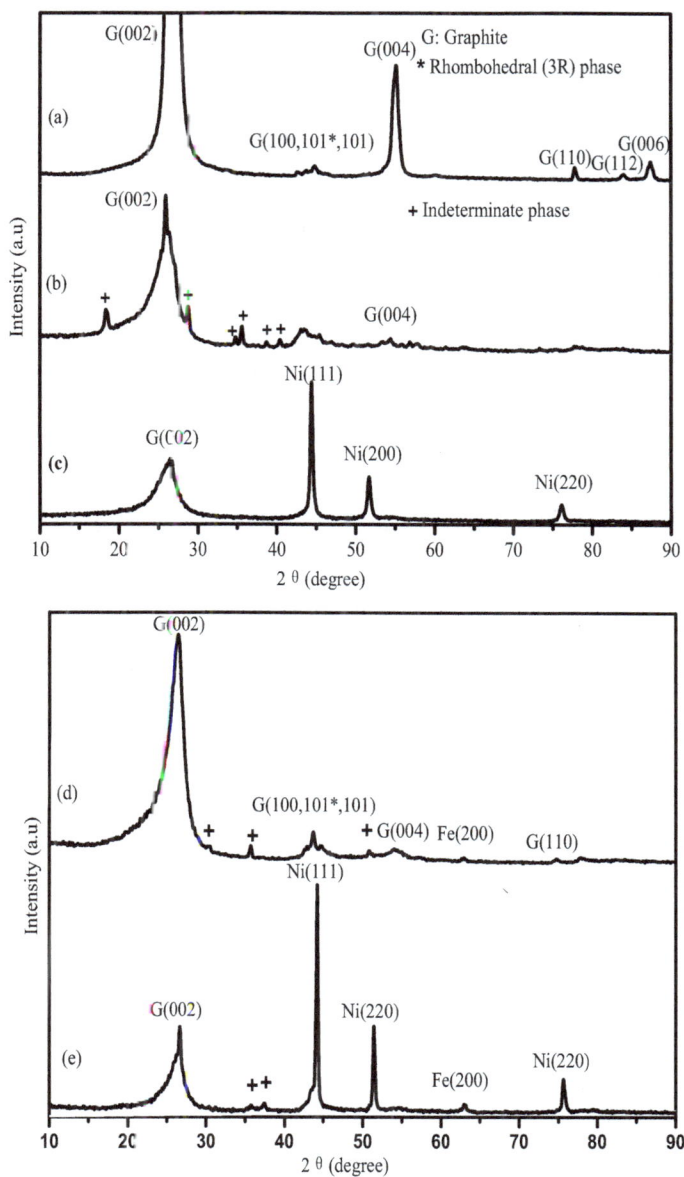

图 6-12　样品的 XRD：（a）原始 EG600；（b）球磨 80 h 的 EG600；（c）球磨 30 h 的 EG600/Ni；（d）球磨 80 h 并退火 4 h 的 EG600；（e）球磨 80 h 并退火 4 h 的 EG600/Ni

说明石墨的结晶化程度下降。与图 6-12（b）和（c）比较，图 6-12（d）和（e）中 EG 的（002）峰变得尖锐，说明退火使得石墨的结晶化程度提高，这是因为球磨 EG 混乱的结构在随后的退火过程中得到了重新组织[198]。在图 6-12（d）和（e）中，可以看到一个弱的 Fe_{002} 峰，但在图 6-12（b）和（c）中很难看到。Fe 峰的出现应该是来源于球磨期间球磨罐和钢球的磨损，因为球磨 EG/600 的 EDS 谱显示了 Fe 的存在（这里没有显示）。因此，对 EG 结晶化程度产生影响的因素应该与 Ni 或 Fe 的出现有关。与图 6-12（b）和（c）相比，图 6-12（d）和（e）中相对较强的 Fe_{002} 峰应归因于 Fe 在退火过程中由恢复及再结晶机制引起的冷作晶格应变的去除及晶粒生长。

图 6-13 及图 6-14 分别显示了球磨 80 h 的 EG/600 及其掺 Ni 混合物在退火过程中平均微晶尺寸和晶面间距的变化。可以看出，在退火过程中石墨的平均微晶尺寸逐步增加，晶面间距逐步降低，说明退火能够对混乱的石墨结构进行重新组织，从而导致石墨结晶度提高。值得注意的是，退火期间 EG600 和 EG600/Ni 中石墨的微晶尺寸分别从 8.5 nm 增加到 9.0 nm 和从 11.8 nm 增加到 15.5 nm，很明显后者的增加幅度要高于前者，说明 Ni 的添加有助于球磨 EG600 在退火期间结晶度的提高。

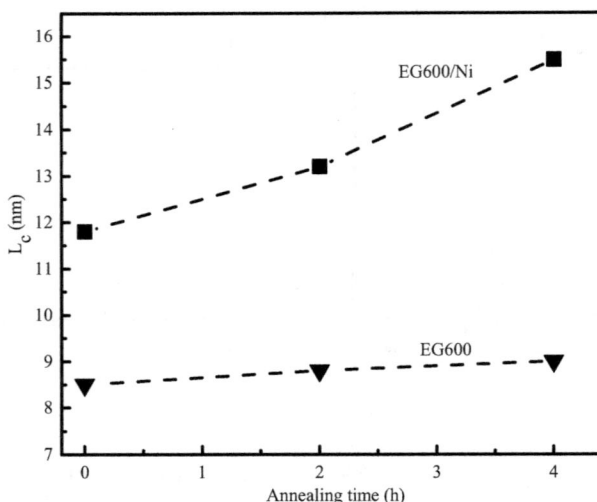

图 6-13 球磨 80 h 的 EG600 及其掺 Ni 混合物在退火过程中平均微晶尺寸的变化

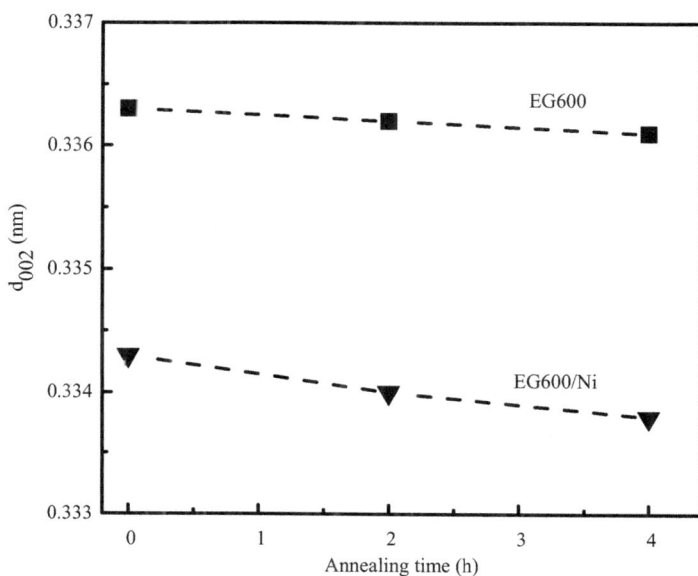

图 6-14 球磨 80 h 的膨胀石墨及其掺 Ni 混合物在退火过程中平均晶面间距的变化

6.3.2 拉曼分析

图 6-15 显示了球磨 80 h 并退火 4 h 的 EG600 及其掺 Ni 混合物八次测量的 $I_D/(I_D+I_G)$。可以看出与仅球磨 80 h 的 EG600 及其掺 Ni 混合物的 $I_D/(I_D+I_G)$ 相比（见图 6-11），随后的 4 h 退火导致了 EG600 及其掺 Ni 混合物 $I_D/(I_D+I_G)$ 的均匀分布。如球磨 80 h 的 EG 的 $I_D/(I_D+I_G)$ 分布在 20.7%～55.8%，退火 4 h 后降低为 27.3%～51.4%。同样地，球磨 80 h 的 EG/Ni 的 $I_D/(I_D+I_G)$ 分布在 31.7%～45.8%，退火 4 h 后降低到 32.2%～41 1%。

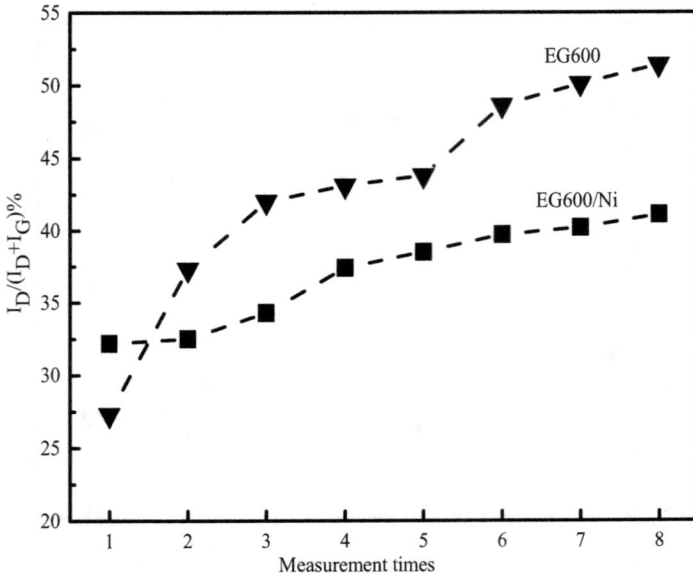

图 6-15　EG600 及其掺 Ni 混合物球磨 80 h 并退火 4 h 后的 $I_D/(I_D+I_G)$

6.3.3 SEM 分析

图 6-16 显示了球磨 80 h 并退火 4 h EG600 的 SEM。与球磨 80 h 的 EG600 的 SEM 相比（见图 5-10），退火后样品的一个最大特征是，在未退火样品中出现的石墨层表面上的孔状结构几乎消失。此外，未退火样品中出现的多孔石墨颗粒也很难看到，其中原因值得进一步研究。将图 6-16（a）中的单个颗粒放大观察，在石墨层表面可看到大量粒径为 2～5 nm 的球状白色颗粒（见图 6-16（b））。结合前面的 XRD 图谱（见图 6-12），我们认为这些颗粒应为 Fe，它们在退火期间晶粒生长。

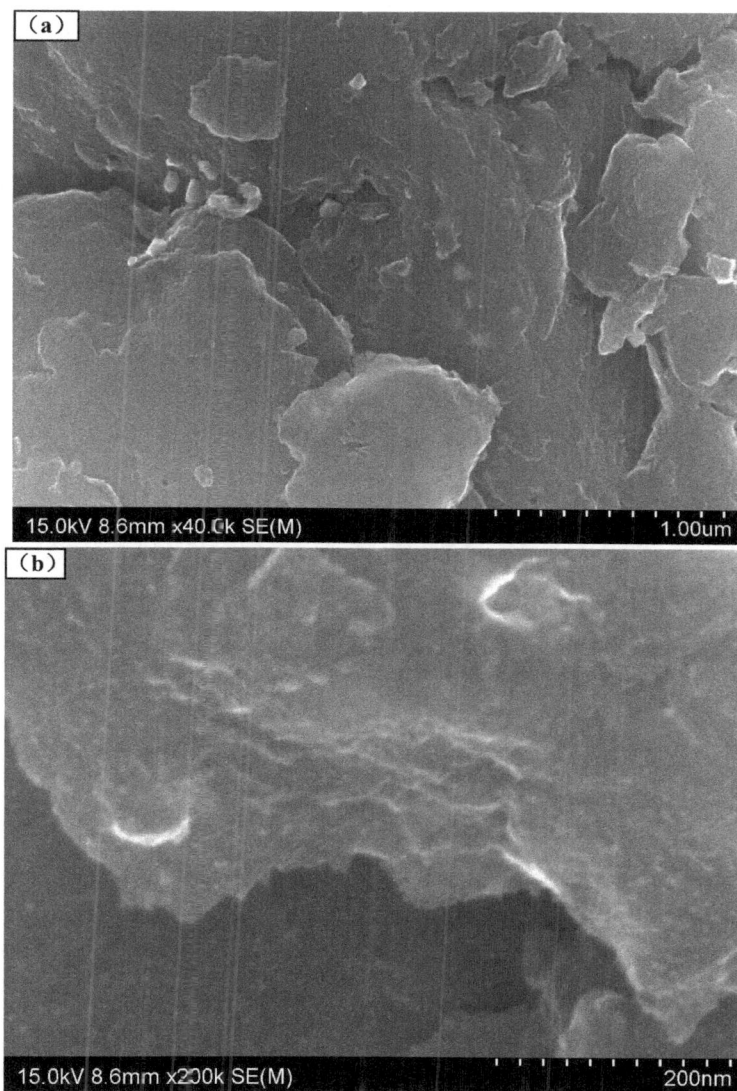

图 6-16　球磨 80 h 并退火 4h EG600 的 SEM

图 6-17 是球磨 80 h 的 EG600/Ni 混合物的 SEM。与球磨 80 h EG600 的 SEM 相比（见图 5-10），这里的颗粒尺寸分布显得更均匀，粒径大约分布在 1～10 μm（球磨 80 h 的 EG600 的粒径分布在 1～20 μm）。另外，在这里很难看到图 5-10 中出现的孔状结构。以上现象与 Ni 的添加有关，Ni 颗粒

起到了研磨介质作用，这一方面使得石墨层表面和侧面的孔壁逐步被磨掉，导致孔结构的消失，另一方面使大颗粒石墨尺寸减小。

图 6-17　球磨 80 h EG600/Ni 混合物的 SEM

图 6-18 显示了球磨 80 h 并退火 4 h EG600/Ni 的 SEM。与球磨 EG600/Ni（见图 6-17）相比，退火后的石墨层表面出现了大量的球状颗粒，粒径为 20～300 nm。我们分别对石墨层基体及球状颗粒进行了 EDS 分析，如图 6-19 所示，相关的元素成分分析结果分别如表 6-1 和 6-2 所示。

图 6-18　球磨 80 h 并退火 4h EG/Ni 混合物的 SEM

结果显示样品中有微量 S 存在，这应是来自 EG 中的硫酸残余。球状颗粒中 Ni、Fe 的重量百分比分别为 26.03%和 2.94%，而它们在石墨基体中分别为 7.27%和 1.45%，说明球状颗粒中的金属含量远高于石墨基体，也高于球磨前 EG600/Ni 混合物中 Ni 的含量（16.7%）。这说明在退火期间 Ni 和 Fe 颗粒长大，且退火期间结构混乱的石墨颗粒包裹 Ni 和 Fe 进行了重新组织，形成了有序度良好的碳带[207]。这可能也是 Ni 或 Fe 的添加有助于球磨 EG600 在退火其间结晶度提高的原因之一。

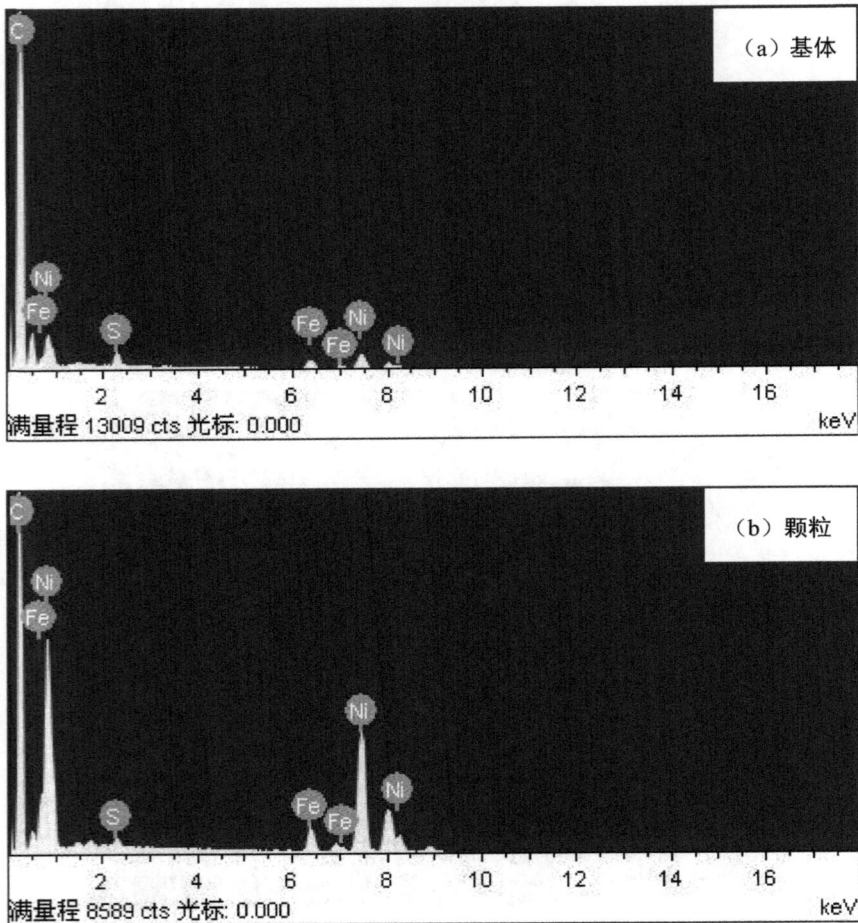

图 6-19　石墨基体（a）和球状颗粒（b）的 EDS 能谱图

表 6-1　石墨基体的元素成分

元素	重量百分比（%）	原子百分比（%）
C	90.69	97.82
S	0.59	0.24
Fe	1.45	0.34
Ni	7.27	1.60
总量	100.00	100.00

表 6-2　球状颗粒的元素成分

元素	重量百分比（%）	原子百分比（%）
C	70.73	92.10
S	0.30	0.15
Fe	2.94	0.82
Ni	26.03	6.93
总量	100.00	100.00

6.3.4 TEM 分析

图 6-20 是球磨 80 h 并退火 4 h EG600/Ni 混合物的 TEM 球磨样品的 TEM。从图 6-20（a）我们可以看到团簇状的 EG 包裹 Ni 的纳米颗粒。图 6-20（b）显示了一个洋葱状的 EG/Ni 混合物纳米颗粒。这种现象与球磨并退火的天然石墨/Co、石墨灰/Fe、石墨灰/Ni 体系的 TEM 类似[207-208]。说明在退火期间 EG 包裹 Ni 颗粒进行了重新组织，并形成了有序碳带，促进了石墨的有序化。

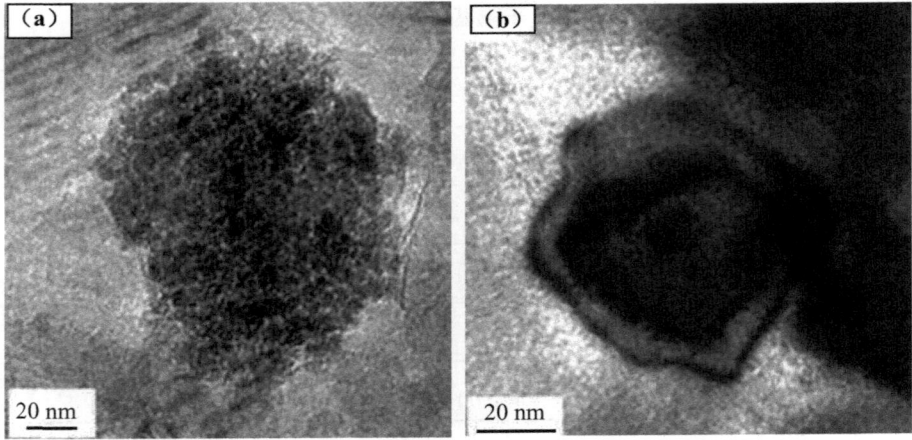

图 6-20　球磨 80 h 并退火 4 h EG/Ni 混合物的 TEM

6.4　球磨 EG/Ni 的摩擦性能

本节我们分别将球磨 60 h、80 h 和 100 h 的 EG600/Ni 混合物作为润滑油添加剂，测量了含添加剂润滑油在室温、200 ℃和 400 ℃条件下的摩擦系数（载荷 200 N），如图 6-21 所示。从图中我们首先可以看出，随着温度的提高，所有润滑油的摩擦系数均提高，且稳定性下降。此外，在所有温度条件下，含有球磨 100 h 添加剂的润滑油摩擦系数最高，含有 60 h 者次之，含有 80 h 者最低。如室温下含有 60 h 样品的摩擦系数为 0.06 左右，含有 80 h 者降为 0.04，含有 100 h 者又增加到 0.07。在 200 ℃时，含有 60 h 和 80 h 者摩擦系数相差不大，约为 0.07 左右，含有 100 h 者升高至 0.09 左右。在 400 ℃时，含有 60 h 者摩擦系数约为 0.06，含有 80 h 者降为 0.05，含有 100 h 者约为 0.11。

实验表明，不含添加剂的基础油在室温和 400 ℃时的摩擦系数分别为约为 0.07 和 0.11。因此，比较而言，含有添加剂润滑油的摩擦系数还是比较低的。由此可见，球磨 EG600/Ni 混合物作为润滑油添加剂具有减摩性能。这里，含有球磨 80 h 添加剂的减摩效果最好，这可能是与石墨层的混乱度有关。与天然石墨一样，EG 的自润滑性来自它的层状结构。前面的 XRD

分析显示（见图 6-8），对于 EG600/Ni 混合物，EG600 球磨 80 h 后的结晶度要高于 60 h 和 100 h，其中 100 h 的结晶度最低，这与摩擦系数的结果一致。

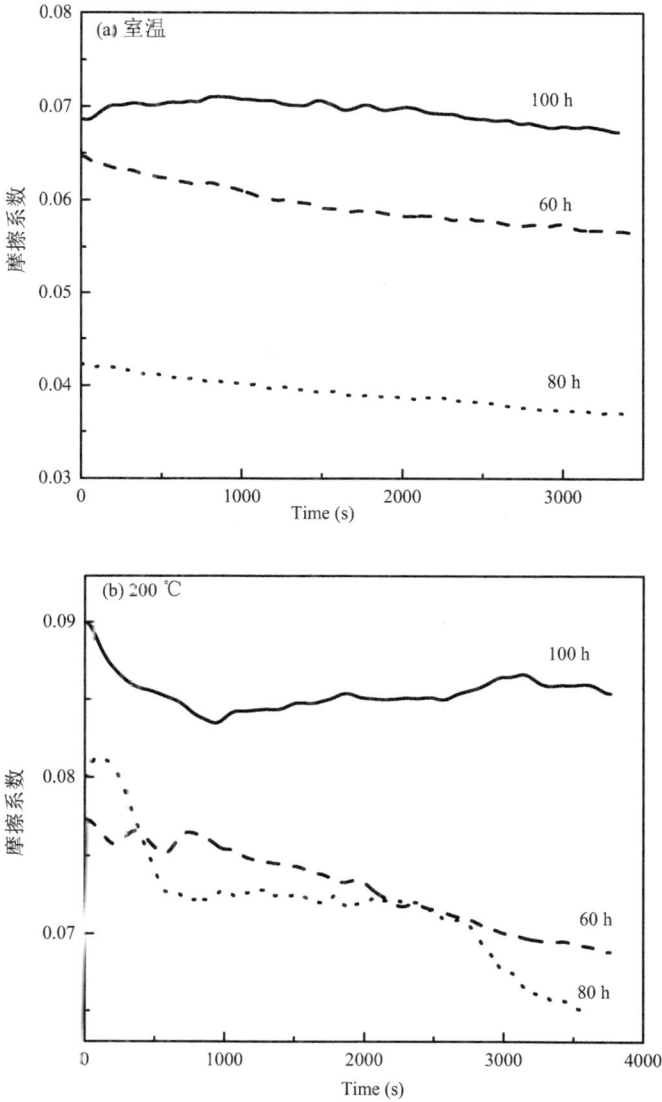

图 6-21　含有不同添加剂润滑油的摩擦系数

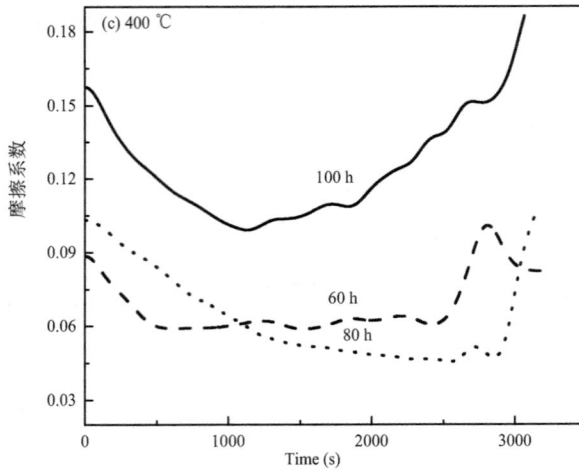

续图 6-21

图 6-22 是以含球磨 80 h EG600/Ni 混合物的润滑油为例，显示了下试样在室温、200 ℃、400 ℃条件下的磨损形貌图。由图可见，磨损机制主要为磨粒磨损。随着温度的升高，磨损量逐渐增大。室温时犁沟浅而窄，磨损量很少；200 ℃时，犁沟较少，磨损表面光滑平整；400 ℃时，犁沟粗而浅，并且附有氧化磨损，图中黑色的磨屑为金属氧化物。在较高温度时由于试样表面高温氧化，产生金属氧化物磨屑，造成磨损量变大。

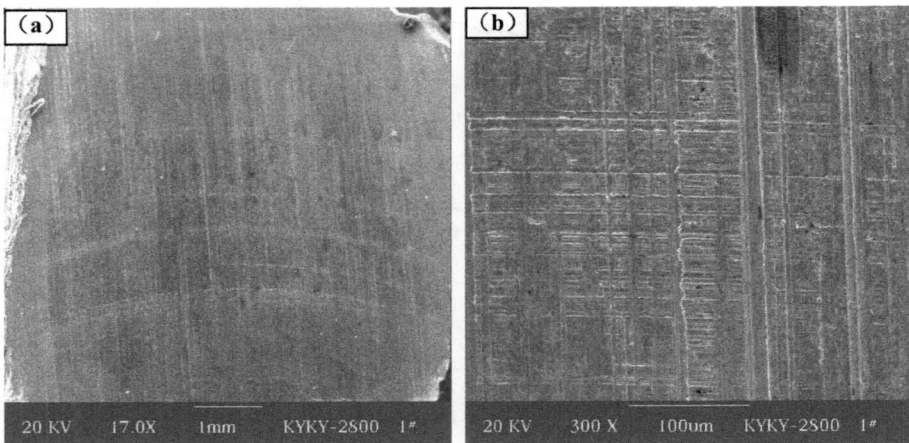

图 6-22　下试样在不同温度的 SEM：（a, b）室温；（c, d）200 ℃；（e, f）400 ℃

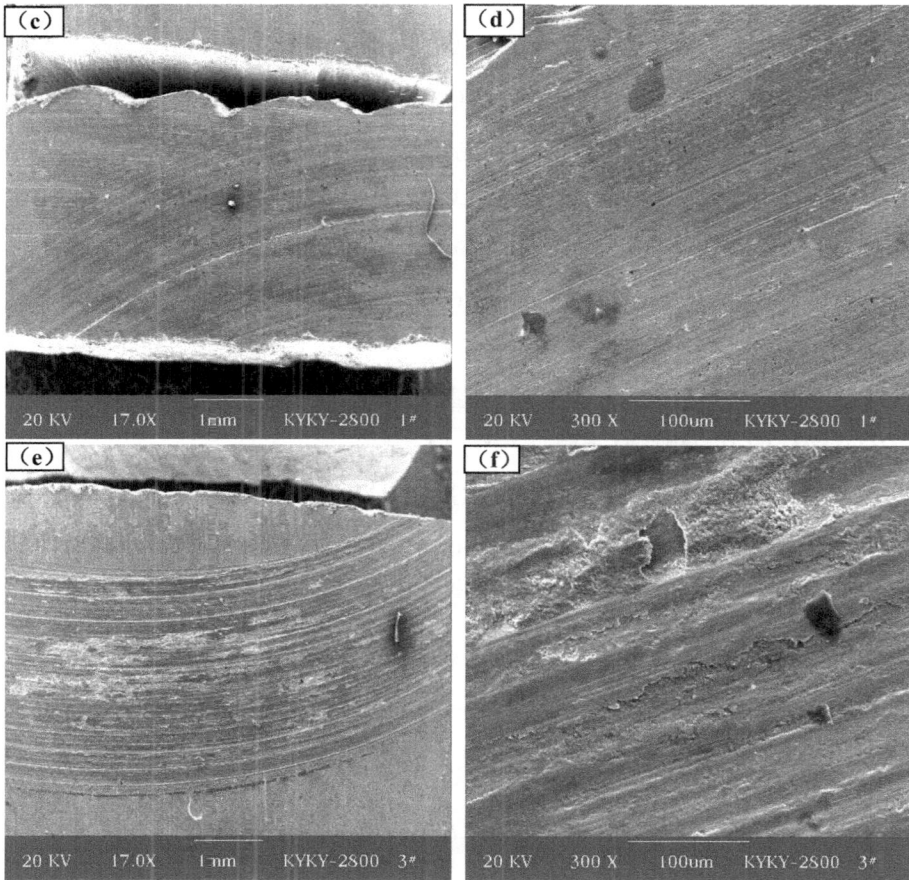

续图 6-22

6.5　本章小结

本章对 EG600、EG800 和 EG1000 在添加 Fe（或 Ni）的情况下进行机械球磨并随后退火，研究了 EG/金属混合物在此期间的结构变化及球磨产物作为润滑油添加剂的摩擦性能。

提高可膨胀石墨的加热温度提高了 EG 的膨胀程度，促进了 EG 石墨片与金属在球磨期间的接触与反应程度，从而加速了 EG/金属在球磨期间的非晶化过程。对于 EG600/金属，球磨后 EG 和金属仍保持了一定的结晶化程度；而对于 EG1000/金属，球磨后形成了具有无定形结构的 EG/金属体系及金属碳化物（Fe_3C 或 Ni_3C）。与纯 EG 的球磨相比，金属的添加抑制了 EG600 球磨期间的非晶化过程，但加速了 EG1000 的这一过程。此外，金属的添加导致 EG 的均匀球磨，这不仅表现在球磨后颗粒粒径分布的均化，还表现在球磨 EG 结构混乱度分布的均化。

通过对球磨 80 h 的 EG600 和 EG600/Ni 退火 4 h，我们发现退火可提高球磨 EG 的结晶度，尤其是对 EG600/Ni 中的 EG。球磨 EG600/Ni 中看不到在球磨 EG600 中存在的孔状结构，这显然与 Ni 的添加有关，有趣的是球磨 EG600 随后的退火也同样使这些孔状结构消失。

将球磨 60 h、80 h 和 100 h 的 EG600/Ni 作为润滑油添加剂均具有减摩作用，其中球磨 80 h 者效果最好，球磨 60 h 者次之，球磨 100 h 者效果最不明显，这与三种添加剂中 EG 的结晶度排序一致，说明提高球磨 EG 的结晶度可提高减摩效果。

结　　论

1. 分别加热醋酸锌和水洗后的可膨胀石墨、醋酸锌和水洗并干燥后的可膨胀石墨、醋酸锌和 EG 的混合物，成功地制备了三种 EG/ZnO 复合材料（分别记为 EG/ZnO-1、EG/ZnO-2 和 EG/ZnO-3）。结果显示：ZnO 的负载方法对其在 EG 中的分布、EG/ZnO 的结构以及对水面原油和水中甲基橙的吸附与降解性能具有显著影响。

2. EG/ZnO-1、EG/ZnO-2 和 EG/ZnO-3 三种复合材料对原油和甲基橙均同时具有较强的吸附和降解能力。比较而言，EG/ZnO-3 对甲基橙的综合去除效率最高，UV 照射下 2 h 可将水中甲基橙完全去除，而对原油的吸附能力仅为 26 g/g，低于 EG/ZnO-1 和 EG/ZnO-2 的 50 g/g，其原因与 EG/ZnO-3 的膨胀容积较小，降低了储油空间有关。与纯 EG 相比，UV 照射下吸附在 EG/ZnO-1 和 EG/ZnO-2 中原油的降解速度均较高，说明在 EG 中负载 ZnO 有利于被吸附原油的降解。EG/ZnO-2 中原油被降解速度最快是因为负载的 ZnO 粒子较多分布在石墨片外层，有利于接受光照。

3. 分别对天然石墨、可膨胀石墨和 EG 进行插层-膨化，制备了三种 EG（分别记为 EG1、EG2 和 EG3）。结果显示：与 EG1 相比，EG2 蠕虫状颗粒上的网络孔发育更加完善，而 EG3 颗粒上散布着许多弯曲的微米级石墨片，其中有些形成多层筒状结构。超声波振荡 EG1、EG2 和 EG3 制备的纳米石墨片 GN1、GN2 和 GN3 的平均粒径和厚度分别为 16 μm 和 25 nm，10 μm 和 11 nm，8 μm 和 4.5 nm。说明对可膨胀石墨和 EG 进行二次插层均可有效地降低纳米石墨片的尺寸，其中对 EG 进行二次插层的效果尤为明显。三种纳米石墨片作为润滑油添加剂均具有减摩作用，其中 GN2 的减摩效果最佳，而 GN1 和 GN3 的减摩效果相差不大，说明当纳米石墨片具有合适的尺寸时，才具有较佳的减摩效果。

4. 分别对 EG600、EG800 和 EG1000（分别在 600 ℃、800 ℃和 1000 ℃高温膨化可膨胀石墨获得）进行机械球磨发现：与天然石墨相比，EG 在球磨期间微晶尺寸（L_c）的下降程度要小得多，这是因为天然石墨中相对平坦的石墨片在插层-膨化期间变成了带有褶皱的纸状石墨片，这种石墨片在磨球冲击下锁合在一起，形成了具有良好抗剥离性能的柔性石墨片。此外，在球磨 EG 中可看到大量的石墨层面内缺陷，这在大多数球磨天然石墨中很少观察到，这可能是因为 EG 具有褶皱纸状的石墨片在球磨期间易受到揉搓和折叠，且折叠的石墨片不易断裂，从而产生的石墨层面内缺陷被保留下来。球磨 EG 作为润滑油添加剂具有减摩作用，且减摩效果好于天然石磨和未球磨石墨。

5. 球磨 EG/金属（Fe 或 Ni）混合物发现：提高可膨胀石墨的膨化温度可加速 EG/金属混合物在球磨期间的非晶化过程。对于 EG1000/金属，球磨可生成无定形 EG/金属体系及金属碳化物（Fe_3C 或 Ni_3C）。金属的添加可抑制 EG600 在球磨期间的非晶化过程，但加速了 EG1000 的这个过程。这可能是因为 EG600 石墨层膨化不完全，金属在球磨期间的催化石墨化作用及缓冲作用较大，而 EG1000 的石墨层膨化较为完全，从而金属与石墨层之间的接触更加充分，此时金属的研磨作用更为显著。

6. 球磨 80 h 的 EG600 部分地保持了原始 EG 的孔状结构，且孔壁变薄，最薄仅有 1.5 nm，但球磨时添加 Ni 导致了 EG 原始孔状结构的消失。退火可提高球磨 EG 的结晶度，且 Ni 的添加有助于这一过程。球磨 EG/Ni 混合物作为润滑油添加剂具有减摩作用，且减摩效果随球磨 EG 结晶度的提高而提高。

本书主要创新点

1. 通过对传统 EG 进行再次插层-膨化处理获得了一种新型 EG，在这种 EG 颗粒表面发现了具有微米尺寸的多层筒状结构的石墨片。对这种 EG 进行超声波振荡获得了厚度范围 2～9 nm、平均厚度 4.5 nm 的纳米石墨片，该尺寸远小于超声波振荡传统 EG 获得的平均厚度为几十纳米的纳米石墨片。

2. 通过对 EG 进行机械球磨发现，EG 球磨后部分地保留了原始 EG 的多孔结构，且孔壁变薄，最薄仅有 1.5 nm。此外，球磨 EG 中存在大量的石墨层面内缺陷，这在大多数球磨天然石墨中较少观察到。

3. 通过对 EG/（Fe 或 Ni）混合物进行机械球磨，发现提高可膨胀石墨的膨化温度加速了 EG/金属本系在球磨期间的非晶化过程，并导致了金属碳化物的生成。金属的添加抑制了 EG600 在球磨期间的非晶化过程，但加速了 EG1000 的这个过程。

参 考 文 献

[1] A Celzard，J F Mareche，G Furdin. Modeling of exfoliated graphite[J]. Pro Mater Sci，2005，50：93-179.

[2] Y Amari ， T Nakajima. Exfoliation process and elaboration of new carbonaceous materials[J]. J Mater Res，1990，5：2849-2854.

[3] D D L Chung. Review：Exfoliation of graphite[J]. J Mater Sci，1987，22：4190-4198.

[4] 于仁光，乔小晶. 纳米复合材料可膨胀石墨的合成及应用[J]. 材料导报，2003，17（专辑）：125.

[5] 杨东兴，康飞宇. 一种纳米复合材料——石墨层间化合物的结构与合成[J]. 清华大学学报（自然科学版），2001，41（10）：9-12.

[6] 传秀云. 石墨层间化合物GICs的形成机理探讨[J]. 新型碳材料，2000，15（1）：52-54.

[7] F Kang ， Y Leng ， T Y Zhang. Influences of H_2O_2 on synthesis of H_2SO_4-GICs[J]. J Phys Chem Sol，1996，57：889-892.

[8] M S Dresselhaust. Exfoliation of graphite via intercalation compounds[J]. G Adv Phys，1981，30：139-142.

[9] B Tryba，J Przepiorski，A W Morawski. Influence of chemically prepared H_2SO_4-graphite intercalation compound（GIC）precursor on parameters of exfoliated graphite（EG）for oil sorption from water[J]. Carbon，2002，41：2009-2025.

[10] M Inagaki，R Tashiro，Y Washino，et al. Exfoliation process of graphite via intercalation compounds with sulfuric acid[J]. J Phys Chem Solids，2004，65：133-137.

[11] 杨东兴，康飞宇，郑永平. H₂O-H₂SO₄ 合成低硫 GIC 的研究[J]. 碳素技术，2000，6（2）：6-10.

[12] P Ramesh，S Sampath. Preparation and physicochemical and electrochemical characterization of exfoliated graphite oxide[J]. Journal of Colloid and Interface Science，2004，274：96-99.

[13] D Horn，H P Boehm. Effect of preparation conditions on the characteristics of exfoliated graphite[J]. Mater Sci Eng，1977，31：87-92.

[14] G X Lan，S F Hu. Electrochemical Synthesis and Characterization of Formic Acid Graphite Intercalation Compound[J]. Carbon，1992，30：251-253.

[15] F Y Kang，Y Leng，T Y Zhang. Efect of preparation conditions on the characteristics of exfoliated graphite[J]. Carbon，2002，40：1575-1581.

[16] W G Weng，G H Chen，D J Wu，et al. Preparation and characterizations of nanoparticles from graphite via an electrochemically oxidizing method[J]. Synthetic Metals，2003，139：221-225.

[17] H Pehm，W Heje，B Ruisinger. Spectrum analysis of the intercalation mechanism on HCOOH₂ GIC formation[J]. Synth Met，1988，23：395-398.

[18] B Ruisinger，H P Boehm. Production of exfoliated graphite from potassium graphite etrahydrofurane ternary compounds and its applications[J]. Carbon，1993，31：1131-1133.

[19] Z R Ying，X M Lin，Y Qi，et al. Preparation and characterization of low-temperature expandable graphite[J]. Mater Res Bull，2008，43：2677-2686.

[20] J H Li，H F Da，Q Liu，et al. Preparation of sulfur-free expanded graphite with 320 μm mesh of flake graphite[J]. Mater Lett，2006，60：3927-3930.

[21] J Li，J H Li，M Li. Ultrasound irradiation prepare sulfur-free and lower exfoliate-temperature expandable graphite[J]. Mater Lett，2008，62：2047-204.

[22] J H Li，J Li，M Li. Preparation of expandable graphite with ultrasound

irradiation[J]. Mater Lett，2007，61：5070-5073.

[23] X L Chen，K M Song，J H Ling. Preparation of low sulfur content and expandable graphite[J]. Carbon，1996，34：1599-1604.

[24] 王慎敏，乔英杰. 低硫高抗氧化膨胀石墨及制品研究[J]. 炭素，2000，2（2）：31-33.

[25] 刘国钦，闫珉. 利用细鳞片石墨制备膨胀石墨的研究[J]. 新型炭材料，2002，7（2）：13-15.

[26] R A Reynolds III，R A Greinke. Influence of expansion volume of intercalated graphite on tensile properties of flexible graphite[J]. Carbon，2001，39：473-481.

[27] F Vieira，I Cisneros，N G Rosa，et al. Influence of the natural flake graphite particle size on the textural characteristic of exfoliated graphite used for heavy oil sorption[J]. Carbon，2006，44：2587-92.

[28] T Beata，W M Antoni，I Michio. Preparation of exfoliated graphite by microwave irradiation[J]. Carbon，2005，43：2417-2419.

[29] 张东，田胜力，肖德炎. 微波法制备纳米多孔石墨[J]. 非金属矿，2004，27（6）：24-28.

[30] O Y Kwon，S W Choi，K W Park，et al. The preparation of exfoliated graphite by using microwave[J]. J Ind Eng Chem，2003，9：743-747.

[31] E H L Falcao，R G Blair，J J Mack，et al. Microwave exfoliation of a graphite intercalation compound[J]. Carbon，2007，45：1367-1369.

[32] T Wei，Z G Fan，G L Luo，et al. A rapid and efficient method to prepare exfoliated graphite by microwave irradiation[J]. Carbon，2008，47：337-339.

[33] V Sridhar，J H Jeon. Synthesis of graphene nano-sheets using eco-friendly chemicals and microwave radiation[J]. Carbon，2010，48（10）：2953-2957.

[34] 曹乃珍，沈万慈，温诗铸，等. 膨胀石墨制备及微孔结构相关性研究[J]. 材料科学与工艺，1997，5（2）：121-123.

[35] 兆恒，周伟，曹乃珍，等. 膨胀石墨的孔隙结构及其在液相吸附/吸着

时的变化[J]. 材料科学与工程，2002，20（2）：156-159.

[36] W C Shen，N Z Cao. The porous structure and surface chemical state of expanded graphite[C]. Proc. of the European Carbon Conference，Newcastle，The Royal Society of Chemistry，1996，18：348-349.

[37] M Inagaki，T Suwa. Pore structure analysis of exfoliated graphite using image processing of scanning electron micrographs[J]. Carbon，2001，39：915-920.

[38] M Inagaki，M Toyoda，F Y Kang，et al. Pore structure of exfoliated graphite-A report on a joint research project under the scientific cooperation program between NSFC and JSPS[J]. New Carbon Mater，2003，18：241-249.

[39] Y Nishi，N Washita，Y Sawada. Evaluation of pore structure of exfoliated graphite by mercury porosimeter[J]. TANSO（in Japanese），2002，25（201）：31-34.

[40] 曹梦竺，阳应化，王兴涌. 膨胀石墨的研究与应用现状[J]. 碳素材料，2003，3（4）：34-36.

[41] A Celzard，J F Mareche. Fluid flow in highly porous anisotropic graphites[J]. J Phys Condens Matter，2002，14：1119-1129.

[42] A Celzard，J F Mareche. Permeability and formation factor of compressed expanded graphite[J]. J Phys Condens Matter，2001，13：4387-4403.

[43] M Bonnissel，L Luo，D Tondeur. Compacted exfoliated natural graphite as heat conduction medium[J]. Carbon，2001，39：2151-2161.

[44] M Krzesinska，A Celzard，J F Mareche，et al. Elastic properties of anisotropic monolithic samples of compressed expanded graphite studied with ultrasounds[J]. J Mater Res，2001，16：606-614.

[45] A Celzard，J F Mareche，G Furdin. Surface area of compressed expanded graphite[J]. Carbon，2002，40：2713-2718.

[46] M B Dowell，R A Howard. Tensile and compressive properties of flexible

graphite foils[J]. Carbon，1986，24：311-323.

[47] Y Leng，J Gu，W Cao，et al. Influences of density and flake size on the mechanical properties of flexible graphite[J]. Carbon，1998，36：875-881.

[48] J L Gu，W Q Cao，N Z Cao et al. Effect of microstructure on compressive properties of flexible graphite sheet[C]. Extended Abstracts of the European Carbon Conference 'Carbon 96'，Newcastle，UK，1996，12：346–347.

[49] 王玉梅，田军，杨生荣. 膨胀石墨和柔性石墨的应用前景及发展趋势[J]. 润滑与密封，2001，8（3）：58-59.

[50] 张泽江. 可膨胀石墨在阻燃材料中的应用[J]. 阻燃材料与技术，2002，14（6）：8-10.

[51] M Lorenzettia，G Camino. Expandable graphite as an intumescent flame retardant polyisocyanurate-polyure-thane Foams[J]. Polymer degradation and stability，2002，77：195-202.

[52] R C Xie，B J Qu. Synergistic of expandable graphite with some salogen-free flame retardants in polyolefin blends[J]. Polymer degradation and stability，2001，71：375-380.

[53] S H Chu，K wang. The dynamic flammability and toxicity of magnesium hydroxide filled intumescent fire fetardant poly-propylene[J]. J Appl polym Sci，1998，67：989-993.

[54] 赵正平. 可膨胀石墨及其制品的应用及发展趋势[J]. 中国非金属矿业导刊，2003，5（1）：7-8.

[55] N Akuzaw. The Removal of Oil Materials from Water by a New Type Graphite Material[J]. Carbon，1993，159：207-210.

[56] Y P Zheng，H N Wang，F Y Kang，et al. Sorption capacity of exfoliated graphite for oils sorption in and among wormlike particles[J]. Carbon，2004，42：2603-2607.

[57] K Denki. Sorption kinetics of various oils into exfoliated graphite[J]. Carbon，1995，170：298-301.

[58] M Toyoda, M Inagaki. Heavy oil sorption by using exfoliated graphite—new application of exfoliated graphite to protect heavy oil pollution[J]. Carbon, 2000, 38: 199-210.

[59] B Tryba, A W Morawski, R J Kalenczuk, et al. Exfoliated graphite as a new absorbent for removal of engine oils from Wastewater[J]. Spill Sci Technol Bull, 2003, 8: 569-571.

[60] 任京成, 沈万慈, 杨赞中, 等. 膨胀石墨——一种新型环境材料[J]. 中国非金属矿工业导报, 1999, 7 (3): 25-33.

[61] F Y Kang, Y P Zhang, H N Zhao. Sorption of heavy oils and liquids into exfoliated graphite-Reach in China[J]. New Carbon Mater, 2003, 18: 161-173.

[62] 徐子刚, 吴清洲, 伍文斌. 膨胀石墨对柴油吸附程度的分析[J]. 非金属矿, 2003, 23 (4): 33-34.

[63] 任京成, 董风之, 沈万慈. 膨胀石墨用于溢油污染治理[J]. 矿产综合利用, 2001, 2: 31-33.

[64] 曹乃珍, 沈万慈, 温诗铸. 膨胀石墨的吸附作用[J]. 新型碳材料, 1995, 10 (4): 51-53.

[65] 初茉, 任守政. 利用膨胀石墨处理焦化废水的研究[J]. 煤炭加工与综合利用, 1999, 5 (3): 19-20.

[66] 王鲁宁, 陈希, 郑永平, 等. 膨胀石墨处理毛纺厂印染废水的应用[J]. 非金属矿, 2002, 23 (1): 33-34.

[67] W M Kenan. Trouble on Oiled Waters[J]. Appl Poly Sci, 1995, 74: 129-132.

[68] M Toyoda, K Moriya, M Inagaki. Temperature dependence of heavy oil sorption on exfoliated graphite[J]. Sekiyu Gakkai Shi (in Japanese), 2001, 44: 169-177.

[69] M Toyoda, Y Nishi, N Washita. Sorption mechanism of heavy oil into exfoliated graphite[J]. Desalination, 2003, 17: 77-79.

[70] M Inagakia, H Konnob. Recovery of heavy oil from contaminated sand by

using exfoliated graphite[J]. Desalination，2004，170：177-179.

[71] M Toyoda，M Inagaki. Sorption and recovery of heavy oils by using exfoliated graphite[J]. Spill Sci Technol Bull，2003，8：467-474.

[72] J T Li，M Li，J H Li，et al. Removal of disperse blue 2BLN from aqueous solution by combination of ultrasound and exfoliated graphite[J]. Ultrason Sonochem，2007，14：62-66.

[73] M Toyoda，K Moriya，J Aizawa，et al. Sorption and recovery of heavy oils using exfoliated graphite Part ：Maximum sorption capacity[J]. Desalination，2000，128：205-211.

[74] M Toyoda，J Aizawa，M Inagaki. Sorption and recovery of heavy oil by using exfoliated graphite[J]. Desalination，1998，115：199-201.

[75] M Inagaki，H Konno，M Toyoda，et al. Sorption and recovery of heavy oils using exfoliated graphite Part II：Recovery of heavy oil and recycling of exfoliated graphite[J]. Desalination，2000，128：213-218.

[76] W Shen，S Wen，N Cao，et al. Expanded graphite-A new kind of biomedical material[J]. Carbon，1999，37：351-358.

[77] 楚书凤，金芝珊，薛群基. 天然鳞片石墨与油溶性添加剂相互作用的研究[J]. 摩擦学学报，1997，17（4）：340-347.

[78] 陈锐，李平，陆玉峻. 固体润滑材料——石墨的应用[J]. 炭素，2000，4（3）：23-25.

[79] 聂明德，薛群基. 氟化石墨润滑性能的研究[J]. 摩擦学学报，1981，1（1）：28.

[80] R L Fusoro. Graphite fluoride lubrication the effect of fluoride content atmosphere and burnishing technique[C]. ASLE/ASME lubrication conference，1975，ASLE preprint N_O 75-LC-6A-1.

[81] R L Fusoro. A comprision of the lubricating mechanism of graphite fluoride and molybdenium disulfide films[C]. ASLE proceeding 2rd international conference on solid lubrication，1978，15：59-65.

[82] A Conte. Graphite intercalation compounds as solid lubricants[J]. ASLE Transactions，1983，26：200-207.

[83] 聂明德，薛群基. 氟化石墨润滑性能的研究[J]. 固体润滑，1981，1（1）：28-34.

[84] 田军，赵家政，薛群基. FeCl₃-石墨层间化合物的极压性能[C]. 第五次全国摩擦学学术会议论文集，清华大学出版社，1992，62-68.

[85] 周强，温诗铸，刘英杰. 膨化石墨复合系润滑油品研究[J]. 材料保护，1995，28（11）：44-48.

[86] 周强，曹乃珍，刘英杰，等. 膨胀化石墨的功能性作用及其应用[J]. 新型碳材料，1996，4（1）：68-73.

[87] 周强，徐瑞清. 石墨材料的润滑性能及其开发应用[J]. 新型碳材料，1997，12（3）：11-16.

[88] D D L Chung. Flexible graphite for gasketing，adsorption，interference shielding，vibration damping，electrochemical applications，and stress sensing[J]. J Mater Eng Perf，2000，9：161-163.

[89] J H Han，K W Cho，K H Lee，et al. Porous graphite matrix for chemical heat pumps[J]. Carbon，1998，36：1801-1810.

[90] A Celzard，M Krzesinska，D Begin，et al. Preparation，electrical and elastic properties of new anisotropic expanded graphite-based composites[J]. Carbon，2002，40：557-566.

[91] M Balat，B Spinner. Optimization of a chemical heat pump energetic density and power[J]. Heat Recov Syst CHP，1993，13：277-285.

[92] X Luo，D D L Chung. Vibration damping using flexible graphite[J] Carbon，2000，38：1510-1515.

[93] X Luo，D D L Chung. Graphite–graphite electrical contact under dynamic mechanical loading[J]. Carbon，2001，39：615-618.

[94] A Celzard，M Krzesinska，J F Mareche，et al. Scalar and vectorial percolation in compressed expanded graphite[J]. Physica A，2001，294：

283-294.

[95] R Olives，S Mauran. A highly conductive porous medium for solid-gas reaction： Effect of the dispersed phase on thermal tortuosity[J]. Transp Porous Media，2001，43：377-394.

[96] A Celzard，J F Mareche，G Furdin，et al. Electrical conductivity of anisotropic expanded graphite-based monoliths[J]. J Phys D Appl Phys，2000，33：3094-3101.

[97] S Komarneni. The Structure and the Electrical and Magnetic Properties of Flexible Graphite Sheet Loaded With Fine Ferrite Particles[J]. Carbon，2002，2：12-19.

[98] 关华，潘功配，姜力. 膨胀石墨对3mm、8mm波衰减性能研究[J]. 红外与毫米波报，2004，23（1）：72-74.

[99] 关华，潘功配，朱晨光. 一种燃烧型抗红外/毫米波双模发烟剂研究[J]. 火工品，2004，3（2）：13-14.

[100] 关华，潘功配，王广. 三维空间中的膨胀石墨对毫米波衰减性能实验研究[J]. 功能材料，2004，12（5）：273.

[101] 朱长江，陈作如. 膨胀石墨的毫米波二维平面散射截面研究[J]. 材料科学与工程学报，2003，21（3）：350-353.

[102] K Konstantinou，T A Albanis. TiO_2-assisted photocatalytic degradation of azo dyes in aqueous solution：kinetic and mechanistic investigation[J]. Appl. Catal. B：Environ，2004，49：1-14.

[103] A Mills，S L Hunte. An overview of semiconductor photocatalysis[J]. J Photochem Photobiol，1997，108：1-35.

[104] M Nikazar，K Gholivand，K Mahanpoor. Photocatalytic degradation of azo dye Acid Red 114 in water with TiO_2 supported on clinoptilolite as a catalyst[J]. Desalination，2008，219：293-300.

[105] G A Parks. The isoelectric points of solid oxides，solid hydroxides，and aqueous hydroxides complex systems[J]. Chem Rev，1965，65：177-198.

[106] S Sakthivel，B Neppolian，M V Shankar，et al. Solar photocatalytic degradation of azo dye：comparison of photocatalytic efficiency of ZnO and TiO$_2$[J]. Sol Energy Mater Sol C，2003，77：65-82.

[107] C Lizama，J Freer，J Baeza，et al. Optimal photodegradation of reactive blue 19 on TiO$_2$ and ZnO suspension[J]. Catal Today，2002，76：235-246.

[108] M A Behnajady，N Modirshahla，N Daneshvar et al. Photocatalytic degradation of C. I. Acid Red 27 by immobilized ZnO on glass plates in continuous-mode[J]. J Hazard Mater，2007，140：257-263.

[109] S Chakrabarti，B K Dutta. Photocatalytic degradation of model textile dyes in wastewater using ZnO as semiconductor catalyst[J]. J. Hazard Mater B，2004，112：269-278.

[110] J Villasenor，H Masilla. Effect of temperature on kraft black liquor degradation by ZnO-photoassisted catalysis[J]. J Photochem Photobiol A：Chem，1996，93：205-209.

[111] A A Khodja，T Sehili，J Pilichowski，et al. Photocatalytic degradation of 2 phenyl-phenol on TiO$_2$ and ZnO in aqueous suspension[J]. J Photochem Photobiol A：Chem，2001，141：231-239.

[112] N Daneshvar，S Aber，M S Seyed Dorraji，et al. Photocatalytic degradation of the insecticide diazinon in the presence of prepared nanocrystalline ZnO powders under irradiation of UV-C light[J]. Sep Purif Technol，2007，58：91-98.

[113] N Daneshvar，M H Rasoulifard，A R Khataee，et al. Removal of C. I. Acid Orange 7 from aqueous solution by UV irradiation in the presence of ZnO nanopowder[J]. J Hazard mater，2007，143：95-101.

[114] H H Wang，C S Xie，W Zhang，et al. Comparison of dye degradation efficiency using ZnO powders with various size scales[J]. J Hazard Mater，2007，141：645-652.

[115] B Pare，S B Jonnalagadda，H Tomar，et al. ZnO assisted photocatalytic

degradation of acridine orange in aqueous solution using visible irradiation[J]. Desalination，2008，232：80-90.

[116] N Daneshvar，D Salari，A R Khataee. Photocatalytic degradation of azo dye acid red 14 in water on ZnO as an alternative catalyst to TiO$_2$[J]. J Photochem Photobiol A：Chem，2004，162：317-322.

[117] 娄向东，王天喜，成庆堂. 氧化镍的制备和表征及光催化性能研究[J]. 水处理技术，2005，31（7）：32-34.

[118] Y Li，B C Zhang，X W Xie，et al. Novel Ni catalysts for methane decomposition to hydrogen and carbon nanofibers[J]. Journal of Catalysis，2006，238：412-424.

[119] 任强富，贾瑛，张秋禹. 膨胀石墨表面化学镀镍及性能[J]. 应用化学，2009，6（4）：494-497.

[120] S F Chen，S J Zhang，W Liu，et al. Preparation and activity evaluation of p-n junction photocatalyst NiO/TiO$_2$[J]. Journal of Hazardous Materials，2008，155：320-326.

[121] S Z Chen，S H Zhong. The photo stimulated surface reaction of synthesis of methanol from carbon dioxide and water on Cu/TiO$_2$-NiO[J]. Acta Phys Chim Sin，2002，18：1099-1103.

[122] N R E Radwan，H G EI-Shobaky，S A EI-Molla. Surface and catalytic properties of pure CeO$_2$ and MoO$_3$-doped TiO$_2$/NiO system[J]. Appl Catal A，2006，297：31-39.

[123] C Wang，J Zhao，X Wang，et al. Preparation，characterization and photocatalytic activity of nano-sized ZnO/SnO$_2$ coupled photocatalysts[J]. Appl Catal B：Environ，2002，39：269-279.

[124] M Hamerski，J Grzechulska，A W Morawski. Photocatalytic purification of soil contaminated with oil using modified TiO$_2$ powders[J]. Sol Energy，1999，66：395-399.

[125] R L Ziolli，W F Jardim. Photocatalytic decomposition of seawater-soluble

crude-oil fractions using high surface area colloid nanoparticles of TiO$_2$[J]. J Photochem Photobio A，2002，147：205-212.

[126] 赵文宽，方佑龄. 光催化降解水面石油污染的研究[J]. 宁夏大学学报，2001，22（2）：221-222

[127] 赵文宽，谭榆森. 水面石油污染物的光催化降解[J]. 催化学报，1999，20（3）：368-370.

[128] 杨阳，陈爱平，古宏晨. 以膨胀珍珠岩为载体的飘浮型TiO$_2$光催化剂降解水面浮油[J]. 催化学报，2001，22（2）：177-179

[129] M Toyoda，H Umemura，M Inagaki. Sorption and decomposition of heavy oil on exfoliated graphite loaded with TiO$_2$[J]. New Carbon Mater，2002，17：1-3.

[130] T Tsumura，N Kojitani，H Umemura，et al. Composites between photoactive anatase-type TiO$_2$ and adsorptive carbon[J]. Appl Surf Sci，2002，196：429-436.

[131] 曹宏，马恩宝，王学华. 膨胀石墨负载纳米TiO$_2$材料对机油的吸附和光催化降解[J]. 地质学报，2006，80（2）： 615-61.

[132] J H Li，C L Mi，J Li，et al. The removal of MO molecules from aqueous solution by the combination of ultrasound/adsorption/photocatalysis[J]. Ultrason Sonochem，2008，15：949–954.

[133] M V Savoskin，A P Yaroshenko，N I Lazareva，et al. Using graphite intercalation compounds for producing exfoliated graphite-amorphous carbon-TiO$_2$ composites[J]. J Phys Chem Solids，2006，67：1205-1207.

[134] O N Shornikova，N E Sorokina，V V Avdeev. The effect of graphite nature on the properties of exfoliated graphite doped with nickel oxide[J]. J Phys Chem Solids，2008，69：1168-1170.

[135] L Wei，C Han，L W Liu，et al. Expanded graphite applied in the process as a catalyst support[J]. Catal Today，2007，125：278-281.

[136] A Oya，S Otani. Influences of particle size of metal on catalytic

graphitization of non-graphitizing carbons[J]. Carbon，1981，19：391-400.

[137] H Zhang，Z H Jin，L Han，et al. Synthesis of nanoscale zero-valent iron supported on exfoliated graphite for removal of nitrate[J]. Trans Nonferrous Met SOC China，2006，16：345-349

[138] K Hidetaka，K Takuya Kinomura，H Hiroki，et al. Synthesis of submicrometer-sized β-SiC particles from the precursors composed of exfoliated graphite and silicone[J]. Carbon，2004，42：737-744.

[139] 张静，张生炎，肖筱瑜. 膨胀石墨-金属纳米复合材料的制备及表面研究[J]. 矿产与地质，2003，17（6）：713-715.

[140] J Pajak，M Krzesinska，K Swiderska，et al. Some properties of resin impregnated compressed expanded graphites[C]. Extended Abstracts 1st World Carbon Conference on Carbon—Eurocarbon 2000，Berlin，2000，12：531-532.

[141] J F Mareche，D Begin，G Furdin，et al. Monolithic activated carbons from resin impregnated expanded graphite[J]. Carbon，2001，39：771-773.

[142] A Celzard，E McRae，J Mareche，et al. Composites based on micron-sized exfoliated graphite particles：electrical conduction，critical exponents and anisotropy. J Phys Chem Solids，1996，57：715-718.

[143] X Chen，Y P Zheng，F Kang，et al. Preparation and structure analysis of carbon/carbon composite made from phenolic resin impregnation into exfoliated graphite[J]. J Phys Chem Solids，2006，67：1141-1144.

[144] X Py，R Olives，S Mauran. Parafin/porous-graphite-matrix composite as a high and constant power thermal storage material[J]. Int J Heat Mass Transf，2001，44：2727-2737.

[145] M Xiao，B Feng，K Gong. Preparation and performance of shape stabilized phase change thermal storage materials with high thermal conductivity[J]. Energy Convers Manage 2002，43：103-108.

[146] M Xiao，B Feng，K Gong. Thermal performance of a high conductive

shape-stabilized thermal storage material[J]. Solar Energy Mater Solar Cells，2001，69：293-296.

[147] A Mendez，R Santamaria，M Granda，et al. Preparation and characterisation of pitch-based granular composites to be used in tribological applications[J]. Wear，2005，258：1706-1716.

[148] X L Zhang，L Shen，X Xia，et al. Study on the interface of phenolic resin/expanded graphite composites prepared via in situ polymerization[J] Mater Chem Phys，2008，111：368-374.

[149] M Seredycha，V Albert Tamashauskyb，J Teresa. Surface features of exfoliated graphite/bentonite composites and their importance for ammonia adsorption[J]. Carbon，2008，46：1241-1252.

[150] D J Li，Y X Wang，L Xu，et al. Surface modification of a natural graphite/phenol formaldehyde composite plate with expanded graphite[J]. Journal of Power Sources，2008，183：571-575.

[151] G H Chen，D J Wu，W G Weng. Preparation of polymer/graphite conducting nano composite by Intercalation polymerization[J]. Appl Poly Sci，2001，82：250-253.

[152] D Soph，L B Michel. Thermal degradation of polyurethane and polyurethane/Expandable graphite coatings[J]. Polymer degradation and stability，2001，74：493-499.

[153] B Debelak，K Lafdi. Use of exfoliated graphite filler to enhance polymer physical properties[J]. Carbon，2007，45：1727-1734.

[154] 左胜武，左敏，沈经纬. 聚乙烯/膨胀石墨复合材料的结构和导电行为[J]. 塑料工业，2004，32（8）：41-44.

[155] W Zheng，S C Wong，H J Sue. Transport behavior of PMMA/expanded graphite nanocomposites[J]. Polymer，2002，73：6767-6773.

[156] G Cheng，W Weng，D Wu，et al. PMMA/graphite nanosheets composite and its conducting properties[J]. Europ Polym J，2003，39：2329-2335.

[157] J Li，J Kim，M Sham. Conductive graphite nanoplatalet/epoxy nanocomposites： effects of exfoliation and UV/ozone treatment of graphite[J]. Scripta Mater，2005，53：235-240.

[158] G Zheng，J Wu，W Wang，et al. Characterizations of expanded graphite/polymer composites prepared by in situ polymerization[J]. Carbon，2004，42：2839-2847.

[159] W Wang，C Y Pan，J S Wu. Elecrical properties of expanded graphite/poly（styrene-co-acrilonitrile）composites[J]. J Phys Chem Solids，2005，66：1695-1700.

[160] X S Du，M Xiao，Y Z Meng. Facile synthesis of highly conductive polyaniline/graphite nanocomposites[J]. Europ Polym J，2004，40：1489-1493.

[161] W Zheng，S C Wong. Electrical conductivity and dielectric properties of PMMA/expanded graphite composites[J]. Compos Sci Technol，2003，63：225-235.

[162] P Xiao，M Xiao，K Gong. Preparation of exfoliated graphite/polysterene composite by polymerization filling technique[J]. Polymer，2001，42：4813-4816.

[163] H Yang，M Tian. Improved mechanical and functional properties of elastomer/graphite nanocomposites prepared by latex compounding[J]. Acta Mater，2007，55：6372-6382.

[164] 赵建国，郭全贵，刘朗. 聚乙二醇/膨胀石墨相变储能复合材料[J]. 现代化工，2008，28（9）：46-47.

[165] 赵建国，郭全贵，刘朗. 石蜡/膨胀石墨相变储能复合材料的研制[J]. 新型炭材料，2009，24（2）：1-5.

[166] S Kim，L T Drzal. High latent heat storage and high thermal conductive phase change materials using exfoliated graphite nanoplatelets[J]. Solar Energy Materials and Solar Cells，2009，93：136-142.

[167] R G Oliveira，R Z Wang. A consolidated calcium chloride-expanded graphite compound for use in sorption refrigeration systems[J]. Carbon，2007，45：390-396.

[168] K Kyriaki，F Hiroyuki，T Lawrence. A new compounding method for exfoliated graphite–polypropylene nanocomposites with enhanced flexural properties and lower percolation threshold[J]. Compos Sci Technol，2007，67：2045-2051.

[169] K Wang，J Y Wu，R Z Wang，et al. Effective thermal conductivity of expanded graphite-CaCl$_2$ composite adsorbent for chemical adsorption chillers[J]. Energy Conversion and Management，2006，47：1902-1912.

[170] I M Afanasov，V A Morozov，A V Kepman，et al. Preparation，electrical and thermal properties of new exfoliated graphite-based composites[J]. Carbon，2009，56：263-270.

[171] 黄仁和，王力. 纳米石墨薄片及聚合物/石墨纳米复合材料制备与功能特征研究[J]. 功能材料，2005，36（1）：6-10

[172] 孟国军，吴翔，刘芳德，等. 纳米石墨碳溶胶与纳米石墨粉的制备技术研究[C]. 2002年纳微米粉体制备与技术应用研讨会（论文集），北京：2002，232-236.

[173] 黄仁和，王力. 超声波和修饰剂及预聚体对石墨层间结构的影响[J]. 材料科学与工程学报，2006，24（2）：235-239.

[174] 许立宁，邓海金，曹赞华，等. 原位聚合法制备PM2MA/石墨纳米导电复合材料[J]. 塑料工业，2001，20（6）：17-19.

[175] 吴翠玲，翁文桂，吴大军，等. 原位聚合制备聚苯乙烯/石墨薄片纳米复合导电材料[J]. 塑料，2003（3）：56-58.

[176] 黄仁和，王力. 纳米石墨薄片及聚合物/石墨纳米复合材料制备与功能特征研究[J]. 功能材料，2005，11（1）：7-8.

[177] 莫尊理，吴迎冰，陈红，等. 乳液聚合法制备聚苯胺/纳米石墨微片薄片/Eu3＋纳米复合材料及其导电性能[J]. 功能材料，2008，39（1）：

127-132.

[178] 全成子，沈经纬，陈晓梅. 聚丙烯/石墨导电纳米复合材料的制备与性能[J]. 高分子学报，2003，23（6）：831-836.

[179] 侯越峰，干路平，黄海栋，等. 含片状纳米石墨粒子润滑油的制备及其摩擦学行为[J]. 华东理工大学学报（自然科学版），2005，31（6）：743-746.

[180] 黄仁和，王力. 纳米石墨薄片制备及修饰的研究[J]. 山东科技大学学报（自然科学版），2005，24（3）：14-17.

[181] G H Chen，W G Weng，D J Wu，et al. Preparation and characterization of graphite nanosheets from ultrasonic powdering technique[J]. Carbon，2004，42：753-739.

[182] 杜林虎，陈大明，潘伟，等. 超声波对鳞片状石墨的粉碎作用及结构影响[J]. 硅酸盐通报，2000，5（4）：27-30.

[183] 黄友艳，伍明华. 纳米石墨的制备、应用和表面修饰研究进展[J]. 化工时刊，2006，20（8）：48-53.

[184] 黄海栋，涂江平，干路平，等. 片状纳米石墨的制备及其作为润滑油添加剂的摩擦磨损性能[J]. 摩擦学学报，2005，25（4）：312-316

[185] Y A Kim，T Hayashi，Y Fukai et al. Effect of ball milling on morphology of cup stacked carbon nanotubes[J]. Chem Phys Lett，2002，355：279-284.

[186] T Fukunaga，K Nagano，U Mizutani，[J]. Structural change of graphite subjected to mechanical milling[J]. J Non-Cryst Solids，1998，232-234：416-420.

[187] T D Shen，W Q Ge，K Y Wang，et al. Structural disorder and phase transformation in graphite produced by ball-milling[J]. Nanostruct Mater，1996，7：393-399.

[188] M Vittori Antisari，A Montone，N Jovic，et al. Low energy pure shear milling：A method for the preparation of graphite nano-sheets[J]. Scripta Mater，2006，55：1047-1050.

[189] R Janot，D Guerard. Ball-milling：the behavior of graphite as a function of the dispersal media[J]. Carbon，2002，40：2887-2896.

[190] T S Ong，H Yang. Effect of atmosphere on the mechanical milling of natural graphite[J]. Carbon，2000，38：2077-2085.

[191] 杨航生. 高能球磨对石墨结构的影响[J]. 物理学报，2000，49（3）：522-525.

[192] A Mileva，M Wilson，G S K Kannangara，et al. X-ray diffraction line profile analysis of nanocrystalline graphite[J]. Mater chem. Phys，2008，111：346-350.

[193] M Francke，H Hermann，R Wenzel，et al. Modification of carbon nanostructures by high energy ball-milling under argon and hydrogen atmosphere[J]. Carbon，2005，43：1204-1212.

[194] N J Welhama，V Berbenni，P G Chapman. Effect of extended ball milling on graphite[J]. J Alloys Compd，2003，349：255-263.

[195] X H Chen，H S Yang，G T Wu，et al. Generation of curved or closed-shell carbon nanostructures by ball-milling of graphite[J]. J Cryst Growth，2000，218：57-61.

[196] J Y Huang HRTEM and EELS studies of defects structure and amorphous-like graphite induced by ball-milling[J]. Acta Mater，1999，47：1801-1808.

[197] J L Li，L J Wang，G Z Bai，et al. Carbon tubes produced during high-energy ball milling process[J]. Scripta Mater，2006，54：93-97.

[198] Q W Tang，J H Wu，H Sun，et al. Crystallization degree change of expanded graphite by milling and annealing[J]. J Alloys Compd，2009，475：429-433.

[199] Y Chen，J F Gerald，L T Chadderton，et al. Investigation of nanoporous carbon powders produced by high energy ball milling and formation of carbon nanotubes during subsequent annealing[J]. J Metastable Nanocryst

Mater，1999，2-6：375-380.

[200] Y Chen，J F Gerald，L T Chadderton，et al. Nanoporous carbon produced by ball milling[J]. Appl Phys Lett，1999，74：2782-2784.

[201] L T Chadderton，Y Chen. Nanotube growth by surface diffusion[J]. Phys Lett A，1999，263：401-405.

[202] D Chaira，B K Mishra，S Sangal. Efficient synthesis and characterization of iron carbide powder by reaction milling[J]. Powder Technol，2009，191：149-154.

[203] B Ghosh，S K Pradhan. Microstructure characterization of nanocrystalline Fe3C synthesized by high-energy ball milling[J]. J Alloys Compd，2009，477：127-132.

[204] B Ghosh，H Dutta，S K Pradhan. Microstructure characterization of nanocrystalline Ni₃C synthesized by high-energy ball milling[J]. J Alloys Compd，2008，49：187-182.

[205] N T Rochman，K Kawamoto，H Sueyoshi，et al. Effect of milling temperature and additive elements on a Fe–C system alloy prepared by mechanical alloying[J]. J Mater Process Tech，1999，89-90：367-372.

[206] J L Li，F Li，K Hu，et al. Formation of TiB2 /TiN/Ti（Cx N1-x）nanocomposite powder via high-energy ball milling and subsequent heat treatment[J]. J Alloys Compd，2002，334：253-260.

[207] B Bokhonov，M Korchagin. The formation of graphite encapsulated metal nanoparticles during mechanical activation and annealing of soot with iron and nickel[J]. J Alloys Compd，2002，333：308-320.

[208] M Craig，A W Michael. Ball milling and annealing graphite in the presence of cobalt[J]. Carbon，2004，17：25-28.

[209] 陆婉珍，袁洪福. 现代近红外光谱分析技术[M]. 北京：中国石化出版社，2000：63-65.

[210] 李昌厚. 紫外可见分光光度计[M]. 北京：化学工业出版社，2005：

50-52.

[211] 李杰. 重质油化学[M]. 东营：中国石油大学出版社，2005：58-60.

[212] 何东平. 油脂精炼与加工工艺学[M]. 北京：化学工业出版社，2005：87-88.

[213] F Tuingstra，J L Koenig. Raman spectra of graphite[J]. J Chem Phys，1970，53：1126-1130.

[214] P Lespade，R A Jishi，M S Dresselhaus. Model for Raman scattering from incompletely graphitized carbons[J]. Carbon，1982，5：427-431.

[215] A Cuesta，P Dhamelincourt，J Laureyns，et al. Raman microprobe studies on carbon materials[J]. Carbon，1994，32：1523-1532.

[216] A Oya，H Marsh. Phenomena of catalytic graphitization[J]. J Mater Sci，1982，17：309-322.

[217] H Marsh，A P Warburton. Catalysis of graphitization[J]. J Appl Chem，1970，20：133-142.

心静了，世界就静了

MEDITATIONS
AND
THOUGHTS

世界就静了

（修订版）

[英] 詹姆斯·艾伦 著

龚诗琦 译

台海出版社

图书在版编目（CIP）数据

心静了，世界就静了 /（英）詹姆斯·艾伦著；龚诗
琦译 . -- 北京：台海出版社，2022.9 （2023.5重印）
ISBN 978-7-5168-3344-5

Ⅰ.①心… Ⅱ.①詹… ②龚… Ⅲ.① 人生哲学—通
俗读物 Ⅳ.① B821-49

中国版本图书馆 CIP 数据核字（2022）第 120294 号

心静了，世界就静了

著　　者：[英]詹姆斯·艾伦	译　　者：龚诗琦

出 版 人：蔡　旭　　　　　　　　　封面设计：浪　殿
责任编辑：徐　玥

出版发行：台海出版社
地　　址：北京市东城区景山东街 20 号　　邮政编码：100009
电　　话：010-64041652（发行，邮购）
传　　真：010-84045799（总编室）
网　　址：www.taimeng.org.cn/thcbs/default.htm
E - m a i l：thcbs@126.com

经　　销：全国各地新华书店
印　　刷：天津旭非印刷有限公司
本书如有破损、缺页、装订错误，请与本社联系调换

开　　本：710 毫米 × 1000 毫米　　　1/16
字　　数：200 千字　　　　　　　印　　张：15
版　　次：2022 年 9 月 第 1 版　　印　　次：2023 年 5 月 第 3 次印刷
书　　号：ISBN　978-7-5168-3344-5

定　　价：49.00 元

自　序

　　我看到这个世界被悲伤的阴影笼罩，被苦难的烈焰灼烧。我想找出问题的症结，但环顾四周，却找不到答案。我去书中探求，依然没有答案。而后我回归内心，在那里不仅找到了一切的症结，还了解到一切苦难都是我们自己造成的。继而我看向更深处，终于寻得了答案。我发现了一条法则——爱之法则；发现了一种生活——恪守这条法则的生活；还发现了唯一的真理——有关如何掌控自己的头脑，如何获取平静、顺服的心灵的真理。

　　于是，我梦想着写这样一本书，来帮助世间的男男女女，无论他们贫穷还是富有，学识渊博还是目不识丁，世故庸俗还是超凡入圣，都可以通过这些书，习得在内心寻求一切成功和幸福的方法。我一直怀有这个梦想，如今终于能付诸实践。现在我完成了这本书，希望它能治愈并赐福这个世界。我相信对于那些急需启迪的读者来说，这本书一定会直达他们的心灵。

推荐序

　　詹姆斯·艾伦可谓实践冥想的先知。在这个冲突不断、浮躁不安的年代，在表面平静的背后，各种争议无休无止，激烈的辩论不时出现，就在这时，艾伦带着自己从冥想中获得的信息来到公众视野中，号召人们远离口诛笔伐的喧嚣冲突，恢复心灵的平静祥和。

　　每个人的心中都有与生俱来的启迪之光，而在那些希望远离冲突、寻求平静的人心中，这束光更是熠熠不灭，灿烂地照耀着。清晨，当全世界尚在甜睡中时，詹姆斯习惯离家去往石冢，在那里待上宝贵的几小时，这本冥想之书的许多章节就是在那里受到启发写下的。其他一些篇章整理自他的文稿，包括出版和未出版的作品，并在其本人的要求下，制作成一本符合他精神内涵的——我们相信如此——可供日日诵读的冥想指导书。这本书会让所有捧起它的读者受益良多，特别是那些用它来日日冥思的读者们。

　　这本书的伟大，在于它是这位善良作者最真实的心灵感悟，这位作者在生命中始终严格实践着书中的要求。

丽莉·阿兰

写于英格兰

尚未掌握冥想之道的人

非自由之身，难觅启迪之光。

但人人皆可怀抱圣洁的思想；

一颗冷静、坚定的头脑，会帮你看到

动荡中的永恒。

变化之物中均有不朽的真义。

你将看到一条完美的法则——

征服自我后，和谐将替代混沌。

爱会给予你力量。

看看那些被激情折磨的大众，

如果你能怜悯他们的可悲，体悟他们的痛苦，

在悲伤的尽头处，

你会获得完美的平静，你会赞扬世界的美好，

进而带领那些寻求平静心灵的人

去往高尚、圣洁的大道。

现在我要去往那永恒的住所；

你们也该开始自己的修行。

我们因思想而高尚，因思想而堕落，

因思想，或挺直腰杆，或勇往直前，

命运之路就这样轻易铺就。

而那些思想大师，那些欲望的驾驭者，

控制并编织着爱与力量，

在真理洞察一切的荣光下，

塑造自己高尚的人格。

目　录

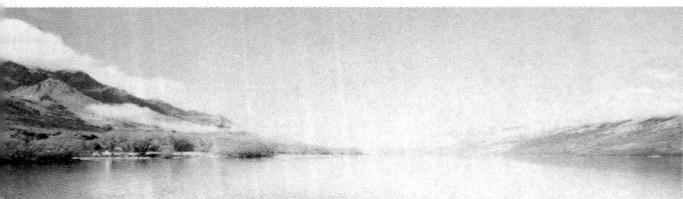

心静了，
世界就静了

心静了，
世界就静了

矢志于幸福生活的人，首要考虑的便是如何过好我们日日所经历的——一日之始。日日皆新生，此言得之。一个美好的清晨，会让其后的一整天都愉悦振奋。

从浮躁到平静，只需放下私心。

矢志于幸福生活的人，首要考虑的便是如何过好我们日日所经历的——一日之始。日日皆新生，此言得之。在新的一天里，我们要以更好的精神状态和更睿智的头脑，用焕然一新的方式去思考和行事。一个美好的清晨，会让其后的一整天都在愉悦振奋中度过，会让整个人都神采奕奕。面对一日里要完成的任务，我们也能自信满满。于是，这一整天就不枉过了。

浮躁之人总爱指正他人，明智之人却懂得端正自己。人若渴望改造世界，必先改造自我。自我改造并不止步于生理的成熟，生理成熟不过是这一阶段的开始。唯有克服虚荣、自私的想法，自我改造才得以完成。人非圣贤，故而需要时刻提防，抑制某些形式的自私或愚蠢出现。

没有付出就没有进步，更妄言成就。一个人要在世间有所成就，就要摆脱低级思想的束缚，将注意力倾注于自我计划的实施上，由此变得更加坚定、强大。一个人的想法越高尚，他就会变得越坚强、正直和正义。与此相随，他将越成功，他的成就也更为世人赞誉，屹立不倒。

所谓理想，就是对美好事物的渴望。

平静去哪寻找？真相隐于何处？

正确的思想产生正确的行为，而正确的行为会带来美好的人生。头脑是人的最高主宰，它会塑造你的人生，因为人始终是以思想作为指导，将种种意愿变为现实，随之产生相应的快乐或忧愁——忧愁的人会暗自寻思，于是，一个答案呼之欲出：原来环境不是原因，只不过是自己在镜中的倒影。

按正确的顺序行事。工作先于嬉戏，职责先于享乐，他人先于自己。这是一个颠扑不破的真理。好的开始是成功的一半。运动员出场失利，可能就此错失奖牌；商人首步未对，会影响日后的信誉；寻求真理者若第一步走错，便会与真理失之交臂。只要心怀公正的思想、无私的意图、高尚的目标、不屈的良知，这便是一个好的开端，这也是遵循了正确的顺序行事。那么，其他的一切自会各就各位，生活也会因此变得简单、美好、幸福、安宁。

冷静的头脑是上天赠予人类璀璨的珍宝之一。一个人趋向冷静，是因为他了解到人是容易感情用事的生物；认识到这一点之后，他便能看清事物间的因果关系，也就能停止恼怒，放下担忧，不再悲伤，转而保持泰然自若的状态，拥有坚定不移的信念和平静如水的心灵。

心灵不断呼唤它遗失的美德。

摆脱欲望，心灵便可获得宁静。

在任何情况下，你都要追随内心最崇高的渴望，永远忠诚于你的崇高自我；你要响应心底的召唤、胸中的光明，以一颗无畏的心，去探索人生的意义；你要相信，你的每一分耕耘、每一缕善念，未来都将予以你回报；你要明白，真理会战胜一切虚妄，正确的人生信条将在你的内心建构——这才是真正的信仰，这才是真正有信仰的人生。

一个人若是沉溺于人性原始的低级欲望，他将永远无法树立远大的志向，因他已然满足于此。然而，当低级欲望不再给他带来享受，反而造成苦难时，他就会在无尽的懊悔中向往更为高尚的事；当他被剥夺了沉溺于低级欲望的快乐，他就会向往更为高尚的乐趣；当不洁陷他于泥淖之中，他便会自然而然地去追求纯洁的东西。真正的志向应如凤凰涅槃一般，先焚于悔悟，而后从悔悟的余烬里，伸展出希望的羽翼，飞往高尚之地。

只要始终跟随心灵的召唤，你就会攀上一座又一座胜利的高峰。高处广阔的视野能向你展示出美的真谛和生命的意义。经过自我净化，健康会随之而来；保持高度自制，力量会随之而来；拥有健康和力量，你的人生将收获成功。

在人生中，如果你坚定地保持爱和忍耐之心，与无邪同住，与正直共寝，健康、力量和成功都将不请自来，你也会因此抵达人生的巅峰。

你心中所想的一切，都是可以实现的理想。

思想和行为成就人生。

　　管好你的嘴巴，以智慧驾驭它。抑制自私和虚妄的话语冲出舌尖，只有这样，你才能掌握和言善语的五个要素——无害、纯粹、雅致、温和，以及言之有物；也只有这样，你才能习得求真的原则——一言一语无不诚恳。谨记：心灵纯净，则生命繁荣。

　　志向造就人生。渴望决定了人生的深度，思想定位了成就的高度。正如每个人都能体验并了解所有低劣的事物，每个人也能体验并了解所有高尚的事物。人既然可以成为平庸的人，那亦能成为高尚的人。其间的不同在于思想的转变，而转变之要点在于是否能够引领思想至高尚之地。

　　在这个世界上，纯洁的思想不就是最纯洁的事物吗？人们的思想都由自己负责，因此，思想的纯洁与否是个人的私事。有志向之人能看到通往高尚的道路，他的心灵已经预见了那恒久的平静。

　　自诩谦卑之人，首先需问自己几个问题：

　　我是怎样对待他人的？

　　我对他人做了什么？

　　我对他人作何想法？

　　我对他人的所做所想是否出自无私的爱？

　　若一个人在心灵平静之时追问自己这些问题，他将认清失败的症结。

战胜罪恶与邪恶的人是人生的胜者。

诚心祝福、祈祷之人可得真与善。

心存爱意，人生始真，此可谓人生真谛。明此理之人，会毫不犹豫地抛却私心，以爱的精神安身立命；心中充满爱，则待万事万物都能致以爱的诚意。

真正的生命，远比沉溺罪恶、蒙受苦难广博、深刻，它能让你脑明心乐、祥和平静、正直阔达。想要拥有这样的人生，你要不断地纠正自己的过失，克服邪恶的引诱。在今日之世，面对外界的千变万化，只要你能坚定不移地保持自我，在焦躁的人群中恬淡处世，在动荡不安中找到平和，这样的人生就会始终伴随你。

抛却罪恶与私心，心灵便会重获快乐。心灵一旦达到无私的境界，快乐便会伴随着平静和纯洁而来。存私欲、好争论、品性不洁，都是快乐所厌恶的东西，这样的心灵，快乐会毫不犹豫地摒弃而去。因为快乐无法与自私共处，它只青睐博爱的灵魂。

时时刻刻皆应珍惜。

一个人若追求纯净的心灵，他的思想必然日日进步。

在纯净的心灵里，偏见和憎恶无藏身之所，因为纯净的心灵里早已注满爱。心灵纯净的人，眼中看不到邪恶之物。换句话说，只有在他人的意图中寻不到邪恶的人，才能从罪恶、忧伤和苦难中解脱出来。只有理解了邪恶会与忧伤、仇恨为伍，爱才会住进一个人的心灵里，他才会懂得对世人怜悯，因为他切身体会过。

精力充沛的实干家不会被困难吓倒，他会不断地研究克服困难的办法。怀有无尽抱负之人不会屈服于诱惑，他会思考如何锤炼出坚定的意志。不良的情绪是个胆小鬼，它只在人虚弱无备之时悄悄接近。曾被诱惑击垮的人，首先应该冥思诱惑的本质，然后才能思考如何战胜它。而那些渴望战胜诱惑的人，首先要明白诱惑是如何在黑暗且错误的思想里渐渐滋生的，而后，通过自省和沉思，学会用真理来驱散思想中的黑暗，以真理取代错误的想法。

若想知晓真理，必先认识自己。自我认知是通往自我征服的正途。

在无数次彷徨与伤痛过后，依然寻求真理，你终将到达智慧和快乐的彼岸。不在最后一刻被打倒，不在最后一步被驱逐，而是自始至终以坚定不移的信念压倒内在的敌人——这是人类高尚的职责和光荣的目标，是每个有德行之人公开宣扬的价值。停止抱怨和谩骂，为了维护生活的秩序而开始寻求被掩盖的正义。若一个人始终跟随正义的步伐前进，他将不会因自己的境遇而抱怨他人，而是用高尚的思想武装自己；他也不会埋怨环境不如人意，而是会借此加速自己的进步，发现自己内在的力量和无限潜能。

每日冥思真理是何物，然后自审每日所得。

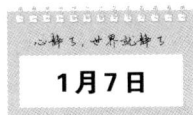
心静了，世界就静了

1月7日

当差错发生时，不要设法逃避，定要修正它们。

善与恶皆由心生，你将作何取舍？如果你已知道什么是正确的、什么是错误的，那么，你将选择培养什么、遏止什么？
你的所思所行都是自己的选择，你的内心全由自己塑造。力由己生，命由己塑。真与虚，爱与恨，皆由己成。

若想向上，必须有所舍弃。要想抵达高处，必要牺牲低劣之物。抛下罪恶之心，良善才有保障。每次收获必要付出代价，哪怕是最微不足道的代价。世间的生物都有自己的原始本能，但人类在向上求索的过程中，必须牺牲某些低级欲望，才能换取更高尚的禀赋和能力。有多少伟人都因为固守旧习而功败垂成！望勇于牺牲之人不再退回愚昧的谷底，望他事事小心，坚定地抵御邪恶的诱惑。

一旦领悟了冷静和耐心的意义，通过不懈的努力，它们将变成一种习惯。

从一个冷静而耐心的思索开始，直到这种习惯成为第二天性，与日常生活相伴相随。那时，愤怒和急躁便会渐渐消逝。

怀抱热情，矢志于获得完美的人生。

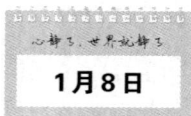

心静了，世界就静了
1月8日

世间的一切冲突皆源自同一根源，即个人私心。

人生成败皆由己。在思想的冶炼厂，有的人锻造出的是最终毁灭自己的利器；而有的人却能打磨出称手的工具，为自己建造人生大厦，将快乐、力量和平静点缀其中。若能择善念，思想可助人升抵臻善之境；如若择恶念，思想亦可毁人入草莽虫豸之流。

作为懂得力量、智慧与爱的生物，作为能统驭自己思想的生物，人的手中掌握着的，是开启一切境遇的钥匙。

人的一举一动都源于内心，人从内心汲取动力。所有苦难与幸福的根源不在外在活动里，而在内在的思想活动中。

不敢直面并公开自己的错误与缺点，反而选择隐瞒不报之人，不适合踏上寻求真理的道路。因为他不够强大，无法抵御诱惑。不能勇敢面对自己的低劣天性之人，同样无法攀越克己复礼的崎岖山峰。

无论你在内心深处藏匿了什么，都迟早会反映在生活里。如果你希望纠正世界的错误，驱散一切罪恶和悲痛，让贫瘠大地变得富饶肥沃，让干旱沙漠开出鲜艳玫瑰，那首先就要纠正自己的错误。

每一个人都只会遵从内心的法则行事，除此无他。

> 当人遭受重大考验时，其精神需求也是巨大的，
> 他必须有所信仰。

无论环境带给你多大的负累，你都能通过自我净化和自我征服的方法克服。

在纯洁心灵面前，黑暗隐遁无踪，阴霾烟消云散，征服自我之人能够征服穹宇。

坚定踏足于自我征服之林径的人，勇于漫步在自我净化之路的人，在信念的帮助下，无疑会完成最高尚的职责，收获灿烂持久的快乐与幸福。

失败莫丧气。从每次的失败中，你会习得最特别且伟大的智慧；从失败中总结伟大的知识，比由老师引导习得更加可靠、快捷。只要虚心总结，你就会从每一次错误、每一次失败里，习得至关重要的一课。而一个愿意去悲惨遭遇里寻求积极意义的人，不会受到任何事件的摆布；他将失败当作飞驰的骏马，带领他驰骋至最终的胜利。

愚人责怪他人罪失，智者唯责自己，他会为个人的言行负全部责任。

你最终的世界观取决于你头脑中的思想。因此，你要调整思想，使它坚定不移地去信仰良善的力量，因为良善无所不能且至高无上。调整思想这一行为本身即是与良善协作，以便发现、扫清内心的邪念。

仅从思想上拒绝罪恶是不够的，必须通过日常训练付诸实践，使自己理解罪恶，并最终克服罪恶。仅从思想上肯定良善也是不够的，必须通过不懈的努力，走进良善，并了悟良善。

诱惑愈有力，坚持愈可贵。

> 人对美好心灵的渴求，
> 即对人类恒久原则——正义的渴求。

每一次思考都需要专注的推动。无论生活中你居于何位，你都要培养冷静的头脑，学习专注地思考。

在冷静且目标明确的专注面前，再大的困难都会俯首称臣，任何正当之物都会在智慧与真心的引导下迅速获得。

只要胸怀良善的思想，正义便会真切地出现在生活中，同时带给生活良好的状态。

旧的不去，新的不来。旧址上的小屋若不拆毁，崭新的大厦将无法搭建；昨日的差错若不修正，今日的真理便无处安置……倘若期望获得新生，必先抛弃旧日的自我。当昨日那个暴躁、急切、妒忌、骄傲、不洁的自己枯零了，原来的心灵上才会重生出一个温顺、耐心、友善、谦逊、纯洁的自己。放手旧日的罪恶与忧伤，迎接新生的正义和欢乐吧！由此，陈旧和丑陋才会被转化为崭新和美好。意识到这一原则之后，快乐将常驻你心。

你曾经追求并向往的人生，如今可成现实？你可以选择拖延，但长久的拖延只会导致一事无成；而你也有权去做出成就，去不断地创造辉煌。了解这个真理之后，从今天起，在往后的每一天里，你就是理想中的自己。

对自己说："如今我拥有了理想的生活，如今我实践了理想的生活，如今我成为理想的自己，至于所有诱拐我偏离理想道路的话语，我都不予理睬；我只听从自己内心的声音。"

> 恪守美德的人生是高尚且卓越的。

行为举止是思想的反映。

你若想攀上至高的峰巅，就需要以新的知识完善自己；你若想学会爱他人，最好的办法就是不断地培养怜悯之心。

那些牺牲所有去追求良善的人，终将受益更多，所做出的一切牺牲，也终会复得。

许多立足于外在某一特定方面的自我改造会遭遇惨败，是因为人们将这种改造视为最终目的。他们没能明白，这些改造只是迈向个人完善的阶梯。

真正的改造皆源自内心的需求，是由心境和思想的变化所致。这种改造必须有一个良好的开端，包括放弃一些特定的饮食，改掉某些外在的习惯；任这仅仅是开端，离到达最终的精神生活，山水迢迢。既然我们知道需要让心灵重生，我们就要去净化心灵，去纠正思想，去提高认识，这些做法都是好的。

伟大的律法规定了世人应遵循的本分，它在这个问题上坦白无欺。正当的世俗生活是简单的，其中蕴藏着朴素的美。一个理解了朴素生活全部含义的人，一个尊崇生活法则的人，一个从不靠近黑暗的歧路、不屈服于复杂的个人欲望的人，任何伤害都无法靠近他。

于是，满满的快乐与幸福感，也就接踵而至了。

内在思想最为重要，因你的行为举止只是如实地反映你的内在。

每日重塑你的决心，在诱惑滋扰之际，不偏离正轨。

人都是因正确的思行有所收获，因错误的思行遭受挫折。

开端做好了，过程做好了，就无须再费力去渴求好的结果，因为好的结果已然唾手可得；它们是理所应当的结果，是可确定因素，已成为人生的事实。

每日我们要让自己的品性更加坚定，让心灵之窗向真理更为宽阔地敞开，让正义的太阳在头脑中挂得更高。阳光自身并未增强热度，但接近太阳的陆地，总能吸收更多的热量。这一原则对真理和良善同样适用。它们自身也未曾改变，但随着我们将自己更多地暴露在它们面前，我们就会吸收更多的智慧，内心也会变得更为丰富强大。

通过每日勤练工具，工匠能提高锻造的手艺；通过每日实践真理，人就能提高处事的技巧。

心中的阴影为你自己所画。当你的欲望不止时，欲望总会使你苦恼；而当你选择放弃过多欲望时，你反而会感到愉快和解脱。

所有与心灵相关的美妙真理中，最令人高兴或是获益良多的是：人是自己思想的主人，是自身品性的铸工，也是性格、境遇和命运的创造者与塑形者。

只有通过实践，才会收获真理。

明智之人懂得净化自己的思想。

正如黑暗终会逝云，光明会常驻，悲伤也不过是过眼云烟，欢乐会常伴我们左右。顺应真理之物不会消逝，正如虚妄的东西不会留存。悲伤是虚妄的，所以它难以长存；欢乐是真实的，所以它不会消逝。有些时候，欢乐似乎在跟我们玩捉迷藏，但最后我们一定能寻得它的踪影。有些时候，悲伤似乎不会离开，但最后它一定会被战胜、被驱散。

你要相信，悲伤是短暂的，它不会常驻；你要相信，罪恶带来的痛苦并不是你既定的命运，它会像可怕的梦魇一般消失不见。清醒吧！起立吧！让自己快乐起来吧！

在时间的长河中，每一天都代表着新生，它给予人们新的开始、新的可能和新的成就。悠悠岁月见证了物换星移，但今时今日却是岁月的新生儿。它拥有全新的面貌，提供崭新的现实；它吹响新的生活方式、新的秩序的号角；它展开新社会、新世代的宏图；它给所有人提供了新希望和新机会。在新的一天里，你可以是崭新的自己。对尔来说，它是再造，是重生，是新生。你可以从旧日的错误、失败和悲伤中脱胎换骨，重拾力量、决心与光明。

思想与身体都应保持纯洁。放弃性事上的享乐，将自私自利从脑内驱逐，过上高尚纯洁的生活。

自私如谷壳，如不移去，苦难将会永随其后。所以，思想的打谷机应一直工作，直到稻与壳完全分离。同样，只有当最后一缕不洁被赶出心灵后，苦难才完成了自己的任务。于是苦难不再回来，转而被恒久的欢乐替代。

苦难的关键作用，便是净化一切不洁，燃尽一切虚妄。

纯洁之人不再受苦难的滋扰。剔除沉渣的真金，将质纯无瑕。

做到正直、温顺、心灵纯洁。

一点点减少罪孽，一点点培养良善，
你应永远如此要求自己。

提及自律，人们总会有误解。事实上，它与消极的压抑无关，而应是有助益的表达。

自律之人会变得快乐、睿智和伟大；而被原始欲望控制的人，则是可悲、愚蠢和卑鄙的。

自律之人能掌控自己的生活、境遇和命运，无论走到何处，都有快乐相伴。

在抛弃旧的恶习、建立新的生活习惯前，先要学会节制。恒久的幸福感不是在大肆挥霍、寻求刺激、放纵于无谓的消遣中获得的，它只会出现在与此相反的生活——自律的生活之中。

成功之前，你需要一季的修行。正如一花一峰不是一日所成，成功也不是自发且无律的，它是经历过成长后到达的巅峰，是一系列前因的报偿。祷告词和咒语都不会带来世俗的成功；只有在正道上客观有序地努力进取，才能收获成功。认为只有诱惑能考验自我品行的人，并不是真正的精神上的成功者。人们需要经受住一系列烦琐的日常考验，才会在冥想的某一刻获得精神上的成功。坚定而决绝地经受住漫长的考验后，人就能在最后的决战中征服巨大的诱惑。

宇宙的主导法则是规律而非混沌；心灵和生活的实质在于正义绝非邪恶；塑造和推动精神世界的准则，是正义而非堕落。因此，只有正义之人才会发现，世界是公正的。

当你怀有纯洁之心时，方能发现生活的奥秘；当你远离内心的仇恨、欲望和冲突时，方能确信自己活在真理之中；只有当你怀有纯洁之心，才能成为安全、理智和完全自由的人。

人要专注于实践美德，专注于理解和运用正确、高尚的原则。

无尽的欣喜时刻盼望你的归来。

　　人只有了解了他的厌恶会抹杀他的平静和满足，他的恨意只能伤害自己且无益于他人，他的愤怒也无法让自己那些寂寞的同伴们欢心雀跃，他便会自觉地走向良善，因为这样不会带来懊悔——若他理解了良善的话。

　　人只有了解了爱在冷酷仇恨前的反击力，了解它强大的力量，了解它如何终结悲伤，如何造就理智，且不会像盛怒那样带来痛苦，他才会恒久地生活在爱意而非仇恨里——若他理解了爱的话。

　　一场飘零的大雪，虽然带来了寒冷，却也预示了收获；经过大雪般悲伤的洗礼，心灵也就成熟了，足以接纳完善头脑和取悦心灵的智慧。密云虽会遮蔽大地，但也凉爽了它。因此，不幸的浓云虽在心头蒙上阴影，却为在未来接纳高尚做了准备。他人悲伤之时，是你尊重之时。这份尊重能终结浅薄的嘲弄、粗俗的玩笑和残忍的中伤；它让你的内心因同情而柔软，让你的灵魂因体贴而丰富。

　　回忆悲伤的教训，使人睿智。别担心悲伤长驻不走，它会像流云一般随风吹散。

　　苍天的优雅和美丽对你没有价值——也不会被你理解——除非你有了优雅美丽的灵魂。优雅和美丽不会常驻你心，除非你亲身实践；因为，在你实践之际，良善的品格已然在你的内心萌芽。

　　对良善品格的仰慕，便是通往真理的路途。实践这些品格，即是真理本身。一个全身心仰慕他人完美品性的人，会对自己身上不完美的地方感到不满，于是便会跟随仰慕之人的脚步，继而让自己修身养性。

　　因此，那些仰慕苍天的圣洁品德的人，也希望提高自己的内在修为，以获得同样圣洁的品格。

忘记小我，悲痛即远去。

过上幸福的生活，
是所有正直之人应得的尊严。

一个人若是了解到思想才是自己人生的出发点，那么，瞧，通向幸福之路的大门便会向他打开！因为他会发现，他能掌控自己的思想，使其符合自己理想中的样子。

那么，他也会选择行走于这样卓越的思行之路，生活也就会渐渐趋向美好和谐。迟早，他会向一切罪恶、困惑和苦难宣战；因为，渴望自由和平静的人，一定会坚定不移地守卫心灵的大门。

只要一个人的生活充满良善，无论这种良善来自思想还是行为，他都是世间最幸福的人。每一种良善都有幸福相随其后，在充满良善的心灵和家庭里，罪恶无孔可入。正如优秀的哨兵将敌人挡在城外，良善之心即是思想有力的守卫，它将不幸关在门外。不幸只能找机会乘虚而入，但若人不怀恶心，它终究无法占领内心。不要怀有罪恶的念想，不要做出罪恶之举，不要干没有价值或备受质疑的工作；人应从每件事物里寻求良善，这才是至高幸福的源泉。

通过不断克制一己私欲，人会掌握思想的微妙之处，也会理解思想的复杂之处；这种神圣的知识，会使人沉浸在冷静里。

一个人若不了解自己，他的思想就难以获得永久的平静；那些被狂放的激情所征服的人，达不到由冷静支配的圣洁之地。

意志薄弱之人，会允许狂躁的野马带领自己肆意奔逃；意志坚定之人，则会择定良驹，娴熟地驾驭，使其跟随自己的步伐朝着向往之地前进。

单纯的幸福是让心灵享有适宜的愉悦。

> 凡事皆有规律、缘由，都逃不开前因后果。

爱之国度里，没有冲突和私欲，只有完美的和谐、平衡与安宁。

活在爱之国度的人，他的需求会依据爱之法则得到满足。

正如私心是一切冲突和苦难的根源，爱心就是所有和平和幸福的根源。将心灵放于爱之国度安歇的人，不会到外物上寻求幸福，因为他们已经从焦虑和烦恼中超脱出来，沉浸在一片纯洁的爱意中，他们自己就是幸福的化身。

不要担心结果，不用忧虑未来；你应该去担心自己的缺点，去忧虑如何改正它们。此中道理很简单：错误永远不会是正确过程的结果，好的现在不会孕育坏的未来。你是自己行为的监管人，但你无力控制行为的结果。今日之行为注定了明日是幸福还是悲伤。因此，与其担忧可能的结果，不如谨慎地对待自己当下的思行；而且，真正施善行之人不会去担忧结果，也从不惧怕未来的不幸。

> 当真理法则真正支配你后，
> 它的统治将长盛不衰，它将表现出正义和爱。

> 言必真诚。

自然的信条应是你忌行的信条，否则你将无法回应真理的召唤。这种信条的殿堂由纯净的行为搭成，通向它的大门叫作自律。它召唤人们摆脱罪恶，并予以承诺：听从召唤之人，必将获得快乐、幸福和完全的平静。

爱之国里有绝对的信任、完备的知识、完全的平静，罪恶无法踏足其中，自私的思行无法穿越它的金色大门，不洁的欲望无法沾染它闪耀的长袍……而那些已经付出代价——无条件放弃小我的人，都是备受天堂欢迎的来客。

风暴虽凶猛残暴，但其中若存在平静的安全岛，我们就能不受打扰。正如炉火虽然炽烈，但有围栏的保护，我们就是安全的。因此，就算四周充满冲突和骚乱，只要心怀真理，心灵照样可以在动荡中坚定不移。人类苦难的一面和世界的动荡不安本不会影响我们，除非我们参与其中，与其携手同行。若心怀平静，外界的喧嚣只会让心灵愈加平静，让意志愈加坚定，让抚慰人心、启迪心智的善行愈加频繁。

无仇无怨之人，不会记他人之过，因为仇恨无法在他那纯洁的心灵上生根发芽，这样的人会受到祝福，更会收获幸福。

我敢这么说——我也信此为真——没有你的默许，环境是无法影响到你的。环境之所以会侵扰你，是因为你还不明白思想的本质，还没了解思想的力量。你自以为（我们将所有的快乐和悲伤绑定在这个小小的词语上）外物有能力决定你一生的成败，于是屈从于它们，承认自己是它们的奴仆，情愿唤它们为至高无上的主人。如此，你便给予了外物本不该拥有的力量，你的思想便被忧郁和恐惧挟持；这些都是懦弱的表现，而有利的客观环境、喜乐和希望，都会离你远去。

言他人闲话之人，必无法获得平静。

心静了，世界也静了
1月19日

净化自我需要严苛的意志，改变自我亦不免暂时的阵痛。

当风暴过去，一切回归平静之时，要学会观察大自然是如何在寂静中休整的。一股平静祥和之气渗透进万事万物，即使是世间静物也像进入了休眠，以待明日恢复生气。所以，当疯狂的渴望或突然迸发的激情消耗殆尽后，人会开始反省，会回归冷静；在此期间，大脑恢复了元气，事物的真相和轻重得到了正确的理解。在这个平静时刻，明智的人会更深入地去了解自己，并建立对他人更友好的看法。冷静的时刻，便是反省的时刻。

心中不再有小我，便会有快乐充溢。无我与平静同住，无我与纯洁相随。

无论天堂或地狱，都只是心灵的一种状态。如果你只关注自己，落入了无尽的个人私欲之中，你就掉入了地狱；如果你能够摆脱自我的束缚，达到完全彻底的无我境界，那你便升入了天堂。

如果你在寻求个人的享乐上顽固不化，真正的幸福就不会降临，你也就此播下了不幸的种子；如果你在服务他人时抛却小我，幸福就会找上门来，你会获得天赐的丰收。

让你自己拥有纯洁的思想、亲切的言语和良善的行为。

心静了，世界就静了

1月20日

悲伤袭来的黑暗时刻，
也是人最接近真理之时。

同理心与生俱来，永不会磨灭。同理心的表现之一便是怜悯——对忧虑困苦之事的怜悯，这源于你内心的一种良善愿望——渴望减轻他人的痛苦、帮助他人脱离苦海的愿望。这个世界需要更多这般高尚的品质。

"可怜之事让世人虚弱，而高尚之行则让人坚强。"同理心的另一个表现，就是与更加成功的人分享喜悦，仿佛他人的成功你能感同身受。

当泪水顺颊而下，当心胸阵阵刺痛时，不要忘记这个世界也满是哀伤。当悲伤占据内心时，不要忘记，谁又没有悲伤。无人可幸免于此，因此人类才需要信仰。不要觉得只有你痛苦，只有你遭此不公，你的痛苦不过是世上万千痛苦的一小部分。对所有人来说，这都是寻常之事。了解这一点后，就让悲伤缓缓带你踏入信仰的更深处，带你养成更广博的怜悯心，怜悯一切生物。让它带你领略更伟大的爱，感受更深沉的平静。

你要铭记，不属于你的东西不会真正占据你；对养成良善品行毫无益处的东西，也不会真正占据你。

愉悦之事、物质的享受总是甜蜜动人的，但它们总会消逝。比此更甜蜜之物应是纯洁、睿智之心，以及对真理的理解，它们才永不会消逝。

将精神修行视为自身一部分的人，永远不会被剥夺幸福的源泉，幸福会与他恒久相随；无论他去往世界何处，他所拥有的一切都将陪伴左右。精神修行的最高境界，便是无尽的快乐。

悲伤的尽头便是快乐和平静。

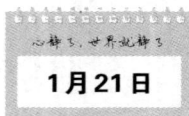

只有通过感受悲伤，才能达到无悲无痛的境界。

让广博的爱不断成熟你的心灵，扩大你的心胸，直到你从所有的仇恨、盛怒，以及非难中解脱出来。广博的爱能让人以温柔体贴之心容纳整个宇宙。

如花儿张开花瓣迎接阳光的滋养，你也应为真理的荣光愈加敞开自己的心灵。

然后，驾上抱负的翅膀，无惧无畏、坚定不移地相信一切奇迹都是可能的。

正如黑暗过后就是光明，风暴过后便是平静，悲伤之后快乐会出现，痛苦至极平静始至。对悲伤的理解会带来更深远的睿智，而这种睿智将赠予你更神圣、更永久的快乐。这种快乐是那些放纵的刺激所不能比的，更何况放纵必然带来懊悔。在感官的浅薄快乐和精神的深沉快乐之间，是悲伤的黑暗溪谷，所有追随真理的平凡之人都会从这条溪谷中走过。踏过溪谷的人，在今后的岁月里，都将会有恒久的快乐陪伴。那些走过了俗世、踏上朝圣之路的旅人，已经掀开了悲伤的黑暗面纱，发现了隐藏其后的真理的闪耀面容。

一个人应用思想来武装自己的头脑。头脑是人生的裁决者，是环境的创造者和塑造师，也是自己创造的结果的受益者。头脑既能制造幻想，又能接受现实。

头脑是命运最可靠的编织者，而思想就是它的丝线，良善和罪恶的行为就是经线和纬线。最终，在生活这架织布机上织出的网，便是你的品行。心灵纯净，生活便会丰富、甜蜜、美丽、和谐。

那些将真理视作珍宝的人，那些将睿智用于生活的人，会发现快乐源源不断；这过程就像越过幻想中的广阔海洋，最终抵达没有悲伤的彼岸之乡。

外在的压迫都是内心压力的反映与延伸。

珍视你的视野，珍视你的理想，珍视涤荡你心灵的音乐、头脑中的美好事物、纯净的思想，因为这些会带给你愉悦。如果你忠于这些事物，你的生活一定会达到理想状态。

保护你的思想，保护你那高尚、坚强、自由的品行，那么世间万物都无法伤害你、打扰你甚至征服你；因为你的头脑和心灵既是一切罪恶滋生的温床，也是自我救赎萌发的摇篮。

幸福或不幸，快乐或悲伤，成功或失败；信仰、个人事业、人生境遇，以及生活中的一切问题，都由你的品性决定。你外在生活的一切表象，都由精神世界里的内在因素所造就。品性造就一切，它是行为的操控者，也是结果的接收者。天堂、地狱抑或炼狱，都孕育在你的品性之中。品性败坏的邪恶之人，无论物质环境如何，他的生活口都会缺少幸福美好的元素。品性纯洁正直之人，则会过上幸福美好的生活。在你塑造自我品性的时候，品性也在塑造你的生活。

怀抱崇高的梦想，梦想终有一天会成真。你的梦想决定了你的成就。

在最初阶段，你最大的成就便是坚守住你的梦想。未来的橡树只在橡果中沉睡，明日的雀鸟只在鸟蛋里静待；在心灵最崇高的梦想中，也有一个天使正在渐渐觉醒。

你的生活环境可能不太理想，但是，当你认识到自己的理想，并努力去实现的时候，环境自然开始改变。

放弃小我和过分的激情，将自我置于正确的言行中，这才是最高的智慧。

> 不偏离真理之道，征服一切困难，直到抵达尽头——
> 如此之人才明了真理之谛。

战胜怀疑和恐惧之人，方能战胜失败。这样的人，他的每一缕思想里都充满了力量，因此，所有的苦难都会被他的勇敢和智慧击倒。在每一个阶段，他都有不同的目标，这些目标会开花结果，绝不会在尚未成熟之际便陡然坠地。

为达成目标而怀抱一种无所畏惧的思想，便有了一种富于创造力的能量：一个人若意识到不应在思想上犹豫不决，不应在情感上起伏不定，而是要培养更为高尚、更为坚定的思想，他便能够清醒且智慧地操纵自己的精神力量。

当巨大的困难摆在眼前，当麻烦给你无尽滋扰时，你一定会感到困惑无助，而此时的困惑，其实是在召唤你付出更深沉的思想和更积极的行动。认识到这一点，那些你无力克服的困难就一定不会再找上你；那些你无策应对的问题也不会再烦恼你。磨炼越久，力量越强，胜利也就越加完满。无论你曾经迷失于多么复杂的困惑里，你总会找到出口；寻求出口的过程会将你的力量打磨至极限，会激发出你潜在的本领、能量和智慧。当你征服了本欲征服你之物时，你会欣喜于你所获得的新力量。

人类是遵循良善法则的指挥官，不是恶魔疆域的无能爪牙。

人类是天生的掌控者。如若不然，他便无力遵循法则行事。

罪恶和软弱都将毁灭自己。宇宙间充溢着良善和伟大的力量，它福佑一切良善与坚定的人。

愤怒之人也是软弱之辈。

> 实践真理，心怀真理，你将所向披靡；
> 因为真理从不含糊，真理恒久不变。

不要在身外寻找正义与真理允诺的幸福，应去内心寻觅。

只靠学习，无法战胜邪念；只靠研究，无力克服罪恶之心和悲痛之情。只有征服自我，人才能征服邪念；只有实践正义，人才能终结悲痛。

人生的赢家并非指那些聪明之人、才学之士或自信之子，而是那些纯洁、正直和智慧的人。前者虽然在人生的某些方面卓有成就，但后者往往能够取得更大的成功，这样的成功是所向披靡的，即使在明显落败的时候，也因他精神的可贵增添了闪耀的荣光。

所有的进步都是通过努力寻来的。朝着既定的方向不懈努力，我们便聚集了精神上和生理上的双重力量。不断地对这些力量加以运用，再三地重复，力量便会越来越强。冰冻三尺非一日之寒。正是遵循着这条原则，田径选手通过训练自己，刷新速度或耐力的纪录。

如果将这条原则用于智力开发，便会塑造出一个非凡的人才，甚至是天才。如果将其用于精神上的训练，便会创造出一个智者，或是伟人。所以，如果环境需要你付出更多的努力或更加勤勉时，不用自怨自怜。你若消极看待不幸之事，它只会产生消极的影响；但你若将所遭受的教训当作有益之事，它便会带给你积极的力量。

真正的沉静不仅仅意味着一张缄默的嘴巴，更是来自一颗沉静的头脑。如果仅仅管住嘴，却任由头脑骚动不安，这依旧是软弱的表现，丝毫不会带来沉静的力量。

蕴含力量的沉静，必须是充溢整个头脑、渗透每个心房的，它是内心平静的外在表现。

这样辽阔、深沉、恒久的沉静状态，人只有通过征服自己才能得到。

在卑微的工作里，
哪怕是在那谦卑的、潜藏的小小牺牲里，亦存在真理。

舍弃急躁之心，幸福才可能降临。

要驾驭自己的头脑，应先从管好自己的嘴巴开始。

愚蠢之人喜欢胡言乱语、飞短流长，喜欢争论不休；他为自己的滔滔不绝而得意扬扬，自以为对方已经哑口无言。他做出蠢事却不自知地狂喜，他永远处于戒备的状态，将精力浪费在无益的地方，就像一个不断在荒土中耕种的园丁。

睿智之人从不说空话、废话、闲言碎语，也从不无谓地争执和辩白。当他因对方的真理之言而无言以对时，他的内心是满意的；当他的确被对方说服时，他更是快乐的。了解了这个道理的聪明人，也就根除了身上的又一恶习，他将变得更富智慧。

不逞口舌之能的人将收获幸福。

颓废、焦虑、担忧和暴躁都不能疏通引起种种不良情绪的源头，它们只会雪上加霜。如果希望生命充满意义、快乐，就必须培养坚定不移的精神和宁静祥和的心态。若有一种不会被气恼、被打扰的品性，那扰人的琐事，甚或生活中的一些大麻烦，就会很快消解。个人的目标、愿望、计划和乐事，总会因遇上意外终止，遭到漠然拒绝或是遇到发展障碍；正是在学习以明智、冷静的办法应对这些挫折的过程中，人们在内心里寻得了真理，找到了恒久的幸福。

欲望是心灵对占有的贪念；理想是心灵对平静的渴望。

对事物的贪念会使你离平静越来越远，其结果不仅是使心灵永远失去平静，而且使得欲望永远无法满足。直到抛却贪欲，你才能在满足中止住脚步。

然而，虽然对外物的渴望是不会被满足的，但对平静的渴望却能；当放弃所有私欲时，从平静中获得的满足感才会被找到——并且被全身心地拥有。于是就迎来了充盈的快乐，获得了丰富圆满的幸福。

抛却急切和暴躁，
你便能拥有坚强、宁静、祥和的思想，并因此而收获幸福。

为自己灌输至纯至洁思想的人，

将迎来最充盈的幸福。

净化灵魂的过程就是自我反省和自我剖析。

想要戒除私欲，首先需要发现它、了解它；仅仅去压制私欲并不能真正消除它。光明进来，黑暗才会终结；智慧进来，无知才会消解；而博爱进来，私欲才能戒除。

人必须首先忘记小我（个人的私心），然后才会发现真正的自己（个人的良善）。他必须意识到，私欲不值得追求，不值得自己为其服务；只有神圣的良善才是心灵必须尊崇的品德，是人生必须服务的主人。

在了解并意识到幸福是与一些固定思想或精神特质紧密相连，而与物质财富或特定环境无关后，我们才会变得越来越睿智。有一种常见的误解：人们总以为多挣一些钱、多一点闲暇，或是拥有这个人的天赋、那个人的机遇，或是拥有良师益友、称心的环境，自己就能过上幸福的生活。悲哀！不满与苦难就是由这些虚妄的幻想所引发的。如果还没有在内心中寻得幸福感，那么也不要奢望在身外找到。睿智之人在兴衰荣辱之中，都会有幸福常伴。

心如止水，则平静归附。意志若磐石，远离喧嚣，专于己务，心灵将获得恒久平静。

人若想得到平静，首先需要实践平静的精神；人若想得到爱，首先需要发扬爱的精神；人若想远离苦难，那就应避免挑起苦难；人若想为人类行高尚之事，那就要学会不再冷漠蔑视；人若去挖掘自己心灵的宝库，将会发现那里有让一切成为可能的能量，也有宽广的平台让你去一一实现。

你的整个生命由一系列努力构成，

努力之源根植于思想——你自己的思想。

经历与智慧会孕育出成熟的果实——一颗甜美快乐的心。

人都渴求陪伴，寻求刺激，但几乎对平静一无所知；人们变着花样地去寻找快乐之源，但心灵终究惶惶不得安宁；经过毫无限度的大笑和癫狂，人们蹒跚着步履，企图抓住欢乐、掌握人生，但泪水仍旧满溢，悲痛从未远离，死亡也终将把他攫取。

人们漂泊在生命的海洋上，希望赎清自己的罪孽，但总会被狂风暴雨阻截；只有经历过大风大浪，才能寻得避难的礁岩。这样的避难所，就深藏于人们内心深沉的平静中。

大自然有无限的耐心，它能告诉你沉思的可贵。彗星可能经历千年，才能走完一个轮回；海洋可能需要万年，才能淹没一片陆地；人类进化到今天，更是已历经了几百万年。我们总是因一时半刻的琐事表现出急躁、激动、不满和失望，暴露出可笑的自我中心主义；在这些事实面前，我们应该感到羞耻。对于至高无上的伟大境界、意义深远的益事和最为深沉的平静，耐心是最有助益的。如果没有耐心，生命将失去很多本应拥有的力量和影响，生命中的快乐也在很大程度上被剥夺。

有的人，在他所追求的理想召唤他的那一秒，就立即行动起来；那么，这份追求将在自豪和睿智中成熟，他也就成功了。

冥思是对某个概念或主题的深入思考，目的是去彻底理解它。

只要你常思常想，你不仅会渐渐理解冥思的意义，而且会越来越喜欢进入冥思的状态，它会成为你的习惯，最终融入你的本性。因此，若你常常去想一些自私、低俗的念头，你也会成为自私低俗之人；但若你常常思考纯洁、无私，你便会成为纯洁无私之人。

依正确规律勤努力，成功殿堂终将建立。

纯洁的思想、无私的行为，最终都会带来完美的结果，

这样的结果是快乐而幸福的。

在冷静且强大的专注思想面前，多大的困难都会迎刃而解；在精神力量的合理运用和指导下，正当的目标也将迅速达成。

无论你要完成什么事情，一定要将全部注意力投入其中。小事干得滴水不漏，才能胜任更重要的大事。

只要一步一步脚踏实地地往高处攀登，就一定会成功。

如果今日的天气寒冷灰暗，我们就有理由绝望度日吗？我们难道不知道前面有温暖明亮的日子在等候：鸟儿已然开始啾鸣，它们那小喉咙里发出的细弱声音，是对渐近的新春的赞歌，也是对夏日旺盛活力的赞歌——虽然在这个阴郁的天气里，它们仍旧如嫩芽一般酣睡在花房之中，但是，春日的到来和夏日的繁盛是必然之势。所有的努力都不是徒劳无功。你所有的愿望都将迎来春天，你所有的无私之举也将迎来夏日的繁盛。

如果一个人了解了爱才是所有事物的核心，并意识到爱的力量可以让一切人事尽善尽美，他的内心就不再有苛责。

虽然你可以去爱他人、赞美他人，但是，当他人阻挠了你的脚步，或是做了一些你不敢苟同的事之后，你便开始憎恶他们、毁谤他们——那说明你还没有真正拥有纯净之爱。如果你在心中不断地非难、谴责他人，那你就无法拥有无私的爱。

用坚强、公正和爱的思想来训练你的头脑；用纯洁和怜悯的情感来训练你的心灵；训练你的嘴巴学会何时停止，训练它只说真实、纯洁的话语；这样，你才能走上平静的道路，并最终理解爱的不朽。

私欲离开，真理来替代；真理恒久不变，常驻你心，帮助你涤净心灵的污浊。

心怀爱意地投身工作，你便会轻松愉快地履行职责。

所有的罪孽都可矫正补救，并非永远洗不去的污点。

在任何环境下，都要去做你认为正确的事情——这是宇宙中的恒定法则。相信这条法则，你将收获真正的幸福。

想要获得真正的成就，就不要害怕——正如很多人做过的那样——与世俗格格不入。不要让"竞争"动摇你对绝对公正的信仰。我对人们常说的"竞争规则"毫无兴趣，难道我还不知道宇宙中那条恒定的法则吗？这条法则最终会击垮那些小瞧它的人，而现在，他们的心灵已经腐朽，已经丧失了所有公正之人应有的生活原则。因此，遵守这条法则的人，可以平静地面对各种欺诈，他们知道，毁灭正等着那些始作俑者。

罪恶是追随真理必经的阶段，是你自己造成的阴影；所有的痛苦、悲伤和不幸，都是你在坚持正道的过程中注定会遇到的，它们的来去同样遵循那条完美的法则；它们来到你的身边，是因为你应该经历这种磨难，应该得到这种考验。这些真相你要通过积极的自我反省去了悟，不能将此仅仅作为理论背记；通过初始阶段的忍受，你会真正理解它们，这样你才能更加强大、睿智和高尚。当你真正理解了这些以后，你的心灵就已达到可改造自我境遇的高度：你便可以将罪恶化为良善，以大师之手编织自己的命运。

忘我地去感受他人的悲伤，帮助他人摆脱苦难的纠缠，这样你便获得了幸福，逃离了悲伤苦难的魔爪。"怀着良思，我踏出第一步；说着善语，我迈出第二步；边施善行，我边走第三步；这样，我便来到了幸福之地。"

在他人的幸福中愉快地忘我，在所有的工作中暂忘小我——这是获得无尽幸福的秘诀。永远要戒备一己私欲悄然潜入你的心灵，要诚心地学习自我牺牲的神圣一课，这样你就会一直待在阳光普照的地方。

不要在经验这所学校里做一个不守纪律的学生，要从现在开始，带着谦逊、耐心的态度，去学好那些为了完善人格所设的课程。

冥想专注于高尚而非低俗。

农夫开垦并修整好自己的农田，撒下种子，他便知道自己已经做完了分内的工作，剩下的就是期望大自然如人所愿，耐心地静待收成；因为无论自己的期许有多大，结果也不会改变。

那些相信真理之人，在种下良善、纯洁、爱与平静的种子后，既不满怀期待，也不寻求结果，他们知道，统领一切的法则会在一定时日后，带回丰收的成果。这个过程便是去芜存菁。

如果你能告诉我，你最频繁、最乐意思索的是什么；在宁静的时光里，你的心灵又自然而然地思考着什么；那我就能告诉你，你正驶向的是苦痛之地还是平静之地，你是在培养神性还是兽欲。人最常思考什么，性格就不可避免地表现出同样的倾向。因此，你要让自己的冥想专注于高尚而非低俗，那么，你的每一次思索都会引领你向上；你要让自己的冥想纯洁无瑕，不掺杂任何私心己欲，那么，你的心灵就会被净化，并且越来越接近真理，而不是绝望地被虚妄污损、拖累。

道德高尚的人会时时自省，并审视自己的激情和情感是否得当，这样他们便能控制自己的头脑，渐渐获得平静；之后，声誉、力量、卓越、持久的快乐，以及完整充实的生命，也就尾随而至了。

那些征服自己的人，那些夜以继日追求更多的自我掌控、自我克制和冷静头脑的人，身上才有平静的迹象。

冷静的头脑会带来力量、博爱与睿智。那些已经无数次战胜自我的人，那些长久与自身缺点默默斗争的人，最终会获得一颗冷静的头脑。

冥想是所有精神生活与知识学问的秘密养料。

你若不断思考何为纯洁与无私，
终会成为纯洁无私的人。

同情心会在我们的内心默默生长，让我们的生活变得丰富多彩，让我们成就斐然。献出同情心，就会收获幸福；吝啬同情心，就是放弃幸福。

一个人若能提升自己的同情心，扩大同情心的给予对象，那他就会越接近理想的生活，越能收获完美的幸福。如果他的心灵如此温柔，冷酷、仇恨或残忍的思想都无法钻进来，那么原有的灰暗思想也会在温柔的感化下淡化消散，于是他会真正感受到满满的、神圣的祝福。

倘若你每次都祈求获得智慧、平静、纯洁，以及对真理更深的理解，但一直无甚收效，那就意味着你的祈祷与你的所思所行并不一致。但是，你若停下犹豫，将不安从脑中剔除，不再因过重的功利心——它会阻挠你拥有祈祷获得的无瑕现实——固执于效果不佳；你若不再向上天祈求你不应得到的东西，或是在你未曾给予他人爱与怜悯的时候，向上天索取爱与怜悯；你若开始以真理的精神思考和行动，你就会一天天更接近那个无瑕的现实，最终成为一名得道者。

踏入冥想的修行里，你的至高目标应是了悟真理。

2 月

心静了，
世界就静了

难道无法摆脱烦恼和悲伤吗？难道不
能打破罪恶的枷锁吗？难道不朽的快乐和
恒久的幸福同为愚人的白日梦吗？不，方
法是有的。

躁动、烦恼、悲伤，皆为生活的阴暗面。

难道无法摆脱烦恼和悲伤吗？难道不能打破罪恶的枷锁吗？难道不朽的快乐和恒久的幸福同为愚人的白日梦吗？不，方法是有的。我将愉快地告诉你怎样永久地消除罪恶；怎样处理不利的条件或环境，使它们不再找上门来；怎样行动才能享有坚不可摧的平静，获得无穷无尽的喜悦。若想实现这光荣的梦想，首先应对罪恶的本质有一个正确的理解。仅仅是戒除或忽略罪恶的思行是不够的，必须要了解它。

有些人无法摆脱罪恶的思行，
是因为他们不愿，或并未准备好在罪恶中吸取教训。

你要跳出自我的局限，开始反省并理解自己。

当你正确认识罪恶的本质后，你会发现它并不具有无限强大的力量，也不是宇宙的本来面貌，它不过是人类都要经历的一个阶段；因此，对诚心向学的人来说，罪恶是很好的老师。罪恶不是你身外的一个抽象概念，它是你心灵的一段体验；耐心地反省和净化心灵的过程，会引领你逐渐发现罪恶的渊源和本质，罪恶也就因此被征服。罪恶的源头是无知；若我们在罪恶带来的教训中虚心学习，它会把我们引向更高的智慧，接着罪恶便会消逝无踪。

美丽的心灵会吸引一切美丽的事物，
而丑陋的心灵只能招来丑陋的东西。

你的人格品行决定了你的生活状态。

你确信正确无误的知识，全都源自你的生活经验；你将获得的新知识，也必然是通过新的经历所习得的，进而转化为自我的一部分。你的思想、欲望和理想构筑了你的世界，对你自己来说，一切的美好、快乐和幸福，抑或丑陋、悲伤和痛苦，都是你内在的感受。你内心所拥有的愿望，或早或晚，都一定会影响并重塑你的外在生活。

每一颗心灵都承载着各种经验和思想，
你的身体不过是一种媒介，
将你内心的真实渴望反映在生活中。

寻求至高良善的人，
他的一思一行，都是为了让自己变得更为睿智。

沉溺私欲之人，是自毁之人，周遭都是他的敌人。放弃私欲之人，是自救之人，周遭总有良朋环绕，保护其免受伤害。在纯洁心灵的荣光面前，黑暗无处遁形，阴云消散无踪。征服自我，便征服了世界。来吧，走出贫瘠，走出苦痛，走出烦恼、悲叹、抱怨，走出痛心疾首和寂寞无边，走出自我的牢笼。脱下狭隘自私的破棉袍，穿上平等博爱的新衣裳。你能因此获得内在的喜乐，这份喜悦也会反映在你生活的方方面面。

常怀博爱之心，荣光与良善就指日可待了。

思想是一切成就的摇篮。

当思想与无上法则和谐相处时，思想的力量就会被激发，并长久地发挥作用；当它反其道而行时，它便很容易被击败，最后只能自我毁灭。

让你的思想对全能无上的良善怀抱至坚至纯的信念，这便是与良善合作，它会帮你解决自身的所有问题，并摧毁一切恶念。保持坚定的信念，然后去感受生活。我可以告诉你拯救的真实含义：要想将自己从黑暗和罪恶的深渊里拯救出来，就要以良善的荣光点亮生活。

恰恰在一些看似温和平静的思想里，
孕育着强大的力量，它们能让一切事物现出原形。

坚定的信念和意志将使人无往不利。

冷静的态度和高度集中的注意力，可以击败一切困难；高效运用你的智慧和精神力量，所有合理的目标都可以加速实现。你只有深入地了解了自己的内在人格，征服了潜藏在内心深处的敌人之后，才能对思想里蕴含的奇妙力量有一个粗略的认识，才能了解它对你的物质生活的影响，甚至可能认识到它那神奇的潜力——只要思想的力量得到正确的使用，便可以给你的境况带来新的调整和改造。每一次思考都源于内力的推动，根据思考的性质和你专注的程度，你会将它摆放在头脑里一个适当的位置。最后，它所蕴含的内容，不论好坏，都会反映在你的生活中。

只要胸怀良善的思想，
它便会真切地反映在生活中，并让生活越来越好。

善于掌控自己的人，才能运筹帷幄地掌控生活。

若想获得征服的力量，你首先要在动与静之间找到平衡，在主动与被动之间寻求和谐。你要有遗世独立的沉稳。一切力量都源自静止之态。巍峨群山、巨石巉岩，都让我们觉得充满力量，因为它们虽寂寂静立，却能在挑战前岿然不动。相反，飞沙走石、弯折的树枝、风中的芦苇，都让我们觉得软弱无力，因为它们摇摆不定，抗压性太弱，若离了同伴，一粒沙、一段枝、一根芦，将毫无用处。内心强大的人，在旁人为情感而摇摆不定时，仍然能够恪守冷静之道，坚定不移。那些情感易于波动、时常担惊受怕、考虑不周、轻佻浮躁之人，需要有人陪伴左右，否则，定会遭遇挫折。而那些头脑冷静、无惧无畏、考虑周全、严肃大方之人，更多则是需要独处的时光，以此获得愈加强大的内心。

紧抓一个目标。认定适宜且有益的目标，然后毫无保留地献身于它。

沉溺私欲终会自毁。

抛却私欲、仇恨和黑暗欲望的人，常常会获得狂喜的体验，但是更多时候，品尝到的是一种比狂喜更温和、更深沉的甜蜜。心中不存怨恨，带着爱与怜悯的眼睛观察外界的人，他们内心深处的呼吸里，都带着幸福的滋味。对待万物以同样的平静之心，不做任何区分或歧视——这样一个人已是到达了快乐的终点，他的快乐再也不会离开；这就是完美的人生，是最深层的平静，也是最圆满的幸福。

真理只会驻扎在平静的心灵之中。

美好的心灵拥有了不起的力量。

睿智博爱之人，纵然没有权威的加冕，也具有领导力。一个人若遵从天地间的至高法则，万事万物都将听从他的指引。他先是冥思，而后付诸实践——看！他已然成就斐然！他使思想与主宰万物的至高不朽的力量相和谐，他的软弱与怀疑都将不复存在。他的每一缕思想都有明晰的目的，他的每一个行为都将得到善果。他跟随至高法则的脚步，从不允许渺小的自我忤逆它；如此一来，他便在神圣的力量与世人之间搭起了一座桥梁，以爱的方式将神圣的旨意流传下去。

睿智博爱之人是神圣力量的代言人。

探求真理之人的每一分努力，
都能让自己向真理迈进一步。

在开始阶段，切记，要将冥想与漫无目的的白日梦区别开来。因为冥想绝不是空想，它绝不包括不切实际的内容。冥想是一个不断探求、绝不妥协的思考过程，它所探求的内容只包含赤裸裸的真相。在冥想中，你会扔下曾经执着的偏见，扔下自我的枷锁，只记住你正在探求真理这一事实。进而，你就能一个一个地纠正过去的错误。请耐心等待，待错误几乎被完全修正时，真理自会为你揭示答案。

冥想的终极目的应为求得真理。

在浮躁毁了你之前，让心静下来。

冥想与自我修行必须结合起来，这样，你才会思考自身的问题，尝试了解自己；如此一来，你才能发现自己所犯的错误，继而将它们全部纠正；实现了这一伟大目标，你离真理就又近了一步。你渐渐开始质疑自己的动机、想法和行为，并用一双冷静、公正的眼睛审视它们，检验它们是否服务于自己的理想。在这个过程中，你越来越能平衡自己的精神世界；而一个精神世界混乱不堪的人，就如同海洋上的一缕浮萍，只能生活在漂泊无助中。

理想是一双翅膀，带着你乘风向上；
进而让信无所畏惧，相信一切皆有可能。

第一步只是一切的开始，
最终的成就要靠接下来每一步踏实的努力。

迈出第一步的那股冲动里已经包含了你所追求的本质，也就决定了最后的成果。起步的动机与状态也预示了你将取得的成绩，抑或是目标完成的程度。一扇门通向一条路，一条路通向一定的结果，而结果则注定了最后的成就。开始时可能抱有好的动机，也可能是坏的动机，但尾随其后的种种努力是相似的。经过审慎地思考，你可以避免坏的开始，做出好的起步，于是就能逃离罪恶的结果，去安享理想的成绩。

抱有怎样的动机，
便会做出怎样的努力。

你所拥有的一切智慧都来自每日细碎的积累。

世间万物皆由小的事物构成，因此，完美的宏业也建立在一件件完美的小事之上。若宇宙中有一个事物不完美，那整个宇宙便是不完美的。一个整体若是少了微小的一块，也就不能称其为完整。世间若无微小的尘埃，世界也就不存在了。不重小节，难以成就伟大。雪花与星辰一样完美，露珠与行星一样完美；细菌的精密构造，也与人类复杂的生理结构旗鼓相当。叠砌砖石时，若每一块砖石都能垒得平衡精准，最终建成的庙宇就会在各个方面显示出建筑之美。

局部皆完美，则整体无瑕疵。

忽视或轻率对待生活中的小事，
是软弱和愚蠢的表现。

卓越之人了解到，在分分秒秒、话语问候、日常交往、休憩工作、超然态度和短时义务中，都存在着斐然的价值。它们皆属于极其细碎的小事，但都值得人们关注——简单来说，人应该注重生活中的细节。卓越之人将每件事都看作上帝的委派，需运用冷静的一言一行做好自己的分内之事，这样生活才会幸福美满。他注重每一件事，永远不急不躁，对差错和愚蠢敬而远之；他履行摆在眼前的每份职责，他如孩童般简单纯朴，并不知道自己的力量——这份力量便是他的卓越之源。

每时每刻在行为中展现出坚定和理智，
就会收获力量和智慧。

能娴熟掌控小事的人，必定会成就伟业。

愚蠢的人以为，小错误、小放纵、小罪孽都是无伤大雅的行为，他自以为只要没干什么伤风败俗的事，自己就仍然是道德高尚，甚至是圣洁至善的人；但事实上，他早已丧失了道德与圣洁，他不自知但余人皆晓。他不会再受到人们的尊敬、崇拜和爱戴，世界都将弃他而去；他会被认为是草莽之辈，声誉尽毁。这样愚蠢的人若是妄想教育他人如何做人，那他劝导他人放弃恶习的言辞，也只能是华而不实的。他对小恶的这和放纵，会渗入他的品性，成为他人格的污点。

若有人把自己最细微处的不端行为，

当作品性上的最大污点，他将成为圣贤之辈。

真理蕴藏在无数小事之中。

正如一季时光由一分一秒编织而成，人的品性由一思一行构筑而成。一个人当下的品性里，埋藏着他过去的每一思、每一行的痕迹。正是一次次小的善良、慷慨和付出，成就了善良、慷慨和无私的品性。真正诚实的人，在生活中最细微的方面都是诚实的。高尚之人，在他所做的每件事、所说的每句话里，诠释着高尚的含义。人并非生活在宏观的人生里，而是生活在人生的片段里，从这些片段里面，人生的宏观样貌才得以本现。只要你愿意，你可以将生活的每个片段都活得高尚，如此一来，你的宏观人生里便没有了瑕疵。

彻底的完美才是最高境界。

真理在本质上是不可言传的，它只能通过生活来感知。

真理是宇宙间真实的存在，它源自宇宙内在的和谐次序，包含绝对的公正和恒久的博爱。它是完整独立的，无须再加一丝，也不可再减一毫。它不必假人之手来存在，相反，芸芸众生都要倚赖它来生存。当你以自私的目光观察外界时，你是发现不了真理之美的。假若你是虚荣之人，你会以虚荣忖度世间万物，歪曲它们的真实面目；假若你沉溺性事，你的心灵和头脑都将被欲望的烟火笼罩，你透过它们所见的一切事物，都是扭曲后的形象；假若你自负武断，那你将只重视自己的意见，大千世界的其他事物你都无缘得见。谦逊的真理求索者懂得怎样分辨主观意见和客观真理。

深知宽容真谛的人，也深知真理之道。

世间只有一种信仰，那便是真理。

若你沉下心来了解你的思想、心灵和行为，你会很容易知道自己究竟是真理的子民，还是一己之私的追求者。你的内心是否藏有怀疑、敌意、妒忌、欲望、自负等负面思想？你是否愿意勤勉地与这些负面思想斗争到底？若是前者，无论你宣称自己拥有什么信仰，你都已经被自我束缚；若是后者，即使你并没有既定的信仰，你也可以追求真理。你是否容易冲动，任由自己肆意放纵、任性妄为，以自我为中心，不满足私心决不罢休？你能否保持温柔、无私，放弃一切恣意妄为的机会，进而完全放下小我？若是前者，你已成为自我的奴仆；若是后者，你便已走在追求真理的道路上。

探求真理的人拥有同样的品质。

会被诱惑吸引和唤醒的欲望，

都是需要征服的欲望。

每一个心怀理想的人，在实现理想的途中都会不断地受到各种诱惑，只有等他的自由之境后，才能摆脱诱惑。追求理想的人，会受到方方面面的诱惑。然而，理想能唤醒一切潜在的或好或坏的思想，这样，人才能全面地了解自己，进而克服自身的缺陷。至于一个草莽之辈，我们从不说他被诱惑了，因为诱惑存在的前提，是一个人在追求更加纯净的状态。尚未确立理想之人，一般只怀有本能的欲望，因为感官的享乐对他来说已经足够，他不会去渴望更多、更好的东西。这样的人不会因诱惑而堕落，因为他本就没有向上的追求。

理想会引人进入真理的世界。

若想求得真理，人必须首先认识自己。

受过诱惑的人对此深有体会：自己既是被诱惑者，又是诱惑本身；人的一切敌人都在内心当中；那些具有诱惑性的阿谀奉承之言，那些刺痛他人的嘲弄讽刺之言，以及伤人害己的盛怒气焰，都源于一个人内心固执至今的无知和错误的认识。了解这些之后，他便有可能在与罪恶的斗争中大获全胜。如果你被诱惑折磨得痛不欲生，请不要悲痛，因为你已经尽力抵抗，你已经了解了自己的弱点，这是值得欣喜的。一个对自我有清醒认知，并谦虚承认自身弱点的人，会渐渐获得抵御诱惑的力量。

不能直面自身劣根性的人，

无力承受放弃诱惑的痛苦历程。

勤勉地探索圣人之道吧。

摆脱自我的束缚并不仅仅是停止对外物的追求。要摆脱自我，需要抛却内心罪恶的念头，并纠正思想的差错。寻求真理并不是脱下虚荣的外衣，放弃富裕的生活、嗜爱的食物，或是说几句冠冕堂皇的话语就能成功；正确的方式应该是抛却虚荣，抛却对财富的饥渴、对性事的放纵，以及抛却一切仇恨、争执、非难和自私自利，然后在心灵上保持温和纯净的状态。

摆脱自我的束缚才是求索真理之道。

不再被欲望和激情奴役，
方可成为命运的主宰者。

通过抑制自私自利的冲动，人才会开始积聚力量，并重新拥有高尚、理智的情感，让自己的一言一行严格遵守至高法则。

实现对这不易法则的追求，是获取至高力量的源头，也是诀窍。

经历苦难和牺牲之后，永恒法则的荣光才会照亮心间，接踵而至的便是超凡的冷静头脑和无法言表的喜悦。坚持这一法则的人，不会再彷徨不安，他会泰然自若，完完全全地掌控自我。

那些给你磨难和考验的事物里，才存有永恒的意义。

世间罕有真正持有伟大力量和影响力的人。

一个享受眼前生活和沉溺低级趣味的人，很难说服自己去相信，并拥护内心的平静、手足情以及世间的大爱。而一旦他的享乐对他造成了威胁，或者说他认为享乐本身是危险的，他为心的平衡就会被打破；他会狂躁叫嚣，这也正好说明了一个事实：他所相信和安身立命的基础是斗争、自私和仇恨，而绝非内心的平静、手足情和世间大爱。

当一个人的人生准则威胁到他所拥有的世俗物质，甚至可能使他丢掉声誉和生命的时候——如果他仍然对此准则不离不弃，他便是一个内心强大的人，一个言而有信的人，他会在死后赢得荣耀、尊重和崇拜。

人的心灵一旦经过点亮和开化，将会获得精神的伟大力量。

所有的痛苦和悲伤都源自精神上的饥渴，
而实践抱负则是为了充实精神。

人的本质是看不见的，它存在于人类的内心和精神里，生命和力量都是内在本质的派生物，它们源自内在而非外在。外在表现不过是一条通道，由此展现出内在的能量，能量一旦缺失，还是要回到安静的内在去寻找。有人至今依然把那份对沉静的需要淹没在少许的感官愉悦中，依然固执地活在外界的喧嚣冲突中，这样只会体验到痛苦和悲伤；当他无法再忍受时，这些消极体验最终会驱使他向内心寻求安慰，寻求个人平静的殿堂。

只有在独处的时刻，人才会看清真正的自我。

内在的和谐就是一种精神力量。

怀抱大爱，勤勉地思考大爱的原则，由此，实现对爱的彻底了悟。然后，搜索你所有的习惯、行为、话语，你与人的交往过程，以及你每一丝隐秘的想法和欲望，看它们是否与大爱的原则相符。

在你坚持探索的过程中，大爱会向你展示它越来越多的内涵；在它面前，你的缺点也越来越明显，这会驱使你更加努力地求索——终会在某一刻，你得以领悟到那威严肃穆的永恒法则。于是你不会再安守自己的懦弱、自私和不洁，转而追求圣洁的大爱，直到摆脱一切不和谐的品性，进入与爱同存的完美和谐的状态。

不要止步，不要停留，直到心灵洁净无瑕。

人拥有足够的能力独自对抗困难和诱惑。

正如身体需要休憩来恢复元气，精神也需要独处来重获能量。就如睡眠能给身体带来良好的状态，独处对精神来说也是不可或缺的福利。纯洁的思想，就源自独处之时的思考，独处之于精神就像运动之于身体。一个人若没有充足的休息和睡眠，他的身体便会垮掉；若没有必要的安静和独处的时间，精神便会垮掉。人，若不能定期从外界的喧嚣中抽身，就难以保持力量、正气和平静，也就无法获得内在的永恒。

推崇真理、渴求睿智之人需要极多的独处时间。

人与人之间的爱拥有广博、无私的圣洁力量。

那些只活在自我之中、被笼罩在罪孽阴影下的人，都习惯性地认为圣洁之爱只能由上天给予，而上天是一个遥不可及的存在，他不会走进人的心里，永远都只在人的身外徘徊。但真实情况是，圣洁之爱确实无法进驻固守私心之人的内心；但当一个人的头脑和心灵里不再有小我时，无私的大爱便进驻了。这种圣洁之爱是良善之爱，它会成为你内心的永恒主题。

这种圣洁之爱正是拥有信仰之人的大爱；人们常常谈起它，却极少真正地了解它；这种爱不仅能拯救心灵脱离罪恶，还能帮助心灵战胜诱惑的滋扰。

圣洁之爱恒久不变，圣洁之爱里没有悲伤。

人需学会自强自立。

倘若一个人无法从内心找到平静，那他还能去何处寻得？如果他惧怕独自面对自己，那有人陪伴时就能坚忍强大吗？如果他在与自己的思想交谈中找不到快乐，那与他人交流时就不会感到苦恼吗？倘若一个人在内心中找不到精神的支柱，那还有何处可以使他感到长久的安宁呢？外在世界是多变的、不断衰败的、危险的；而内心是可以依赖的、孕育幸福的地方。心灵本就是充盈丰富的所在。人的一切需求，都可以在心灵里找到补给。记住，你永远都能在内心中找到安定和庇佑。

人需要丰富的精神、完整的人格。

在独处时找到身心的平衡点，通过独立自强获取成功。

如果你想仰赖神灵或他人给你做人生向导，那你的思想就只能一直被禁锢和束缚，并且你无法获得幸福；除非你能独立自强，寻求你自己内心的真理的指引。不要把自负跟自立混淆。一颗自负的心灵，其本质是脆弱的，你若想依赖它站稳脚跟，那注定会失败。自负之人是最依赖他人的人，如此，他们的幸福便只能全由他人掌控。独立自强之人绝不自负，他们会遵循内心的原则不变，坚守住个人操守、人生理想。借此他可以让自己的内心平静下来，他坚守的安身立命之道不会被一波波危险的激情搅乱，也不会被外界的思潮动摇。

在心灵的自由中寻找快乐，
在睿智的自我掌控中发现平静，
在与生俱来的力量中谋得幸福。

3 月

心静了，
世界就静了

　　你内心所向往的方向，便是你的人生所追求的目标。内在的东西会不断地在现实中显露。一切真相终会被揭示。隐藏的东西不过是暂时还未被揭露出来，总有一天也会走进阳光里。

正如泉水的源头在隐藏的泉眼，
人生的源头在内心的最深处。

　　你内心所向往的方向，便是你的人生所追求的目标。内在的东西会不断地在现实中显露。一切真相终会被揭示。隐藏的东西不过是暂时还未被揭露出来，总有一天也会走进阳光里。萌芽、成熟、开花、结果，这是大自然的四步曲。根据人内心的状态，人生也要经历这几个阶段：思想一旦开花便有了相应的行为，行为一旦结果就培育出相应的品性和命运。人生起步于隐秘的内心，然后一步步走向光明，内心的想法也一点点地从语言、行为和成就里表现出来。

思想的外袍，由思想自己缝制。

没有比完善自我更高尚的行为、更高深的技艺。

　　人理应明白，人生完全取决于思想，而后，幸福的康庄大道便会在眼前延伸开来。之后他就会发现，自己有能力掌控思想，并使自己的思想顺应人生的理想。这样一来，他便会坚定不移地履行卓越的思行，他的人生也就变得美好和高尚。在这个过程中，他迟早会驱走一切罪恶、困惑和苦难；因为一个勤勉守卫心灵大门的人，他的内心绝不会缺乏自由、智慧和平静。

矢志于获得平静、睿智和审慎头脑的人，
是在从事人类最崇高的事业。

心静了，世界也静了

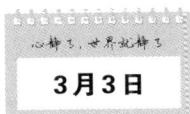

一个念头被再三思索，最终会成为固定的认知。

　　大脑有一种固有的生理功能，它能使人们在重复体验中获取新的知识。某种思想一开始可能很难被理解和掌握，但只要常常在脑海中思索它，这种思想最终会成为一种自然的、习惯性的认知。就像一个初学手艺的小男孩，一开始他连工具都不会拿，更是很难正确地操作，但是经过重复训练，他就能娴熟地操作，甚至掌握高超的技法。这跟训练思想是一样的：一开始似乎很难让思想达到理想状态，但经过不懈练习，最终你会自然地、无意识地拥有这种理想品性。

　　这种重塑习惯和品性的行为，是人类最基本的自我救赎，它为掌控自我的人打开了一扇通向自由的大门。

心灵纯净，外界的一切都显得纯净。

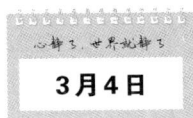

心静了，世界也静了

一切恶念都能被抑制。

　　人生完全始于思想，而思想是一切习性的综合结果。因此，一个人可以通过持久的努力，任意改造自己的思想，由此获得对人生的绝对掌控。意识到这一点后，人便掌握了彻底解放自己的钥匙。不过，要想从错误人生（源自他错误的思想）中解放，还需要内心不断强大起来，而不仅仅是从外界获取力量。一个人要时时刻刻训练自己的头脑去思索纯洁的念头，并把持正确而冷静的态度，这样，他终会从思想里提炼出最理想的生活目标。

高尚的生活意味着高尚的思想、话语和行为。

若不正确履行职责和义务，就无法理解高尚德行为何物。

一切职责都应被看作神圣的，因此，履行职责的首要原则应是忠诚守信、无私忘我。履行职责时，应抛却一切个人的、自私的考量，这样的话，你所履行的职责才不会让你苦恼，反而会给你带来快乐。只有在一个人极度渴望个人享乐或为己谋利时，职责才会让人苦恼。让那个被职责烦恼的人看看镜子里的自己，他会发现自己的苦恼来自职责本身，是源于逃避职责的私心。无论一项职责是大是小，是关于公共领域的还是私人生活的，轻视它的人同样也会忽视各种美德；因为那些内心反感职责的人，对一切美德也是极其反感的。

高尚的人会尽力将自己分内的职责履行得完美得体。

人是自己行为的实施者，同样也是自己品性的塑造者。

你是什么样的人，就会有什么样的事降临到你身上；那些摆脱不了的命运，任你努力逃避也无济于事；它是你错误的行为所酿成的恶果，会像幽灵一样残酷地对你穷追不舍。所以，一切错误的行为必须修正。从天而降的幸福或者不请自来的霉运，都是你过去的行为结出的果实。

在这个世界上，每个人都会发现，自己会被卷入某种因果关系里。他的人生就是一切因果的集合，他既在不断地播撒新的种子，同时也在收获之前的种子结出的果实。他的每一次行为都是起因，必定会造成相应的结果。人可以控制起因（全赖于自由意志），但无法选择或改变结果（全赖于命运）；自由意志便是推动起因的源力，而你的命运则取决于结果的生成。

性格决定命运。

各种形式的不幸都源自思想的偏差。

无知是罪恶之源，是蒙昧不化的结果。人若是思想有误、行为失当，就如同学校里无知的小学生——他们还未学会正确的思考和行为之道，也就是说，他们还没有让自己的思想符合那条不朽的原则。正如小学生做错了功课自然会不开心，若是不能征服恶念，那种种不幸、不快乐就是无法逃脱的梦魇。人生就像是课堂，每个人都要学习一堂堂课程，有些人敏而善学，于是变得纯洁、睿智且快乐；有些人荒疏学业，就只能是不洁、愚蠢又忧愁的。

幸福是一种精神上的和谐。

人若想获得平静，
首先要摆脱过分的激情。

自私自利或过分的激情不仅存在于不受指挥的贪婪头脑里，同样散布在所有人隐秘的思想里，撩拨着人们对自己的幻想和迷恋。它最为狡猾之处，便是它会在你思索他人的自私行为时悄然出现。指责和谈论他人的自私，并不能帮助你克服自身的利己主义。只有不再指责他人，转而净化自我时，我们才能走出自私的牢狱。由过分激情转为平静之态，不是靠指控他人的错误，而是靠征服自己。若总想着如何让他人摆脱私欲，那我们自己就仍然困于过分的激情里。只有耐心地一步步克服私欲，我们才能拥有自由。

通往高尚的道路一直就在手边，
它是一条征服自我之路。

理想——一切贤哲的狂喜之源。

抱负宛如一双翅膀，携人由低俗入高尚，由无知至博学，由黑暗步入光明。而毫无抱负之人，无异于低等动物，羁于尘世、耽于感官、无知无晓、毫无创见。实践抱负是对高尚的追求，是对正义、怜悯、纯洁、博爱的追求。而欲望却不一样，欲望是对世俗之物的渴望，是追求自私的占有、个人的权势、低俗的享乐和感官的满足。一个人从开始立下志向，就意味着他不再满足于自己的卑微身份，而是矢志做一个高尚之人。立志同样标志着一个人从混沌的状态中觉醒，开始有意识地去成就更高尚、更完满的人生。

理想使得一切皆有可能。

心怀志向的人会发现眼前有一条通往真理的向上之路。

当渴望立志的狂喜涌入头脑时，头脑会立即自我净化，那些不洁的沉渣会被渐渐洗刷干净。当人心存理想时，不洁的思想是无法进入的，因为不洁与纯洁不可共存。不过，在立志的初期，人的努力总是间断的，不能持之以恒。头脑很容易陷入过去习惯性的错误思想里，因此，人需要不断地更新自己的思想。

通往睿智的正确方法在于对正义的热望，对纯洁生活的渴求；志向就像一双翅膀，带领你迎风攀升至睿智之境。立志既是向平静之境奋斗的开始，也是抵达圣洁之道的起点。

追求纯洁生活的人会用理想鼓舞自己，日日更新自己的思想。

过滤掉一切错误和虚妄之后，

留下的便是真理。

精神上的蜕变重在改变追逐私利的态度，这虽然是多数人对人事所持的平常态度，但这种态度的逆转将会带来全新的体验。如此一来，人们会放弃对某些事物的欲望，在源头处就将它掐断，不允许它存在于意识中。但是，在欲望中表现出来的精神力量却无须抑止，它可以被运用来为高尚的思想服务，也可以作为净化精神的能源。能量守恒定律不仅适用于物质，同样适用于精神；一股精神力量若在低俗事物上被抑制，那就会在高雅的思想中得到释放。

清澈明朗的精神，会带给人无尽的启迪。

任何蜕变的初期都难免有痛苦，

但痛苦是短暂的，它很快会转化为纯粹的精神愉悦。

在去往纯洁人生的道路上，你会历经蜕变，在蜕变的过程中，会面临舍弃，甚至是牺牲。你要舍弃曾经的激情、欲望、野心和想法，转而以更优美、沉稳、知足常乐的精神状态继续前行。就像珍奇的珠玉，通常被人收藏珍视，但如果放入熔炉中，它们还能被炼塑成崭新的完美饰物。同样，一名精神的锤炼者，一开始很难抛却自己向来怀有的想法和习惯，而一旦将这些固有想法和习惯放弃之后，可能在不久后就会欣喜比发现，旧思、旧习居然带着崭新的能量、罕见的力量和更纯粹的快乐回归自我。此时，精神的珠玉已经被打磨得美丽、光彩夺目。

睿智之人以平静之心面对过分的激情，

以博爱面对仇恨，以良善回报罪恶。

你的现在是所有过往的总结，
过往的所有思行都会影响你的内心。

至上法则适用于一切事物，并凌驾于一切事物之上；绝对的正义维持并平衡着人类的大小事务，这两者使人学会去爱自己的敌人，学会超脱于仇恨、怨恨和抱怨之外。因为他已经明白，不属于他的东西不会主动找上自己；他也知道，即使周围树敌无数，但真正的敌人绝不存在于因果报应里。于是他不会归咎于恶报，而是冷静地接受他所欠下的债务，慢慢偿还道德上的亏欠。做了这些也还不够，他不仅要偿还债务，还要下决心不再欠债。君子需自查自检，保证德行无错无亏。

品性是固定的思维习惯，更是由行为塑造的结果。

天堂和地狱皆存在于这个世间。

没有不请自来之物。哪里有阴影，哪里就有实物。降临到一个人身上的一切事物，都是他自己行为的产物。一个乐观勤奋的人能将事业做大做强，而一个消极怠工的人只会迎来不断下滑的业绩。同样，每个人的境遇和命运都由自己的思想和行为决定。除此之外，人们正在形成和已经形成的各种品性，也都是行为的结果。每个行为都是一次播种，它不仅作用于像品性这种看不见的事物，也贯穿于万物的生生灭灭，也影响着未来的某一刻。当你收割的时候，你也会因当初不同的行为而品尝到或甜或苦的果实。

你所经历的生活对性格的塑造起着巨大作用。

重复思索纯洁的事物，

心灵便可得到净化。

　　人类作为一个灵性的存在，其生活和品性皆由自己惯常的思维所决定。通过练习和联想，让某些想法成为习惯性思维，这样，一些特定的想法就会频繁地、自然地出现在头脑里；接着，人的行为举止也会与思想和谐统一，一个良好的习惯就养成了；久而久之，你就培养出自己所期望的品性。若每日冥思纯洁的念头，就会习惯性地抱有纯洁的、富有启迪性的想法，这样一来，你会竭力使自己的行为同样纯洁而富有启迪性。通过反复思索纯洁的念头，一个人最终会拥有纯洁的想法，这样他就净化了自我，连行为也会变得纯洁高尚。

在日常生活中实践纯洁的行为，便能理解神圣的意义。

能掌控自我的人，

同样能终结自己的痛苦。

　　人发现自己是自我的破坏者，同时也是自我的救赎者，那是值得庆贺的事，也是不应被遗忘的时刻。人的内心有一切痛苦和无知的源头，但平静、智慧和虔诚也发源于心灵。自私的想法、不洁的欲望、违背真理的行为，这些都是有毒的种子，会长出苦难的枝丫；而无私的想法、纯洁的抱负，以及真理指引下的嘉言善行，都是良善的种子，它将长成幸福的参天大树。

敢于自我否定的人，

会找到安宁祥和之地。

懂得自我净化的人，

终将消除自身的无知。

一个善于管束自己舌头的人，比辩论场上的卓越辩手还要伟大；一个善于掌控自己头脑的人，比坐拥辽阔疆土的君王还要强大；一个成功驯服私欲的人，比神灵和天使还要圣洁。那些被私欲奴役的人，一旦发现自我救赎才是唯一的解脱之道，他的人格就会开始升华。他会带着尊严说一声："从今往后，我就是我自己的王，再也不是戴着铐链的奴隶。"

一个人只有意识到需要自我救赎，他才会开始勤勉地净化心灵，进而找到那条通往永恒平静之境的道路。

自我掌控和自我启迪是获取平静、幸福人生的方法。

急躁是冲动的帮凶，

对人而言毫无益处。

你若能每日腾出一小时，来静思道德上的高尚主题，思索如何将其运用于日常生活中，那你将受益匪浅。你会渐渐培养出冷静的心态和正确的判断力。不要急于求成。尽心尽力做好你的本分工作，过遵纪守法、不沉溺于自我的生活。不要感情用事，学会抑制冲动的情绪，以道德原则和内心准则来指导自己的行为；同时坚信，只要假以时日，自己的目标一定会达成。

永远不要止步不前，

当你愈趋完善，你就越少犯错，痛苦也就越少。

真理的王冠是正直的生活，它的权杖是平静的心境，

而它的宝座，就摆在每个人的心间。

每个人的心里都有两个国王：一个是篡位者，是暴君，他被唤作自我，他的思行都围绕着性欲、仇恨、激情和冲突；而另一位是正直的君主，他叫真理，他的思行充满了纯洁和博爱、温柔和平静。兄弟们、姐妹们，你们会向谁俯首称臣？你们愿谁来加冕称王？

你可能会在心里说："我跪倒在真理之王的面前，我心深处愿加冕代表平静的君主来做我的王。"

谁在内心找到了代表正义的君王，并对它心悦诚服，谁就一定会得到恒久的幸福。

一颗无可指摘的心灵是充满力量的。

一切俗世之物都是某种精神需求的象征物。

只有消除内心的错误和不洁的思想，

才能获取有关真理的知识，除此之外别无他法。

有一种平静的心态是常人难以达到和理解的，它是任何事件或环境都不可动摇的，因为它不是下一次风暴来临前的风平浪静，而是通晓世事后的平静祥和之态。有人无法获得这种平静，因为他无法理解，或是从来不知这样的平静为何物。而他们的不解或不知皆源于无知，这种无知，则是由自身的错误和不洁所致。他们不愿抛却这些致人无知的东西，就无法看到种种真理法则。

沉迷低级趣味让人难获睿智。

说我们的痛苦由他人带来，
即使只是部分来自他人，都是不公正的。

我们所感受到的痛苦全都源于自己的无知或失误吗？还是说，它们部分或全部都由他人带来，或是受环境影响？

其实，痛苦全部来自自身的无知和错误，是自己酿下的果实。

"你的痛苦源于自身，并非他人强加于你。"诚如此话所说，一个人做下罪恶之事，却能逃脱罪责，让一个无辜者来承受后果，那世上就无正义可言。但是，无道无序的世界是不存在的，哪怕只是短暂一秒也不会存在，因为混沌的世界注定会灰飞烟灭。有人似乎承受着别人带来的痛苦，但这只是表象，等他对世界有了更深层的理解，就能透过这些表象看透实质。

人的状态不由外界决定，外界都是人内在的镜像。

了解真理之后，便可挣脱羁绊，获取自由。

人的痛苦都源自溺爱自己，却无视公正。爱自己，便容易沉溺于对自己的妄想之中，这样人生就充满了羁绊。世上有一种至高无上的自由，人人都可以获得，只要他不被自我的枷锁束缚——自由地去爱，自由地去从事正义之事。无论是披枷戴锁的奴隶，还是高高在上的君王，人人都有权获得这项自由。选择实践这项自由的人，终会卸下身上的一切枷锁：奴隶们会挣脱主人的拘囿，因所谓的主人已无力束缚他们的心灵；君王亦不会被豪华奢靡的环境影响，他会是人民的明君。

外界的压迫无法滋扰正义的心灵。

纯洁、善良的人才可获得快乐！

睿智之人似乎通晓万物之道。因为对他来说，焦虑、恐惧、失望和不安都不复存在；无论处于何种境遇，他都能保持冷静的心态，都有能力和智慧处理并安排好一切事物。没什么能让他悲愁。即使友人复归尘土，他也觉得友人仍与自己同在；他不会悲伤，因为友人只是放弃了肉体，他的精神长存。他不会被任何事物伤害，因为他的心态不为世移。

通过实践纯粹的良善、正义的行为，你将收获特定的知识，这些知识既可给你带来平静，也能教会你那条真理法则的要义，使你的精神强大。

内心纯洁的人才能获得平静。

爱、温柔、亲切、自省、宽容、耐心、热情——都是内在精神的产物。

感官乐见谄媚之词；精神却谴责奉承之举。
感官总是盲目地寻求满足；精神却是理智地保持自律。
感官总爱遮遮掩掩；精神世界却是开放而明朗的。
感官会留下友人伤害自己的印记；精神却可以宽容最恶毒的敌人。
感官总是被情绪左右；精神却能一直保持冷静。
感官容易煽动人的急躁和怒气；精神却能以耐心和冷静克制自我。
感官总是轻率鲁莽；精神却能谨言慎行。

仇恨、自负、尖刻、谴责他人、报复心、怒气、残忍、谄媚
——都是外在感官的产物。

当自己得到提升和净化后，才有能力帮助他人。

先是感知到有真理，然后才会去理解真理。感知可能发生在瞬息之间，但理解却总要经过一个渐进的过程。你要学会去爱，将自己当作无知孩童那样去爱，等你学有所成时，神圣之道自然会在你的内心萌芽。当你常常冥思爱的真谛，并将其当作一条神圣法则来对待，一天天调整你的思想、言语、行为以顺应这条法则，你才能真正学会爱。当你思考、说话或是做任何事时，要时时监督自己；人不是生来就具有不受私心打扰的能力，因此要警惕，要确保自己走在一条正确的道路上。如此一来，你会一天天变得更为纯洁、温柔、高贵；你很快就会发现，自己更容易去爱了，内心已有一种神奇的力量常驻。

当你常常思考爱的真谛，才会真正学会爱。

诚挚地跟随心中的那缕光亮。

你需要明确自己的弱点，因为意识到它们的存在，意识到自己需要克服它们之后，克服它们进入纯洁的境界，那里存驻的是责任和无私的爱。不要在心中假设未来可能出现灰暗的前景，如果你思考未来，不如想象它是光明的。

总之，每日愉悦、无私地履行你的职责，那么每一天都将带给你快乐和平静，未来自然就会为你留存着满满的幸福。

纠正自身差错的最好办法，便是诚心履行自己的职责，不要总想着自我收益，而是要尽力去使他人幸福；友好地与他人对话，尽力多做善事。当他人逞性妄为或恶语相向时，不要存有报复之心。

全心全意关注当下，不辜负每分每秒、每日每夜，不忘自我约束和保持纯洁之心。

正义之士不可战胜，

任何敌人都不能使他屈服。

正义之士无须隐瞒，他的行为光明磊落，他的思想和欲望都可让众人知晓，他是无所畏惧且问心无愧的。他的步履坚定，身板硬挺，言语直率、毫不含糊。他敢直视每个人的瞳仁。一个心中无错的人怎么会有所畏惧？一个坦坦荡荡的人又怎么会在他人面前感到羞耻？

停止一切错误的源头，一个人便不会被人误解；停止编造任何谎言，那么这个人也不会被他人欺骗。罪恶是不会战胜良善的，因此，正义之士的品性也不会被不义之人影响。

一个心如止水的人，不会受到疲倦和不安的折磨。

爱远远胜过斥责和抨击。

有一种由怒火激发的强烈情感，叫作"正义的愤怒"；它乍一看似乎是对正义的诉求，但站在更为高尚的立场来看，却并非正义之举。在高尚之人的眼里，愤怒一直带有过错和不公的标签，虽然它比冷漠要高尚得多，但它仍不是高尚的诉求方式，因为愤怒总是不必要的。更加高尚的方式应该是爱，它能更高效地避免过错。一个犯下明显错误的人值得我们同情，但他更需要的是宽恕，因为他已在不知不觉中为自己积累下很多苦痛，他必须品尝自己种下的苦果。

当我们完全理解这种怜悯之心，并感知到它的动人之处后，

一切愤怒和过分的激情都不会对我们造成影响。

> 若有人期望行使高尚之举，
>
> 却没有实际行动，
>
> 那他的精神不仅不会进步，
>
> 反而会退步。

心怀良善不代表要多愁善感，它是一种内心的美德。良善带来的直接结果便是勇气和力量，所以，良善之人一定不会懦弱，而懦弱之人一定不够良善。我们不应带着谴责的心态去评判他人，但我们可以评判自己的生活，从结果中寻求对自身的指导。

有一点是确定无疑的，即一个人若是做出罪恶之事，那很快便会尝到自己种下的苦果；而行善良之举的人，则会收获幸福的果实。有时，不义之人可能像格林湾的大树一般枝繁叶茂，但我们不要忘了，这棵大树最终可能生虫而亡，或被人伐倒。这便是不义之人逃脱不了的命运。

脱离高尚的生活环境绝不会塑造出高尚的人。

没有比良善更为高尚的东西。

在这个世界上，可以成为人类导师的人寥寥无几。千百年来也未曾出现这样一个人。然而，当真正的导师出现时，人们便会发现，他与众人最大的不同，也就是使其家喻户晓的特点——自身的不同凡响。他的行为不同于其他人，他的教义也绝不是从他人身上或是书本中习来，而是源于他对自己人生的总结。

这位导师一开始便自己探索生活的道路，进而教导他人如何像他一样生活。他思想中的正确之处，可以在他个人的生活中找到明证。世上有无数的传道者，但可能只有他一人会被众人尊为"人类的导师"。他被众人推崇的原因，是因为他活得高尚纯粹。

一切真理皆是在教导众人如何生活。

为了私利而争吵，则永远难以达到博爱的境界；
博爱只能通过亲身实践来感悟。

　　这世界定下了为人的准则——以爱待人，一切遵从这条准则的凡人皆可成为自然之子，可以度过完满的一生。这条准则，十分简单、直接且浅显易懂，不可能引起任何误读。它是如此平凡而明确，即使是一名学前儿童都能毫不费力理解它的精要。这条准则的内容直接与人类的行为挂钩，只能由每个人自己在生活中运用、实践。

　　通过日常行为来践行这条准则的精神，即构成了生命中的一切职责，也让人清楚地意识到自身神圣的本质，意识到自己身上的神性。

在内心深处，所有人皆知，良善是神圣的。

4月

心静了，
世界就静了

　　人要为自己的言行、思想和生活负责。
外界的压力、特定的事件、悲惨的境遇都
无法强迫一个人投向罪恶和不幸的怀抱
事实上，他自己才是那个强迫者。

抛开思想和行为，

人格、心灵、生命都无从谈起。

人要为自己的言行、思想和生活负责。外界的压力、特定的事件、悲惨的境遇都无法强迫一个人投向罪恶和不幸的怀抱；事实上，他自己才是那个强迫者。他的思行都由自己控制。其他人，无论多么睿智、伟大，甚至是上帝本人，也不能迫使他变得善良、快乐。只有他自己去选择良善之道，才能获得幸福。

容易满足的人无法收获真正成功的人生，只有那些极度渴望、努力争取，像守财奴对待金子一样对待正义的人，才能成为人生的大赢家。正义就在手边，正义人人可得，那些信奉和实践正义的人，将会走上真理之道，寻得完美的平静之境。

充满罪恶和痛苦的人生之外，

存在着更广博、高尚、高贵的人生。

思想将决定你成为什么样的人。

人类的生活和行为是具象而实际的，因此，去思索现实问题是明智之举。而在思索现实问题时，人更多的是靠直觉而非理智。可见，思索虚无缥缈且不切实际的问题是愚蠢之事。抛开思想，人的形象是残缺不全的，人生也是不完整的。心智、思想和生活三者息息相关，它们就像是光、热、色一样，缺一不可。所有与这三者相关的知识，都要在这三者内部去寻求。

活着便要思考和行动，思考和行动则意味着改变。

> 人与思想一样，都容易受到外界影响而发生变化。
> 人并非由什么
> "创造"出来，进而一步步完工，
> 而是由内力的推动一点点塑造成的自我。

人们净化自己的心灵，思考正确的念头，施行善良的举止，希望通过这些方式给自己带来更多的动力。人们择善念而从之，因为善念能助人强大，帮助人进入良善和幸福之地，这不正表现了人们的内心对高尚思想的召唤吗？

对任何年龄段的求真者来说，立志、冥思、投入这三者，都是人们获取高尚思维模式、得到平静开阔的心境和渊博知识的主要途径。因为"人由自己内心的想法所造就"，他能将自己从愚昧和苦痛中拯救出来——通过养成新的思维习惯，改变固有的思想，成为崭新的自己。

> 人的现状不断被自己的每一缕思绪调整改变。
> 每一段经历都影响着他的品性。

> 择明智想法而思，选明智做法而行，
> 有且只有如此，你才会成为明智之人。

世间众人，多数都不了解自己精神的本质，于是便成了思想的奴隶，但圣贤者却能做思想的主人。众人跟随着思想盲目地奔跑，圣贤者却能择其善者而从之。众人会响应自身一时的冲动，只考虑当下的享乐，而圣贤者能掌控并抑制冲动的情绪，只依从不朽的正义之道行事。

有些盲目追随冲动情绪的人，会违反正义之道；而征服冲动的圣贤者，始终都遵守正义的原则。

圣贤者直面人生的真相。他知道思想的本质。他清楚并遵守自我的原则。

思想决定了一个人的品性、境遇及学识。

法则不应有任何偏颇。它应是一种恒定的行为模式，
违反的人会受伤，遵守的人会快乐。

承受错误行为带来的痛苦并不是一件坏事，它同享受正确行为收获的幸福感一样重要。如果我们能逃脱由无知和罪恶带来的责罚，那世间便没有了安全感，没有了庇护所，因为我们很可能也会被剥夺睿智和良善带来的幸福感。这样的因果关系是反常且残酷的，不配称作准则，因为所谓准则一定是正义和善良的。

至高法则一定蕴含着永恒的良善，它的运作是准确无误的，普适于万事万物。它即：

"永恒而充盈的爱意，自然地流露。"

它还包括：

"囊括世间万物的怜悯之心"。

我们体悟的每一分痛苦，
都会让我们在追求睿智和真理的道路上更进一步。

事件的发展规律都是公正的，
因此，世上的先知从不为任何事哀悼。

世人将高风亮节当作良善的法则来遵守，高尚的道德是良善的，它绝不窝藏

罪恶和残忍的种子。并非铁石心肠才能战胜懦弱和愚昧，正确的做法应该是怀着爱意去抚慰人心，培养怜悯之心去保护受到伤害的弱者，同时还要守护那些强者，防止他们走上自毁的道路。

良善能击败一切罪恶，留存一切美好。它会温柔地呵护最幼小脆弱的幼苗，也能一口气便吹灭最狂暴的罪恶之焰。能够去感知它，就是一种美好的体验；能够去理解它，更是一种幸福的收获；既能感知又能理解它的人，已升入平静之境，会永远拥有幸福和快乐。

睿智之人会克制自己的主观愿望，
让欲望屈从于高尚的秩序。

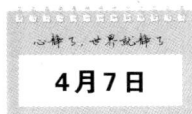

心静了，世界就静了

4月7日

摆脱罪恶的诱惑，踏入神圣脱俗的生活吧。

人在蜕变的过程中，罪恶的思行会逐渐减少，良善的思行会与日俱增，他的头脑中将展开新的画卷，开启新的知觉；他将成为崭新的自己。等他成功蜕变之后，他"重生"了，他开始重新体验这个世界。他手握新的力量，在他的精神视野里，一个崭新的宇宙也在他面前铺展开来。这是一种超越世俗的方式，被称为"超然生活"。

当人进入超然生活的状态后，他的人格就不再受世俗的羁绊；他将对圣洁、美好有更深刻的认识，这样便可进入脱俗的生活状态；这样便可进入圣洁的生活状态。脱离罪恶的牢笼后，良善就是生活中的头等大事了。

庸俗的生活里充斥着激情的聒噪，
脱俗的生活里演奏着平静的乐章。

4月8日

当你拥有真正的良善后，你便能冷静地看待世间万物。

卓越的生活不是由激情操纵的，而是依赖原则维持。它不是建立在转瞬即逝的冲动基础上，而是以亘古不变的法则为立足点。在一种明朗的状态下，你会发现，万物都有其既定的因果规律，因此，悲伤、急躁或懊悔的情绪都是不必要的。

当人们被激情攫住时，他们会更加小心翼翼，时时刻刻忧虑重重；然而，他们最忧心的是自己那渺小、沉重又容易受伤的心灵，害怕享乐的时刻去得太快。他们小心地保护自己，待人处世都有所保留，以为这样能获得长久的安全和舒适的生活。而今，在这个充满睿智和良善的新生活里，过去的一切焦虑都不复存在。个人的喜好为更伟大的目标让位，过去对个人享乐和前途的一切小心谨慎、忧虑和急切，都将被驱散，如同黑夜里的噩梦一般远去。

你将发现，良善是世间通用的至高品格。

4月9日

罪恶只是一种体验，它并不蕴含力量。

若罪恶是宇宙中一种切实存在的力量，那没人可以摆脱它。不过，虽说它不是一种实际力量，但它就同境遇和经验一样，也是现实生活的本质之一。它是愚昧和不开化的结果，终将消逝而去，正如孩童的无知会在学习的过程中渐渐消失，亦像黑暗会在第一缕晨光中消散。

对罪恶的苦痛体验，会随着良善带来的美好体验而远去，这份美好的感觉会进驻你的知觉领域。

卓越之人可以掌控并超越自我，亦可逃离罪恶的深渊。

良善之人不会为自己生活中的任何事困扰或悲伤，
因为他了解世间万物都有一定的因果规律。

回顾为私心而活的前半生，已经自我蜕变的人会发现，在经受蜕变的痛苦和折磨时，始终都有苦难的教导陪伴，它们引领其迈向更高尚的地方；当他理解了这些谆谆教诲，并完成自我升华之后，苦难就离他而去了。因为苦难的教导任务已经完成，成功地帮助他成为修身的大师。低劣是不能教授高尚的，无知是无法指导睿智的，罪恶是不能启迪良善的，因此，一个小学生无法给老师上课。

在别人的教导下实现蜕变的人，无法与凭一己之力完成蜕变的人相比。罪恶只能教授罪恶之道，也许在罪恶的领域里它会被尊为大师，但在良善的领土上，罪恶毫无地位，更奢谈权威。

行在真理大道上的坚强求真者，决不会屈从于罪恶，他只遵从良善的指引。

征服他人的人可谓勇武，但征服自己的人才更加高尚。

一个人只要能够征服自我，就能获得完美的平静。只有在意识到自己有必要背离争端和暴力，有必要在内心驱逐罪恶、独尊高尚的时候，一个人才能理解并靠近真正的平静。这样，他也就踏上了成为圣贤的道路。此时的他早已明了，敌人都是来自内心而非外界，他不受约束的思虑会酝酿出困惑和冲突，他不受抑制的欲望会以暴力的方式破坏自己内在的平静，毁灭外界的平静。

若一个人战胜了情欲和愤怒、仇恨和自负、自私和贪婪，那他就能征服世界。

战胜他人的强者总有被他人击败的一刻，但征服自我之人却是永恒的强者。

暴力和冲突会挑起激情和恐惧，
但爱与平静却能抚慰和改造心灵。

那些屈从于强势力量而变得平静的人，其内心并非真的安于平静，可能他内心的敌人因为受到压抑而更加狂暴。那些真正被平静的精神征服的人，是由内到外真心渴望改变的人，他们可以将过去的敌人视为好友。

内心纯洁、头脑睿智的人在心中保有一份平静，这种状态也体现在他的行为里，渗透进他的生活中。平静拥有比冲突更强大的力量，它能战胜暴力，庇佑正义。在它的保护伞下，无辜的人不会受到伤害。

在与私欲的抗争中，平静能保护你免受伤害。它是失败者的避难所，是迷失者的暂居处，是纯洁者的庙宇。

实践良善，生活将充满喜乐；而喜乐，则是善者的常态。

真心怀抱大爱的人，终将获得彻底的重生。

所有愿意并做好准备放弃小我的人，谦逊地去理解放弃私欲的意义的人，都将获得博爱、明智、平静和安定的心理状态。这世上并没有强暴的力量要迫使众人屈服，那坚固的命运的锁链，是由个人自己锻造而成。人被命运的锁链捆绑住，落入苦难的牢笼，通常是他咎由自取；因为他宠爱这条锁链，他以为困在自我的黑暗牢狱里是甜蜜、美妙的；他害怕离开这间牢狱后，自己会失去一切真实和有价值的东西。

"你的苦痛源于自身，无人强加于你；他人对你的生死皆无影响。"
对智者来说，知识与爱是一体的，不分彼此。

世人总不能理解无私之爱，
因为他们从来只是埋头于自己的享乐中。

正如影子跟随实本，烟雾来自火焰，有了起因就会有随之而来的结果，有了思行就一定有相应的幸福或苦痛。万事皆有缘起，无论那个起因是隐在暗处，还是一目了然，最后的结果都遵循着绝对公正的因果原则。

一个人若遭受了苦难，那是因为他在之前，甚至是遥远过去的某一刻，种下了罪恶的苦果；一个人若歆享着幸福的果实，那一定是因为他在过去种下了良善的种子。你需要冥思这个道理，需要努力去理解它；这样，你才能开始只播种良善的种子，焚毁过去在心灵苗圃中种下的芜杂荒草。

心中怀抱爱意，就能与世界和众人拉近距离。

净化了自己心灵的人，是世上最大的受益者。

拥抱无私之爱的黄金时代总会过去，总有一天，世上或许将不再容忍这样的爱。因此，不要等待将来，若你愿意，就该在此刻摆脱自我的束缚，抛却偏见、仇恨和非难，拥抱温柔宽容的大爱。那么，在此时此刻，你就可以迈入博爱的殿堂。

有仇恨、嫌恶和非难的地方，就容不下无私之爱。只有在不存在一切责难的心灵里，博爱才会长驻。那些理解了爱才是万物的核心，掌握了爱所蕴藏的无穷力量的人，心中不会有对他人他物的责难。

让所有真诚之人追随博爱的脚步修行吧，
然后，看，黄金时代唾手可得！

心灵纯净，便可实现内心的平静。

真正专注于博爱的人，不会给他人贴标签、分群类，不会妄图让别人都赞同自己的观点，更不会去强迫他人运用自己的处事之道。明白爱之法则的人，会在生活中实践它，因此，会对万事万物持有同样冷静的态度和温柔的心绪。

不论是卑鄙还是高尚之人，愚蠢还是睿智之人，无知还是博学之人，自私还是无私之人，都会受益于自己冷静的思考。

要掌握这种至高无上的学识，收获这种伟大的爱，必须不懈地进行自我约束，不断地战胜自我。

在蜕变后的新生里，你心中一直保存的爱意将会苏醒，
帮助你获得平静的心境。

当心中只剩下纯粹的精神诉求时，
那份爱意就已打磨完美，你也成功拥有了博爱之心。

训练你的头脑，使其变得坚强、公正，常怀温柔的思想；训练你的心灵，使其变得纯洁，充盈怜悯之情；训练你的舌头，使其惯于保持缄默，只道真实、纯洁的言语。如此这般，你便能踏上通往圣洁、平静的道路，最终拥有真正的博爱之情。就这么自然而然地专注于自己的修行，不用强求他人改变，他人自会相随；不用争论谁对谁错，你已在言传身教；不用怀抱扬名立万的野心，智者自会发现你的才华；不用公开寻求众人的支持，他人终会心悦诚服。真爱叱咤风云、所向披靡，一切以爱之名的思想、行为和言语，都将永远拥有活力。

这便是无私之爱。

欢呼吧！东方已破晓：
是真理之光划破黑暗，唤醒了沉睡的我们。

我们睁开双眼，发现可怕的黑夜已经不再。我们已经长久地麻木于琐事和感情，挣扎于犯错之后的痛苦梦魇，然而现在，我们的精神在真理的召唤下苏醒了，我们觅得了良善之道，与罪恶的纠缠已然终结。

我们麻木不仁却不自知；我们苦痛不堪却不自晓。我们被噩梦折磨，却无人来救助，因为大家同样都在醉生梦死之中。然而，噩梦的中途会出现停顿，我们的沉睡会突然被打断。真理向我们述说，我们侧耳倾听，然后，看吧！我们睁开双眼，终于苏醒。我们在麻木的状态下是盲目的，我们在沉睡的状态中无知无晓。但当我们醒来之时，我们便能看见。是的，我们确认自己苏醒过来，因为我们看到了真理之道，我们摒弃了罪恶之源。

真理美丽无瑕！现实荣光无限！神圣的祝福妙不可言！

为真理抛却虚妄，为现实抛却幻象。

犯罪是因为被幻象所迷惑，那些向往黑暗之道的人，自身已经陷入黑暗的旋涡，他们还未见过那缕启迪的辉光。而见过辉光的人，不会选择走进那条黑暗的隧道。见到真理的美丽面目后，他便会爱上真理之道；与之相比，虚妄毫无美丽可言。空想家们这一刻还沉浸在喜悦中，下一刻可能就会遭受苦痛；此一时还满怀信心，彼一时就畏缩不前。靠幻象而活的人，心境飘忽不定，无法寻得一间永恒的避难所。

当懊悔如洪水猛兽般讨而来时，他能逃脱吗？唯一的自救之道，便是从空想中醒来。就让空想家在幻梦中挣扎；就让他徒劳地妄图达成自己的私欲吧。然后，看吧！他最终会睁开眼睛，看到这个世界的光明与真理。他会感到喜悦、清醒、平静，看到事物的本来面目。

真理是世间的荣光，是头脑的黎明晓光。

真理是永恒的慰藉。

当一切都让你失望时，真理是唯一可靠的。当心灵如荒原般死寂，当世上再无庇护所时，真理会提供平静的港湾和安歇之地。生命中有很多我们乐于追求的东西，也有重重困难，但是，追求真理比追求其他任何事物都要伟大，真理也可以赋予你战胜所有苦难的力量。真理可以减轻我们的负担，会用喜悦之光点亮人生的旅程。

你爱的人会离去，你的朋友可能让你失望，你的财物终会消失，还有什么可以给我们带来慰藉？谁能在耳边温柔地安慰我们？只有真理会给那些不安之人带来慰藉，给遭受遗弃之人言说安慰之词。真理不会离去，不会令你失望，不会消失无踪。真理带来的恒久平静，便是一种安慰。只要你时时关注，时时倾听，一定会听到真理的召唤，甚至可以听到那些伟大的先知者的声音。

真理可拔除苦难的毒针，驱散惨淡的愁云。

若有人沉溺于虚妄的幻觉，热衷于私欲和罪恶之事，
那他便无法求得真理。

真理能从悲伤中过滤出喜乐，能让人在不安时保持平静。真理指引自私的人走上无私之道，引领罪恶的人走上良善之道。真理的精要在于做正义之事。真理会给那些诚心诚意的求索者带来安慰，给那些心悦诚服的求索者戴上平静的王冠。我们在真理中找到庇护，没错，我们应一直拥有良善的精神、知识和行为。在这个庇护所里，我们心安舒适，内心已无怨气，仇恨更是消失无踪。对低级享乐之事的欲望也已压至最低，因为在真理的荣光面前，欲望找不到藏身之所。自负心破碎瓦解，虚荣心如薄雾般散去。我们直面完美的良善，双脚行在无可指摘的正义之道上，并为自己光明磊落的言行感到心安。

寻得了真理的庇护，也就收获了力量与慰藉。

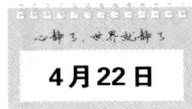
心静了，世界就静了

4月22日

人可以获得纯洁的心灵，

也可以拥有不指责一切的人生

——这样的生活充满喜乐和平静。

良善的行为会留下永久的影响，它们能救助并保护我们。罪恶的行为是错误的，它们所产生的后果也始终尾随着我们，在诱惑面前将我们推向深渊。犯下罪恶之事，我们会遭受悲伤、懊悔；而行良善之举，我们能免受一切伤害。针对罪恶之行，愚蠢的人会说"掩藏起来，不使其暴露即可"——但罪恶已然犯下，他定会悲伤、懊悔。若我们遭遇了罪恶之事，有什么能提供保护？有什么能让我们远离苦恼和困惑？男人或女人，金钱或权力，天堂或凡世，都不能免除我们的困惑之苦。在罪恶的恶果前，我们无法逃脱，无处藏身，无人保护。若我们选择了良善，又会遇上什么？我们会因何而苦恼、困惑？男人或女人，贫困或疾病，天堂或凡世，都不足以让我们困惑。

有一条大道直达未来，那里会有安歇之地。

热爱真理的人们，快乐起来，不要悲伤！

因为悲伤终将远去，就如晨雾终会散去。

弟子："请您教导我。"

老师："你问，我便回答。"

弟子："我常常阅读，却依然无知；我研习学校的教义，但未因此而睿智；我背记经文典籍，可仍寻不得平静。老师啊，告诉我问题出在哪里吧！告诉我掌握知识的办法。向我揭示如何迅速获得非凡的睿智；带领你的弟子踏上通往平静的道路吧。"

老师："要掌握知识，先要自我反省；要迅速变得睿智，先要实践正义之举；要入平静之境，人生就不能有罪孽的污点。"

人皆可见到不朽之爱！（不朽之爱似乎遥不可及！）

甚至是那些地位卑微的人，只要他的人生没有污点，他即刻会见到永恒的爱。

征服他人是一项伟大的事业，

然而征服自己更需要强大的意志力；

心怀信念，才可打胜仗。

弟子："老师啊，请指引我吧！我迷失在蒙昧的大雾中！大雾会散去吗？我的努力会成功吗？我的悲伤会结束吗？"

老师："心灵纯净则迷雾散去；让头脑摆脱激情的羁绊，你的努力就会得到回报；过度的自我保护，就不会再有悲伤。如今你已踏上自我约束、自我净化的道路，这是我门下之徒必需的修行。在你获得高尚的知识之前，在你了悟真理的荣光之前，你需要涤清一切不洁的思行，断绝所有不切实际的妄想，在忍耐中锻造坚强的心灵。对真理的信念一刻也不要松懈，不要忘记真理至高无上。"

秉持信念，静心忍耐，真理会教授你一切。

遵从真理之道，

幸福永远相随，不安烟消云散。

弟子："伟大的力量与平凡的力量各指什么？"

老师："请再次仔细倾听。心怀信念去实践自我约束和自我净化，不要中途放弃，而要愈加严厉，如此你便获得了弟子应有的三种平凡的力量，同时也获得了三种伟大的力量。自我控制、自我信赖、自我监察——这便是那三种平凡之力。坚定、耐心、温和——这便是那三种伟大之力。当你成功掌控了自己的头脑，一刻也不放松；当你不再借助外力，只依赖真理行事；当你始终监察着自己的思行；那你便越来越靠近无上的真理。阴霾将永久散去，愉悦和光明将伴随你的每一步人生路。"

在追求真理的道路上所向披靡的人，

将同时获得伟大的力量和平凡的力量。

努力须勤勉，坚持须耐心，

决心须坚定。

有四样东西最玷污心灵：沉迷享乐，舍不下眼前之物，溺爱自己，贪求长命富贵。从这四个污点里，会涌出一切罪恶和悲伤。

涤荡心灵，洗去感官的欲求，消除占有的欲望，抛却以自我为中心的习惯。摆脱这些欲望后，你会获得心灵的满足和睿智之思，不再热衷于损害心灵的东西；你会抛下小我，最终走进平静的殿堂。纯洁之人不受欲望束缚，不求感官刺激；他对有损心灵的事物不抱兴趣；无论他是富贵还是贫穷，成功还是失败，顺境还是逆境，活着还是死去，他的精神都始终如一。他的幸福长存，他的心灵可得安歇。

牢牢抓紧爱，让它自然生长。

4月27日

心静了，世界就静了

引导我遵循恒久的法则行事，
那我便能时刻警觉自制，避免遭遇失败。

不正义之人会随着情绪的变化而摇摆不定，他会被自己的喜恶所左右；偏见和成见使他蒙昧不化，他无法控制的过度渴望只能增加苦痛和悲伤。他不知自我克制，因此心灵动荡不安。正义之人却能掌控自己的心境，他会将个人喜恶看作幼稚之物抛却，将偏见和成见放在一边。他没有欲求，就不会受苦；不期盼享乐，就不会被悲伤击垮；他完美地控制自己，伟大的平静就会常伴其身。

不要谴责、怨恨或报复他人，不要争论，不要盲目崇拜。面对四方纷扰，始终冷静如一；秉持正义之道，说真话。举止需温柔、热情、慈祥。要怀有无尽的耐性，牢牢抓紧爱，让它自然生长。对万事万物一视同仁，待之以爱。当他人平等相处，更多地为他人着想，便会少一些纷扰。

做一个体贴、睿智、强大、善良的人。

4月28日

时刻警惕私心再次偷潜而入，玷污你的修行。

要彻底抛却唯我独尊的态度。做事情，要想到对他人和世界的好处，不要只想到个人的享乐和利益。如此，你就与芸芸众生紧密相连、密不可分，你就成了众生中的一员。

不要再为私怨而冒犯他人，应该怀着怜悯之心去关怀众人。不要把任何人看作敌人，因为你是众人之友。以平静的心态对待所有人。对万物众生倾注怜悯之心，让言行举止闪烁着慈善的光辉。这便是以美好的方式散播真理之举，这便是顺应不朽法则的行为之道。

正义之士心怀喜乐，他遵循恒久法则行事，他已远离动荡不安的世界。正义之士拥有完美的平静心态，从不被风云变幻和世事无常所搅扰。摆脱过分的激情，他的心境平和、冷静，不怀悲伤。他看见的是事物的本质，因此不会被表象影响感到困惑。

睁眼看看不朽的光明吧。

4月29日

知识会被授予敏而好学的人，
睿智会被授予力争上游的人；
纯洁的平静柔声细语道：
谬论终将毁灭。

增强意志力和自立能力，才能使脑海中的恐惧屈服于你。你需要自我掌控，不应让糟糕的心境、微妙的激情、善变的欲望阻止你向上求索。若你遭受反对的力量，你要奋起反抗，重掌人的尊严，从教训中习得智慧，这样便可掌控自己的头脑。从各种境遇中寻求快乐和美好，如此你才能积蓄力量，克服路途上的艰险。

你应愉悦地顺从高尚之道，当你的意志受到极致的考验时，更要如争金夺银的运动员般全力以赴。

追随高尚品德的引领，攀上更高的山峰。
听从纯洁善良的召唤，保存那缕美好的希望之火。
看！他因此见到真理，他将高洁无欲。

心静了，世界就静了
4月30日

在自我救赎的道路上，
会有罪恶、悲伤、焦虑和痛苦相伴，
只有在成功来临的那一刻，它们才会永远离去。

不要做欲望、执念和嗜好的奴隶，
不要被矢望、苦难、恐惧、怀疑和哀痛所左右，
你应该月冷静的态度控制情绪，掌控那些使人屈服的力量，
即使这些力量如今正在左右着你的思行。不要让过度的欲望支配你，
应当让理性引导你，
克制你的情绪，直到恢复平静之态。
戴上智慧的王冠，这样你才能依智慧行事，成为睿智之人。

审视你的内心。看！在变幻的旋涡中，有那恒定不变的一点。
在躁动的心间，孕育着完美的平静。
在一切不休不止的奋斗中，均有热情这个起始点。
但那些被热情席卷的人总会遭遇痛苦，
那些征服了激情的人才能寻到平静。

我无知，但有心向学；成功之前，我奋斗的脚步不会停歇。

5 月

心静了，
世界就静了

　　过去和未来皆为虚幻，只有当下才是现实。一切事情都发生在当下，当下孕育着一切力量、行动和可能性。若此时此刻不去行动，不去完成理想，那便永无成功之日。

你应感到欣慰！
因为你终会有幸获得神圣而广阔的视野。

伊俄拉俄斯[1]："我深知悲伤紧随着热情，在一切世俗的喜悦之后，紧随而来的便是忧伤、空虚和心痛之感；因此我时常感到哀伤；然而，我们也正在、必然能够寻得真理。所以，即使我处于哀伤中，我也相信我终会寻得真理，然后收获喜悦。"

先知："没有哪种喜悦可以跟获得真理后的快乐相媲美。纯洁的心在幸福的海洋中畅泳，永不知悲伤或痛苦为何物；一个看透宇宙万物的人，又怎么会感到悲伤？知晓得越多，人便越快乐。那些已抵达完美之境的人，是何等愉悦；这些人活在真理之中，学习真理，明了真理。"

能够掌控自己的人，定会发现真理。

若不去实践正义之道，
心灵在整个宇宙间都将无法寻得恒久的满足。

每颗心灵，都在有意或无意地，向往着正义的道路；每颗心灵，都是依照着本身已有的知识水平，以自己的方式去满足自己对正义的渴求。如此一致向往的正义道路，如此共通的渴求，追求的方式却是千千万万。那些主动追求正义的人将受到祝福，他们会很快寻得那份只有正义才能给予的恒久满足感，因为他们一旦开始追求正义，便已是踏上了真理之道。然而，那些无意识的求真者，虽然可

---

[1] 此段来自詹姆斯·艾伦自己创作的诗剧《伊俄拉俄斯》。伊俄拉俄斯为古希腊神话人物，是大力神赫拉克勒斯的侄子。

能在某一时刻沐浴在喜悦中，但终不会得到幸福；因为他们是为着私心而去的，这条追求正义的道路充满苦难，他们只能跛着伤腿踽踽前行，带着心灵对已失去的美好的悲戚呼喊——对已失去的正义的呼喊。

那些诚挚、睿智的修行者将获得幸福。

5月3日

摆脱自我的钳制，
就有荣耀、光辉和自由相伴！

去往真理之国的旅程可能漫长而乏味，也可能短暂而快速。可能只要一分钟，也可能需要一千年；时间的长短取决于求真者的信念。绝大多数人"不能进入真理的国度，因为他们没有信仰"；同理，不相信公正的人又怎能成为正义之人呢？要进入真理的国度无须抛弃谷世，更不需要忽视俗世中的职责。因为一个无私履行职责的人，方能寻得正义之道。所有心怀信念、有志进取的人，迟早会成功；他在履行俗世的职责时，不会迷失，不会失掉良善的信仰，只要抱着毫不动摇的决心继续求索，就能进入完美之境。

伴着内心的旋律起舞，世俗生活方能和谐美满。

行为需要不断地调整和净化。

　　从浑浊的状态进入爱的国度，需要经历一段漫长的旅程，这个过程可以用以下这句话概括：行为需要不断地调整和净化。只要勤勉地求真，便能成功完成这趟旅程，抵达人格完满的终点。我们可以看到，人类只要能自由支配自身的某些能力，也就能通晓这些能力的作用规律，多多见识这些力量在体内引发的变化，才能明了如何调整身心，以达到最终的和谐统一。

　　这个过程还包括简化头脑，过滤掉思想和个性中的杂质，只留下思想和个性中精华的部分。

他不再只为自己而活，也为他人而活，
这样的人生才会享有至高无上的幸福与恒久的平静。

正确的人生道路只有一条，那便是诚挚地践行正义和真理。

　　人群中的精英都是良善之人，他们通过克服私欲，变得日益纯洁、高尚，也越来越接近正义和真理。"要做我的学生，就必须日日反省自身。"这句陈述清晰简明，绝不会被误解或误用，更不可能被人忽视遗漏。在整个宇宙间，没有什么东西可以替代良善；人除了追求良善之心外，没有什么其他的有益之物值得追求了。要获取良善之心，只有一条途径，那便是放弃一切违背良善的言行思想。因此，每一丝私欲都需要摒除，每一缕不洁的念头都需要放弃，每一份执念也必须被消除，如此才有资格追随真理的脚步。

一颗饱含爱意、勇于自我牺牲的心灵，
才能凌驾于一切教条、信仰和观念之上。

心存爱意，人生始真，此可谓人生真谛。

倘若人们紧抓着欲望、激情和旧有观念不放，就无法成为真理的追随者，而只能是自我的奴仆。

"让我诚挚地告诉你：犯罪之人是罪恶的奴仆。"这一点已经阐述得十分透彻了。人们不应再心存侥幸，以为在保留恶劣的脾气、过剩的性欲、严苛的言辞和论断的同时，还能获得真理和幸福。不要将人划分优劣，或是区分好坏，对每个人的爱都应是平等的。

罪恶与真理不可共处，
认同了真理的纯洁良善之后，便会远离罪恶。

真理并非得于争辩，
人在争辩中反而会丧失真理。

固执于自私和罪恶的念头，比固执于不洁的欲望还要恶劣。了解这一点后，良善之人便会直接放弃小我，投入爱的怀抱，以爱的精神善待万物，不与人争，不责备、怨恨他人，博爱众人；透过他人的观念、信条和罪恶，看见他们内心深处的挣扎、煎熬和悲伤。

"贪生之人更容易失去生命。"永恒的生命属于那些甘愿舍弃小气狭隘、贪恋罪恶和冲突不断的个人生活的人，因为甘愿舍弃之人才能进入广阔、美丽、自由、光荣、充满爱意的人生。此处即为人生之路，前方的大门将通向良善。

在抵达良善之前，脚下尚且狭窄的小路，
由舍弃和自我牺牲铺就而成。

学习任何事物时，只有把自己当作初学者，才能学有所成。

"我是怎样对待他人的？"

"我对他人的所想所做是否出于无私的爱？我的反应是出于换位思考，还是完全取决于个人喜好？或者这一切只是出于报复心和狭隘的偏见与非难？"

在心灵最静默的时刻，人需向内心探寻这些问题的答案；调整一切言行举止，使其符合真理之道。如此一来，他的头脑将被启迪之光点亮，他会清楚地了解自己的错误，了解如何去修正思想和行为的偏差，了解正确的修行该如何进行。

罪恶不值得奋力坚持。实践良善是至高无上的卓越之举。

不要把个人偏见当作为人处世的立场，
个人的偏见只会出现在蒙昧之人身上，
它在智者的生活中寻不得藏身之所。

若一个人总处于抵制罪恶的抗争中，无暇顾及其他，他不是在践行良善，而是卷入了过度谴责的偏见中；这种态度带来的直接结果，便是他人会将他当作罪恶之人，并对他加以抗拒。将其他的人或事当作罪恶之源来看待，那你总有一天也会被他人当作恶魔的代言人。

一个人若将他人对自己的迫害和谴责视为罪大恶极，那自己也该停止对他人的迫害和谴责。他应远离一切他自认为罪恶的东西，然后开始寻求良善之道。这条道路漫长而曲折，在不断前行，你最终会抵达。

严以律己的人将征服自我，获得高尚的人生启迪。

人性的本质即为神性。

人若一直走在罪恶的道路上，便会以为罪恶才是自己的本性，从而阻断了他迈向良善的可能，因为他认为自己与纯洁无缘。人类在本质上是一种灵性生物，这既是他的本性，又是他永恒的精神实质，以及不变的内在状态，这就是他自己口中所谓的神性。良善，而非罪恶，才是人类正常的状态；完美，而非残缺，才是人类血脉里继承的品性。人若能好好运用善良的天性，抛却所谓的"平常人"共同的毛病——狂热的私欲、自负、自我中心主义以及利己主义，那他就能拥有良善之心，抵达完美之境。

人性本善。

抛却他人皆有恶心的想法，
才能发现人心本善。

不要去怀疑他人居心不良，应该寻找自己内在的良善，进而在生活中实践。

人类内心的力量可以帮助人们攀上精神世界的制高点。在这个过程中，人可以摆脱罪恶、耻辱和悲佐，按照内心的意愿，行使良善之举；在这个过程中，人可以征服内心所有黑暗的力量，以自由之身站在耀眼的华彩下；在这个过程中，人可以征服世界，亦可以理解崇高的内心。这个过程可以借助明智的选择、果断的决定，以及正确的行动来完成。但他只能通过温和的方式来完成；他必须怀抱一颗柔顺、谦恭的心，放弃矛盾冲突以达平静之境，放弃过分激情以达纯洁之境，放弃仇恨代之以爱意，放弃追逐私利代之以自我牺牲；他必须用良善的思想和行动来击败罪恶的诱惑。

这便是通往真理的良善之路，这便是通往真理之路，

这便是自然法则带来的能量和推力。

要真正拥有美好的品质，必须通过亲身实践。

谦逊、谦卑、慈爱、同情心、纯洁无瑕，都是美好动人的品质，但仅仅认识到这一点还不够，你自身应该做到谦逊、谦卑、慈爱、有同情心和纯洁无瑕。伟大的人要顺应良善的意志。仅仅知道这一点很有启迪性，还远远不够，你自身的意志同样应该顺应良善的意志。若你无法真正理解优雅、美丽和良善，那么这些对你就毫无价值，然而，要真正拥有它们，必须通过亲身实践，因为不在生活中践行这些美好品性，良善便无法在你身上扎根。

践行美好品性，良善才能扎根。

良善的践行者，他们的行为严遵践行良善才能收获心灵的平静与美好。

对人类以及世间万物来说，永远没有满足充盈之时；在不断勤勉地实践良善，并将良善融入自身品性之前，我们无法从他人良善的思行中，获取幸福和平静。因此，崇尚良善品性的人，要通过实践这些美好品性，使自身达到良善的状态。

回归到正义这条基本真理，人们应该明白：正义完全是个人操行，它并非脱离个人思行的某种神奇事物；每个人应该对自己公正，做到言行一致；只有自身的言行，而非他人的行为，才会给心灵带来平静和喜悦。

宽容的人才能品尝到原谅他人之后的甜蜜美好。

真理的真谛即为爱的精神。

"没有我你将一事无成"，此"我"并非指代肉身，而是完美无瑕的爱的精神和行为。这句话陈述了一个简单的真理，即人若为一己私欲行事，那结果将是毫无价值的，他仍然只能作为一个终将腐朽的凡人，淹没于愚昧的黑暗和对死亡的畏惧之中。心怀仇恨的人，其精神境界绝不会与爱的精神产生共鸣，只有心怀爱意的人，才能够理解爱为何物，进而与爱结盟。人类是神圣的，是爱在世间的具象；只要他抛却之前盲目追求的不洁之念和私利，便能达到无我境界。

爱的原则包含世间的一切知识、智慧和才能。

要想拥有博爱之心，只有去做博爱之事。

要想获得真理，就需要无条件牺牲个人的某些私心。人若固执于虚幻，就得不到真实；若纠结于差错，就无法获得真理。当一个人沉溺于性欲、仇恨、自负、虚伪、放纵和贪婪时，他只会一事无成，因为这些都是罪恶的深渊，都是虚妄的、容易消逝的东西。只在当他投身于爱的精神，成长为耐心、温柔、纯洁、宽容的人时，才能成为正义的化身，品尝到生命的甜美果实。若无枝蔓，爬藤便不能成为爬藤；在枝蔓结出硕果之前，爬藤的生命是残缺不全的。

只有日日将爱意埋在心间、浸于脑中、融入行为，并时刻怀抱纯洁无害的思想，才能发现人应遵守的永恒原则。

一个无可指摘之人的爱，是抵挡罪恶的唯一盾牌。

一个人必须彻底抛却一切阻碍他获得博爱精神的个人倾向，

进而才会明白，爱才是自己内在的永恒追求。

只有放下一切冲突、仇恨、责难、不洁、自负和自我主义，转而将博爱付诸思行，人才能清醒地同爱结盟。每当人给愤怒、急躁、贪婪、自负、虚伪或私心让步时，他就背叛了真理，就将自己锁在了爱之大门的外面。

沉溺自我是一切苦难、悲伤、不安的来源；只有那些努力让自己从罪恶之人变为纯洁之身，通过道德且高尚的方式成功摆脱自我羁绊的人，才能变得理智、温柔，才能变得心境平和、心怀爱意、纯洁无瑕；也只有如此，才能真正明白真理的精要。

这项光荣成就是一项进步的王冠，是人生在世最崇高的目标。

自我的羁绊是一切矛盾和苦难的根源，

博爱的精神是一切安宁和幸福的源泉。

在内心找到平静的人，不会再向外物寻求幸福。因为他们明白，外物只能短暂地停驻于你身边，当它的任务完成后，终会离你而去。所以，他们从来都把这些东西——金钱、华裳、美食等，当作生活的装饰物。因此，他们能从焦虑和烦忧中解脱出来，拥抱爱意，并成为幸福的化身。立足于纯洁、热情、理智和博爱这些不朽原则之上的人，都拥有不朽的精神，他们同时也清醒地了解自己定会不朽；看到事物的本质后，他们不会再有所责难。

所有人在本质上都是神圣的，只是不知自身的神性灵魂。

一切所谓的罪恶行为都孕育于无知中。

生活在真理之国的人，他们的生活平静，却不是安逸而懒散的。他们已经训练自己克服了烦恼、悲伤和恐惧。他们以一丝不苟的精神，勉力履行着自己的职责，不过多地顾虑自我得失，而是通过一切可能的方法，积蓄一切力量和才干，全力为在他人心中以及周遭环境里创建正义的国度而努力。先靠身教，后靠言传，这就是他们的方式。他们不再悲伤，而是怀有永恒的喜悦。因为他们虽然也看到了世间的苦难，但更多的是看向最终的幸福和正义这个永恒的庇佑所。

欢迎一切为了追求真理而准备就绪之人。

天堂并不是对死后虚无缥缈的幻想，
而是真实存在于内心的东西。

救赎之道，便是随时随地从罪恶和恶果中救赎自我。这个过程需要人们彻底摆脱罪恶，如此才能在心间构建自己的天堂，让人的内在灵魂拥有完备的知识、完美的幸福和平静。

人想要浴火重生，岂有不抛弃旧我的道理？一个人如果只是采纳了一些新的理论或戒律，依然保留旧有的性情、观念，并且虚荣和自私，却公然宣称自己已经"建立了一个新我"，那这个新我的形象将比旧我更加糟糕。

幸福是由爱统御的国度，是平静常年驻守的净土。

一个真诚、虔诚、谦逊的人，终会拥有广阔崇高的视野。

真正的好消息，是他们的生命拥有各种可能性——一切皆有可能。这些话，实际上是专门说给那些被罪恶困扰的人听的。"从榻上觉醒，迈步向前"，这是告诉他们，不要继续做蒙昧、无知、心怀恶意的人，而是要奋起拼搏，直到获得良善。在奋斗的过程中，人们不仅要依照完美法则行事，还要遵照自己内心的召唤，以心中的真理作指导。"启迪众人的光明已降临人世间。"只要追随着这道光亮，就一定能找到真理的方向。

努力去追寻完美的良善吧。

正义的国度里拥有信任、完备的知识，以及完美的平静。

纯真的孩子有着众人皆晓的生活方式，他们在一切兴衰荣辱中实践着一系列良善的精神，包括爱、喜悦、平静、忍耐、友善、忠诚、温顺、谦虚和自我约束。他们彻底从愤怒、恐惧、怀疑、嫉妒、任性、急躁和悲伤中解脱了出来。生活在代表正义的国度，他们展现出与世俗之人相反的高风亮节，然而，却往往被世俗之人当作愚钝之徒。他们不奢求权利，不为自己辩解，不去打击报复，反而以德报怨；他们对反对和攻击自己的人一视同仁，照样温柔相待；他们不评判他人，也不责难任何个人或组织；他们与世间万物和谐共处。

正义的国度存在于每个人的心中。

在日日勤勉的努力中找到真正的自我。

正义的庙宇已然筑起，它的四壁就是正义的四项原则——纯洁、理智、热情和爱；平静是它的地基，坚定是它的地面，义务是它的大门；庙宇的内部弥漫着奋进的氛围，流淌着快乐的音乐。这座庙宇不会坍塌，它将永远屹立不倒，常驻其间的人再也不用去寻找其他庇护所，更不用为未来担忧。在心中建起自己的幸福标准后，你不用再去考虑获取生活的非必需物质，因为当你抵达高尚之境后，这些事物会紧随而至；与此同时，富饶的世间会满足你在精神上和物质上的一切需求。

你需为此付出代价——无条件地舍弃小我。

只有在当下努力，一切才皆有可能。

当下即是现实，而现实里包含着时间。但当下又比时间重要，它包容了更深的含义，是一种时时存在的现实。当下与过去和未来都无关，它永远是眼下最真实、最本质的现实。每一分，每一日，每一年，即使能畅通无阻地随时回顾，也依然如梦般虚幻，只存在于残缺、缥缈的记忆画面中。

过去和未来皆为虚幻，只有当下才是现实。一切事情都发生在当下，当下孕育着一切力量、行动和可能性。若此时此刻不去行动，不去完成理想，那便永无成功之日。只在脑海中构想你可能的成就，只在梦中制订你的下一步计划，这是愚蠢之举。你应当停止悲叹，坚定志向，现在就开始为目标奋进，这才是明智之举。

立志之人力不可挡。

不要涉足歧路，以免内心被黑暗的念头迷惑。

立志之人虽力不可挡，但若不明白这个道理，他可能会说："我将变得完美，就在明年，或者很多年以后，又或者许多世以后。"然而，那些生活在当下的子民却会说："我现在就是完美的。"于是，他们从此刻起就抑制一切罪恶的念头，守卫头脑的方方面面不受侵害；他们不耽于往事，也不过分期待未来；他们不会分心去左顾右盼，而是保持平静的状态。

对你自己说："如今我拥有了理想生活，如今我已成为理想中的自己，所有引诱我偏离理想道路的话语我不应理睬，我只听从自己内心的声音。"有了这样的决心和行动，你就不会脱离高尚之道，你的生活将会更加美好和光明。

现在来展现你内心的勇气和力量吧。

要坚定果敢，目标专一，每日巩固你的决心。

在诱惑面前，千万不能偏离正确的轨道。不要过度兴奋。当过分的激情燃起时，要及时浇灭它。当大脑开始神游时，要把注意力转向高尚之事。不要以为"我能从老师那儿或书本上习得真理"，你只能通过实践掌握真理。老师和书本只能给予你指导；当然，你也要适时听从这些教诲，但是，只有那些诚心诚意遵从法则、领悟教义，通过实践来自学的人，才会最终看到启迪之光。真理是努力习得的。不要受制于玄幻的异象，不要幻想求助于与神灵或死者的交流；你应当通过实践真理，成为高尚、睿智的人，掌握法则的精要。信任老师，信任法则，信任正义之道。

放下一切犹疑，心怀绝对的信念，去实践智慧。

无须任何夸张的言语，讲出真理就足够了。

言辞必须诚实、恳切。不要用言语、眼神或动作去欺骗他人。若有人像一条狡诈的毒蛇，制造谣言诽谤你，你应该尽量远离是非之地，以免陷入他的圈套。那些总是批判他人过错的人，无法获得内心的平静。让这些流言蜚语自生自灭吧。不要谈论他人的私事，或争辩社会议题，抑或对公众人物评头论足。不要在被他人攻讦时反唇相讥，应该保持自身清白的言行，让他人的诽谤不攻自破。对那些还未走上正轨的人也不要横加指责，而应带着怜悯之心，走好自己的正义之道。用真理之水浇灭怒火之焰。要以谦逊的口吻言语，不要用粗俗、轻佻、讥讽的语气说话，也不要参与到这类谈话中。一个纯洁、智慧的人，应给人以庄严、敬畏的印象。

不需谈论真理，只需实践它。

学会节制、冷静和掌控自我。

你要不计回报，以饱满的信念履行你的职责。不要让自己因玩乐而失职。不要侵入他人的职责范围。对任何事情都要公正不阿。在最严苛的考验下，你的幸福和生活可能都会遭遇挫折，但万万不得偏离正轨。刚正不阿的人战无不胜。他不会惊慌失措，或陷入困惑的迷宫中无法自拔。倘若有人谩骂你、指控你，恶意散播你的谣言，你只需保持沉默和克制；你应明白，只要你不去回应他们，他们就无法伤害到你。因为，在你予以回应的同时，你的心态也进入了同样糟糕的状态。你还要尽力以怜悯之心对待这些人，因为他们的行为不光伤人，而且害己。

纯洁之人不会去想"我被他人伤害了"，

因为他们明白，唯一的敌人只有自己。

保持乐善好施，
直到你的生活充溢爱和仁慈。

不要听取消极的言论。要抑制愤怒的情绪，战胜仇恨的念头。对一切人和事，都要坚定地待以同样的善良和仁慈。即使是在最严苛的考验下，你也不要心怀愤恨、口吐怨言，而应以冷静面对怒火，以耐心面对嘲弄，以爱来面对仇恨。不要诋毁其他人的老师、信仰或其他流派的思想。不要区别对待富人和贫人、雇主和雇工、统治阶级和被统治阶级，应以平等的态度对待所有人，理解他们各自的职责和义务。不断调控自己的头脑，抵制悲伤和怨愤的侵袭，奋力成为坚定的良善履行者，这样才能激发你善意的精神。

保持善良、活力和坚定。

坚持公正的想法，保持聪敏的目光和清醒的认识。

认清一切事物存在的理由。尽量全面地接触各种事物，要有认识、理解它们的好奇心。思想要有逻辑，言行要保持一致。探索自己头脑里的想法，进而去简化它，移除错误的内容。在不断探索和审视中，学会自省。不要愚信，不要听信传闻并产生猜疑，要坚定地相信自己的学识。那些通过实践获取真知的人，即使地位低下，也敢于说真话。要掌握明辨是非的能力。学会分辨善恶，感悟生活的真谛，理解事物之间的因果关系。唤醒沉睡的头脑，去发现自己的内在思想和外部物质间的因果关系。这样一来你才会发现，感官享乐和耽于罪恶之道都是毫无价值的，而高尚的道德和无瑕的思想是多么荣耀且令人欣喜。

真理是条理清晰的，绝无混乱的状态。

训练你的头脑，使它明了事物间的因果规律

——一条永世可靠的公正之道。

然后，你便可用眼睛——并非那肉体的双眸，而是那独一无二的纯洁的真理之眼——见到真理。进而，你会思考一些本质问题。作为一种高等的生物，你已获取了无数经验，但到底怎样才能不间断地奋斗，才能由卑微步入高尚，由高尚到达至高无上的境界——思想和行为是如何影响着那变幻不定的大脑——你的行为是如何决定了你的人格和人生？

你一边思考着上述问题，一边明了自己的本性以及他人的本性，于是你将常怀怜悯之心。你将理解伟大法则，不再仅仅是抽象地了解它的概貌，而是将其运用在个人生活中。这样你就能摆脱小我的束缚。你的私心会像密云散去一般消失，真理将是你心头唯一的存在。

你的心中将不再有仇恨、私欲和悲伤。

要心怀高尚的思想自立自强，

不要将自立的根基建立在私心之上。

愚蠢还是睿智、懦弱还是坚强，取决于每个人的内在。它们并不由外物影响，也受外因激发。一个人不会因为他人而变得坚强，只会为了自己坚强起来；不会因为他人而征服困境，只会为了自己而克服困难。你可以从他人身上学习，但最终的成就还得靠自己努力获取。不要依靠任何外力，只需要去相信内心的真理。

当诱惑接近你时，默诵真理的教条无法帮助你抵制诱惑，只有内心已有的知识才能击退诱惑的攻击。善于思辨的思想家证实，一切灾难中都有罪恶之源；那么，一个人就需要利用内在的智慧发现这个源头，进而结束自己的悲伤。可靠的智慧需要通过不断的思考和实践来获取；协调自己的头脑和心灵，使其与所有美丽、可爱和真实的事物和谐统一。

良善是一切修行的目的。

6月

心静了，
世界就静了

　　一颗来自海洋的水滴，即使再渺小，也包含着海洋的全部特质；同样，一个承接天地间的无限本质的人，内心也有着无限的气魄。

自我牺牲是在爱与怜悯的精神激励下发生的，
并非哪条自然法则的要求。

即使一个人意识到，在统御世间的精神法则下，人们终会获得正义的结果，他也不会因此就低估爱的力量；相反，因为明了众人的苦难和错误都是源于无知之后，他会更加坚定地信赖爱的精神，在爱的播撒中传递知识。

"适度的约束"常常比贫困更难以忍受，但却能带给人亦喜亦忧的收获。这正符合正义法则的规律，它对富人和贫人同样适用。因为有些富人自私且蛮横，或是滥用财富，因此他们必须为自己的行为付出代价。而这条法则同样能告诉那些遭受苦难和压迫的人，只要播下纯洁、博爱、平静和良善的种子，就会很快收获善的结果，这样便能救助自己脱离当下的苦海。

对自我的探索可能会引发痛苦，
人需要直面并最终跨越这道关卡。

幸福或悲痛，
都是由自己的双手创造的。

不同的态度决定了不同的行为，不同的行为又会带来或喜或忧的不同结果。遵循这条规律，人若想改变结果，必先改变驱动行为的思想。想由悲苦进入幸福之境，必须改变固有的态度和行为习惯，因为它们是带来悲苦的原因；如此一来，善果便会出现在你的头脑和生活中。若将自私作为出发点来思考和行动，一个人便无法快乐；若将无私作为出发点，他就没有理由不快乐。种下什么种子，便收获什么果实。人左右不了结果，但却可以改变开端。他能深化自己的本性，重塑自己的品性。在与自我斗争的过程中，人会获得强大的力量；在蜕变的过程中，人会收获极大的喜乐。

> 每个人都被自己的思想限制着。

6月3日

> 一个人是活得卑微还是高尚，
> 完全取决于他的思想层次。

想象有这么一个猜忌心重、嫉妒心强、贪得无厌的人，对他来说，万事万物都是那么渺小、卑贱和阴郁。心中不存在庄严宏大的气魄，自然也不会在外界找到壮美的景色；内心卑贱，自然无法见识到他人的高尚；自私自利，自然认为他人的高尚之举里只存在卑贱低俗的动机。

再想象一下，有这么一个从不猜忌、慷慨大方、宽宏大量的人，他的世界会是多么美妙。他将别人全视为真诚的人，别人自然也会对他以诚相待。在他的身边，即使是最卑贱的人，也会暂时摆脱自己的本性向他靠拢；努力提升自己向他靠近，期望过上无限高尚和快乐的人生。

> 抑制自己那灰暗、可憎的隐秘念头，珍惜那些光明、美妙的想法。

6月4日

> 即使两个近如邻里的人，
> 若一个思想狭隘，一个心胸宽广，
> 那他们的生活也像是两个世界。

进入幸福之地的权利不是靠暴力来夺取的，只有遵守良善准则的人，才能拿到通行证。恶棍总是混迹于恶贯满盈的世界，而善良的人则选择与同道之人沐浴在歌声中。每个人都像是一面镜子，事物投射到镜中的景象会因人而异。人们看到的世间众生和万事万物，都是自己思想的倒影。

　　每个人都受到思想的限制，只能看到自己思想所禁锢的范围以内的事物，对他来说，那个范围以外的事物没有任何意义。他只知道自己认知范围内的事物。这个认知的范围越小，他就愈发以为圈外别无他物。狭隘的心灵容不下太宏大的思想，因此，这样的人无法理解比他更伟大的头脑。

<blockquote>
人就如学童一样，因为认知的限制，
只能学习力所能及的课程。
</blockquote>

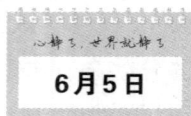

心静了，世界就静了

6月5日

<blockquote>
一半物质、一半思想，构成了整个世界。
</blockquote>

　　头脑指挥行动，伟大拥抱卑微。在你的思想里，有些想法处于主导地位，它们会协调你对细节的思考。任何事情的起因都孕育在头脑中。每一个事件亦是由思想的溪流汇聚而成。生存环境取决于思想、外界条件和他人行为的综合作用。人是环境的产物，他不能完全脱离周边的人而独立存在。一个人不能因自己一时的想法，妄图改变外物来适应自己；不过，一旦他们放下妄念，改变自己对外物的态度，他们就能以一个全新的视角看待外界万物。人无法改变他人对待自己的方式，却能改变自己对待他人的方式。

<blockquote>
思想在前，行动在后。
改变你的思想，则结果也会获得相应的改变。
</blockquote>

人类最理想的行为模式，是对自身职责的完美履行。

束缚还是自由，都是你内心选择的结果。他人对你的伤害，都是你自身行为带来的相应结果，也反映了你的心理状态。他人不过是不会动的乐器，你才是那个演奏者，奏出的乐章是喜是悲完全取决于你自己。命运是一系列行为孕育出的成熟果实。生命的果实有甜有苦，每个人收获哪种果实，都由公正的法则决定。

正义之人是自由的。没有人可以伤害到他，没有人可以击垮他，没有人可以盗走他的平静。正义之人对他人态度宽容，能谅解他人伤人的言行，因为他对他们有着深刻的了解。他人若妄图伤害他，最后伤害总会落回自己身上，而正义之人却毫发无损。他的善良之行是一眼清泉，源源不断地给世界带来幸福，也是他自身力量的源头。良善如一株大树，平静是它的根基，快乐是它的花蕾。

外界的事物和他人的行为无法伤害到你。

成功路上，自己才是最关键的因素。

人们以为，若是没有金钱、时间、地位、家庭条件等环境因素的阻碍，自己一定可以建立伟业。事实上，人并非被这些事物阻碍。虽然事实是因为他缺乏某些内在的力量，但在他的脑海里，一切失败都被归因于环境；这是因为，他不愿意承认自己本性中的弱点。真正阻碍他的，是他缺乏一个正确的态度。当他把不如愿的环境当作一种激励，当他发现所谓的挫折是成功路途上必经的台阶时，他就会从无中生有，想办法满足自己的基本需求，将阻碍转化为帮助他获得成功的推动力。

那些抱怨环境的人，还未成长为一个真正的人。

6月8日

什么都阻止不了我们完成人生志向的脚步。

人类力量的核心，在于辨别和选择。虽然人类没有制定宇宙的法则，但无论愿不愿意，他们都是这些规则的核心所在。人虽无能力制定它们，却会渐渐发现和了解这些法则。无视法则任意妄为，便是人在世间生活痛苦的缘由。公然违抗这些法则是愚蠢、作茧自缚的行为。那谁才能获得更多的自由呢？是违逆法律的小偷，还是守法的诚实公民？是认为自己能够随心所欲的蠢蛋，还是永不偏离正义之道的智者？

从本质上来说，人是一种依赖于习惯生活的生物，这一点不易改变。人改不了这一规律，却可以改变习惯。人更改不了自然的法则，却能调试自己的本性，使其符合自然法则。

那些习惯于践行良善思行的人，
皆为良善之人。

6月9日

遵循高尚的教诲，
能成为普通人中的佼佼者。

人们不断重复着同样的思考方式、行为模式和经验教训，然后才能渐渐融入人类社会，渐渐形成自己的人性。人格的演化重在精神积累。将同样的思行重复上百万次，才造就了今日里固定的人格。但是，这种人格也并非最终结果，人格是处于不断变化中的。一个人的人格如何，取决于自己的选择。他所选择的思想和行为，会逐渐成为他的习惯性倾向。

因此，各种思行的逐渐积累，便塑造了人格。人们自然而然表现出来的人格特征，是同样的思行在重复多次后烙下的印记，是由心而生的；因为无意识地重复便形成了习惯，最终成了人们自然流露出的品质；久而久之，这些习惯便彻底成为固有人格，叫人无法轻易改变。

习惯是一种重复的思行。

固有的习惯造就了个人的能力。

6月10日

人们通过思想来约束自己。

人类确实是精神力量的产物——更准确地说，人就是由那些力量构成的——并且这些力量并未被约束，所以，人可以利用各种各样的新方式来施展自己的力量。简单来说，他可以重塑自己的习惯。虽然人人生来都带着继承于先祖的性格，在进化长河中经过自然选择的作用而缓慢形成的特定本性等，但人们可以通过后天的努力，在相当大的程度上对自己的性格进行重塑。

无论一个人在坏习惯或坏性格的残暴蹂躏中多么无助，只要他还保持着清醒的头脑，他就可以帮助自己告别这些残暴的思行，从而释放自我。

心态的改变可以带来品性、习惯、生活的改变。

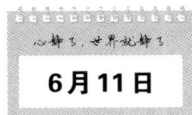

6月11日

行为是思想的外在表现。

如果一个人的身体正在经受痛苦的折磨，他可以通过冥思高尚、和谐的思想，来缓解身体的疼痛；诚然，当身体遭受痛苦时，人们更容易受到外界纷扰的影响，心态可能会变得更糟。但是，正如一个刚刚踏上正义之道的人，在大多数情况下，他无法立即获得完美的平静，他必须经过一段痛苦的调试期，因此，多数时候人们身体上的痛苦，也是无法立即痊愈的。身体与精神一样，需要时间去调试，即使无法立即完全恢复，但状况一定会有所好转。

内心的和谐，或者说精神的健全，
可以帮助身体保持健康。

6月12日

敞开怀抱去理解无限的含义。

幻想世俗的欢愉是一种真实且令人满意的感受，是一种徒劳的行为，因为随之而来的痛苦和悲伤会不断地提醒人们，世俗的欢愉在本质上是虚妄的、无法令人真正满意的。虽然人们努力去相信，自己可以在物质上求得完全的满足，但事实上，他内心的理智一直抗拒这条信念。这是同人类抗拒死亡类似的一种源自本能的抗拒心，它也是一份不朽的明证，说明只有在精神的神圣、不朽和无限之中，才能求得恒久的满足和平静。

人类在本质和精神上是神圣的，我们因为沉浸在世俗的纷扰中迷失的本性，必须经过努力修行才能重新了解自己的本性。

信念的共同基础，一切信仰的根基和源泉，
即一颗饱含爱意的心灵。

6月13日

一颗不朽的心灵总是处于平和的状态。

人的精神世界是无限的，有无限意义的事物才可以让人的精神得到满足；只要一个人还游荡在渴求物质享乐的梦幻之中，苦难的重负就会继续压在心头，悲伤的阴影就会一直笼罩在头顶；只有在他回归内心的本真后，这一切烦忧才会散去。

一颗来自海洋的水滴，即使再渺小，也包含着海洋的全部特质；同样，一个承接天地间的无限本质的人，内心也有无限的气魄。水滴经过大自然的循环，最终会回到海洋，将自己完全融入深邃、寂静的大海；因此，人们也会遵循着自然天性，最终复归本源，将自己融入无限之中。

成为拥抱无限的一员，是生而为人的目的。

遵循着永恒法则——

智慧、爱、平静

——人就可迈入完美、和谐之境。

这种境界对仅注重名利的人来说，一定十分难以理解。乖戾、孤僻、自私，这些性格都有着同样的起源，都站在睿智和良善的对立面上。当人不再屈从于乖戾、孤僻、自私等性格的奴役时，他便能重新找回人性的本真。

在世故、自私的人们看来，压制这类性格，是对自身最暴虐的残害，会造成无法挽回的损失；但事实上，这种压制是一种高尚之举，会带来至高无上的幸福，它是一个人唯一真实且恒久的收获。还未洞察到人类心灵的内在法则、自然的规律和人类终极命运的人，依然固执地抓住那短暂的、毫无精神价值的外物不放，他们的灵魂最终会随着时间的流逝，在自我幻梦的残骸中枯萎。

爱是普世的、至高无上的，能满足每一个人的需求。

这就是无私之爱的内涵。

当人的心灵被自私的乌云笼罩，他便失去了辨别力，
他会将速朽的俗物与永恒之物混淆。

人们依赖、取悦自己的肉体，就好像它能永远存在；人们试着去忘记肉体终将腐朽。对死亡的恐惧和对失去心爱之物的担忧，让人们无法尽情快乐；而他们的私心又像冷酷的幽灵，隐藏在阴影中，尾随着人们前进的脚步。

随着不断地汲取俗世的奢华享乐，人们内在的灵性会遭受荼毒，从而下潜到灵魂和感官意识（属于终会腐朽的肉体）的更深处；此时，若有那足以颠倒黑白的口才，它定能让人们相信肉体的享乐才是生活的正道。

世间易损毁的事物不可能永远存在；
真正的永恒之物是不会消失的。

人无法让肉体永生。

自然界处于不断的变化中，自然界中所有的生物、生命都是短暂的，都会死去。只有万物通用的自然法则不变。自然界的生物林林总总，不同的生物天差地别。但自然法则只有一条，它的特点就在于和谐统一。征服内在的感官欲望和自私的念头，本身也是对自然本性的征服，在这个过程里，人们突破了自我和虚幻编织的茧，化蝶而出，在无私荣光的照耀下，进入真理的国度。在那里，将没有终会速朽的脆弱之物。

人们应多多练习自我否定，战胜自己的原始欲望，决不能屈从于奢华的享乐；要多多实践美德，让自己的心灵日益高尚起来。

人应该追求精神的永续。

忘记小我，博爱众人，

这才是诚心服务世人的唯一方式。

那些不断与私心做斗争，愿以博爱之心替代私欲的人，都可以被看作圣贤。这无关他是居于茅屋，还是名利两全；也无关他在向人宣教，还是独善其身。

对弟子们来说，圣人也是他们类似的榜样，因为圣人有着庄严肃穆的坐姿，能够征服罪恶和悲伤，不受懊悔和遗憾折磨，不被诱惑和邪念近身；但即使是圣人，他们也会被更圣洁崇高的境界吸引，被无私行为里展露出的学识、涵养吸引，被沉浸在悲痛中依然怀有坚定信念的精神所吸引。

只有无私的行为具有持久的生命力。

虽然背负着卑微的职责，但若能在履行过程中，

不存私心、甘于自我牺牲，

那就是真正服务了他人，完成了一份意义隽永的工作。

世人都有机会习得一门伟大的课程——关于绝对无私的课程。各个时代的圣贤，都自愿学习这项课程；他们成功习得，并以此为处世之道。世间的一切经典，都旨在教导人们这个道理，多数老师也在反复重申这一课题。

寻求正义，即是寻求真理和平静的道路。那些已走上这条道路的探索者会很快发现，不朽是独立于生死之外的存在，而且在实现与宇宙和谐共生的神圣之道的过程中，即使最微小的努力也会有所回报。

获得纯洁心灵是信仰的最终目标。

外面的世界充满骚乱、变化和动荡，
但万事万物在本质上却是平静的；
在这深沉的平静里，蕴含着永恒的深意。

最暴虐的风暴也无法抵达大洋的最深处，同样，最深重的罪恶和悲伤也无法驻扎在心灵寂静的最深处。人们应达到并持久保持内心的平静。

外面的世界里充满了各种冲突，但和谐的主题依然存在于宇宙的核心处，并且坚不可摧。人们总是盲目地去寻求纯粹和谐的状态，期望达到并持久保持内心的平静。请暂且搁下这些永恒之物、感官的享乐、智慧的辩论、外界的刺激和喧嚣，将你自己沉入心灵最深的地方；在那里，私欲无法入侵，你将获得恒久的平静，获得至高的幸福；你的真理之眼将会开启，你会看到万物的本来面貌。

要有孩童般天真、纯洁的心。

仇恨会割裂人群，积蓄烦忧，
将世界带入残暴战争的深渊。

当世界不再和平时，人们张口疾呼："要和平！要和平！"但在和平时，周遭又会充斥着冲突和焦虑。人若不了解无私的智慧，对他来说，哪里都不会有真正长久的平静。

有些平静是来自人们短暂的舒适感、满足感或世俗的成功，但它们在本质上都不会长久，一旦碰上激愤的俗事，人们马上就会受影响。只有内心真正的平静才会恒久永存，能经受住一切俗事的考验，而只有一颗无私的心灵，才能明了这种平静的真谛。

自我控制可以引人踏上寻求平静的道路，而越来越璀璨的智慧之光可以点亮求索者脚下通往平静的大道。虽然踏上这条道路，就意味着自我提升已然开始；但只有当你彻底抛弃小我，获得无瑕的纯洁生命时，这趟求索之旅才真正结束。

这种内在的平静，
这种心灵的沉默与和谐，
这种无私的博爱，
就是人最高的精神追求。

心静了，世界就静了

6月21日

攫住不灭的光亮吧！

亲爱的朋友们啊！如果你想获得无尽的喜乐，希望内心的平静不被外物打搅；如果你期望永远摆脱罪恶、悲伤、焦躁和困惑；如果，诚如我所说，你愿意自我救赎，让人生获得无上荣光，那么就请先征服自己。让你的每一缕思索、每一次冲动、每一份欲望，都完美地响应内心神性力量的召唤。除此以外，没有其他通往平静之境的方法。若你拒绝踏上这趟征程，即使你祈祷得再多，再如何遵礼守序，也都只是枉然。对你来说，征服自我就像给了自己一块新生白石，上面刻有你全新的美妙名字。

勇于追寻真实、不朽的自我。

经过对美德漫长的追求和实践，
人方能掌握精神原则的真谛。

在进学之初，教师从不会试着教授学童抽象的数学知识；因为他们知道，教授这些知识是白费力气，只会导致失败。在初学阶段，教师会告诉学生简单的公式，并清晰地讲解，然后留待学生自行练习。在经过许多次失败和重新尝试后，学生们终会成功掌握要诀，继而会有更高的山峰等待他们攀登，更多的难题等待他们解答。经过多年的勤奋练习，他们能够掌握所有的运算法则，这以后，教师才会向学生们揭示更复杂的数学规则。

因此，实践应先于理解。这个道理绝无差错，
它适用于世俗之事，适用于与精神相关的事物，也适用于高尚的生活。

只有通过时时刻刻的德育修行，
人们才可获得真理。

在家教严明的家庭里，小孩学到的第一课就是顺从，并且要在任何场合中举止得体。当然，没有人告诉小孩为什么要这么做，他们只是被要求如此行为；只有等到孩子的礼貌言行已经习惯成自然后，才是告诉他们其中原因的合适时机。在教导孩子孝悌之义和社交美德之前，不会有父亲尝试向孩子解释艰深的伦理学道理。

道德只能透过实践去理解，而真理只有在实践美德的自我净化过程中，才能真正被领悟。获得美德的同时，也就领悟了真理。

不要畏惧失败，挫折使人更坚忍。

学习美德的真谛，你的学识会扩大，力量会增强，

你将摆脱无知与恶念。

有爱的地方，就有美好；良善充溢的地方，也是美好的留居之所。

一个日日与自我和私心抗争的人，会让真理与纯洁进入自己的头脑，也会因此找到心灵深处的平静。

那些征服了自我的人，他的生活将充满无穷的力量；远离纷争，远离仇恨和怒气、贪婪和自负，以及违背良善之道的肉体享乐：他将安享全然的平静，体验快乐的心境；作为一个征服罪恶之念的人，他也将远离痛苦和悲伤。

纯洁的心灵将拥有永久的护佑：行在良善之道的人会发现这样一种人生。

心灵纯洁后，人生也将丰富多彩、甜美快乐、美不胜收，

再也不受纷争的搅扰。

激励自己的头脑保持警觉，惯于思考。

在初始阶段，头脑首先要摆脱懒散的习性。这是最容易的一步，也是后继步骤可以实现的必要基础。若不及时纠正懒散的缺点，它会在你与真理之间筑起一道屏障。懒散的表现，包括一个人给予自己的身体过多的舒适和休息，在工作的时候喜欢拖沓，对那些需要及时处理的事务采取逃避、忽视的态度。克服懒散的方式包括早起，保持适宜的睡眠时间，积极敏捷地做好分内的每一件工作，完成每一项大大小小的职责。

对色与味的贪婪，必须从心中剔除。

毫无条理的头脑不会有所成就。

成功的根本，取决于一种微妙的精神原则。这条原则源于个人的某种品性里，或是来自各种品性的结合；它不是某种特定环境的产物，也不是一系列特定环境影响的结果。诚然，有时候环境会带来一定程度上的成功，但如果头脑没有参悟和利用机会的能力，那环境再好也是枉然。

每一项成功的基础，都在于对精力的正确管理和运用。对每个计划都要深思熟虑。成功就如同一朵鲜花的绽放，它可能出现得很突然，但却是之前在各种准备的基础上长期孕育的结果。人们只看到了他人的成功，而成功之前的心路历程和奋斗经过却少人问津。

不去努力奋斗，人将一事无成。

想要获得更高层次的成功，
人需摆脱急切、毛躁和暴怒的毛病。

坚定地在一条道路上探索，你一定会在道路尽头抵达你所希冀的目的地。然而，常常走上岔路，或是犹疑往返，你之前的努力就会白费；你无法抵达终点；成功也离你依然遥远。

努力，努力，再努力，这是开启成功的钥匙。就像那句老话说的："如果这次没成功，那就再尝试一次。"

成功的要诀就是去做；这是所有明智的老师教导给你的要诀，也是如何行事的要诀。停下努力的脚步，就等于放弃了生命赋予你的一切珍宝。行动就是一种努力，就是对生命的好好利用。

将外显而易于动摇的外在力量，

转化为深沉、坚定不移的精神力量，

你将会有源源不断、越发强健的力量。

相比聒噪、轻浮的人，

沉默、冷静的人会享有更加持久的成功。

若是一个人过去十分慌乱，之后气定神闲，现今泰然自若，这并不代表他变得麻木不仁了，他只是把松散、低效的力量全部积攒起来，在遇事的时候，能更有效率地发挥力量的作用。

在任何事的起步阶段，即便是最草率的努力也是有意义的，因为没有它们来迈出第一步，就不会有后继更高层次的努力。婴儿在学步之前，必须先学爬行；在能清晰表达之前，必须先牙牙学语；在能写作之前，必须先学会讲话。人最初都是脆弱无助的，但最终都会变得强劲有力；从脆弱到强劲，依靠的是他自己的努力，是一股向前跋涉的不屈力量。

成功的绝对因素在于一个人的品性。

那些惩戒我们的律法，事实上也在保护我们。

无知的人容易自毁，因为无知就像一把利刃，以自我保护的名义绕身翻飞，但很可能也会伤害到自己。每一次伤痛，都推动着我们向神圣的睿智迈进一步。我们享受的每一分幸福时光，都向我们揭示着伟大法则的完美之处，我们习得的有关自身神性的新知，都将带来无尽的幸福和平静。

我们通过学习来进步，而在某种程度上，我们的进步是建立在惨痛教训的基础之上。当心灵为爱所融化时，你会感受到爱的法则的全部美妙之处；于是你将获得睿智，平静也将离你不远。我们无法改变万物的规律，因为这些规律已然十分完美；但我们可以改变自己的认知，尽力去理解这些完美规律的精妙之处，让自己蒙其恩泽。

愚人至为荒谬的做法，是企图使完美的人堕落；

而智者最为明智的做法，是努力让自己由残缺之人升至完美之境。

深刻洞察宇宙的观察者，不会悲叹万物的运转规律。

善于观察宇宙规律的人，将整个宇宙看作一个整体，而不是将其割裂开来。那些伟大的导师拥有恒久的快乐和平静。盲目的人被不洁的欲望俘获，他可能这样悲叹：

"唉，爱啊！我要与你和宇宙同存，

以了悟广阔宇宙的全部规律；

还是依照我们的内心，

重塑这个世界的现实？"

这是贪图享乐之人的妄想，他渴望恣意享受堕落的情趣，而不去承担尾随而来的苦痛结果。这样的人，将整个宇宙看作"令人失望的阴谋"。他们希望宇宙臣服于自己的意愿和欲望；希望世间混沌堕落，而非秩序井然。然而，睿智之人却让自己的意愿和欲望符合自然的规则，他们将宇宙看作无尽万物共同演绎出的完美造物。

感知宇宙，

了解宇宙，就会获取幸福的奥秘。

7月

心静了，
世界就静了

　　美丽和幸福都发自内心，不是来自财富。你很贫穷吗？若是你被物质的贫穷击垮，那才叫真正的贫穷！

获得睿智是一切哲学的宗旨。

无论身处何种境遇的人，都有机会发现真理；但只有对手头有限的条件加以利用，才能变得坚强、睿智。柔弱的人期望回报，胆怯的人害怕惩罚，但请摆脱这些束缚，让自己快乐地致力于职责的忠实履行，忘却自我，忘却无意义的享乐，进而活出强健、纯洁、自我克制的生命；这样的人一定能获得不朽的智慧，得到耐性和力量。

"一个人不可能没有职责需要去履行，没有目标需要去达成。"美丽和幸福都发自内心，不是来自财富。你很贫穷吗？若是你被物质的贫穷击垮，那才叫真正的贫穷！你正遭遇灾难？你是否在灾难面前急躁不已？然而急躁无法帮你度过灾难。告诉你，如果你睿智地面对罪恶，它们都会遁逃而去。

你的眼泪能修复已然破碎的花瓶吗？

温和的品格中蕴含着势不可挡的威力。

用武力征服他人的人，是强壮的人；用温和的方式征服自己的人，是势不可挡的人。用武力战胜他人的人，将来也可能被别人用同样的方式征服，而用温和的方式战胜自己的人，绝不会被他人击垮。温和的人总会在争斗中胜出。

苏格拉底常常思考死亡，因此活得更为通透；而被施以石刑的史蒂芬，亲身验证了石头不足以击败自己。虚假的事物才会被摧毁，真实的东西具有不朽的意义。

当一个人发现了内在的真实，即那个恒定不变、持久不衰的真实的内心世界时，他就能成为一个温和的人。即使一切黑暗势力与他对抗，他也不会受到伤害，反而会彻底摆脱那些黑暗的力量。

温和是睿智的一种表现，也是其中最强大的力量。

一个征服了自我的人，将看清万物的本貌。

了解事物的因果关系所蕴含的道理，你将看透事实真相，也就揭开了一个接一个的幻象的面纱，最终了解人们内心最深处的想法。这样一个深刻理解自己生命的人，也会透彻了解其他种种人生，参悟人生的法则，知晓内在的真相；他不会因此为自己、为他人、为世界所烦忧，因为他会发现，世间万物都是推动伟大法则正常运作的发动机。

谦恭之人，会在常人诅咒的场合给予祝福；在常人陷入仇恨的场合心怀爱意；在常人表达谴责的场合表现宽容；在常人毫不让步的时候退后一步；在常人紧抓不放的时候松开拳头；在常人选择侵占不义之财的时候丝毫不取。一个人势头显得很强，但实则可能懦弱；而一个看起来温和的人，却可能拥有强劲的力量，势不可挡。"因此，当上天要拯救一个人时，会先用谦恭的毛毡将他包裹。"

不怀谦恭之心的人，无法寻得真理。

若一个人从没做过亏心事，怎么会感到害怕？

正义之人不可战胜。没有哪个敌人可以征服或打败他；除了他自己内心的正直和纯洁，他无须其他任何事物的护佑。正如邪恶不敌良善，正义之人也永远不会因为不公的人事而堕落。诽谤、嫉妒、仇视、怨愤，都无法靠近他，也不会带给他痛苦。那些尝试伤害他的人，只是在自取其辱。

正义之人无所隐遁，他的行为绝不遮遮掩掩，他的思想和欲望都可对人开诚布公，他无所畏惧、问心无愧。他的步履是坚定的，他的脊梁是笔直的，他的言语是直言不讳的。他能直视他人的双眼。一个从不蒙骗他人的人，怎么会在别人面前感到羞愧？

不做坏事，别人就不会误解你；

不去欺骗，他人也绝不会蒙骗你。

世界能持续运转，只因它由博爱掌控。

充满阳光、光明磊落的人们仿佛生活在天堂，在他们的眼中，宇宙的一切都符合一条法则——爱的法则。他们将爱看作一切事物里蕴含的一股塑造、维持、保护和美化的力量。对他们来说，心怀爱意不仅是生活的唯一法则，更是人生的真正律法，是生命本身。了解了这一点后，他们会摆脱自我的束缚，使自己的生活方式符合爱的法则。通过服从爱的法则，他们不自觉地成了爱的给予者；他们因为获得了主宰自身命运的力量，获得自由。

爱是完美的和谐，是纯粹的幸福，因此，它不会带来任何痛苦。若一个人的思想和行为都不违反爱的原则，那他就不会受到苦难的搅扰。

爱是维持世界运转的唯一力量。

了解爱的真谛后，人会发现，

世间没有哪种势力，是百害而无一利的。

人若想了解爱的精神，获得爱的恒久福佑，就必须常怀博爱之心，成为一个散播爱意的人。凡是行为必遵从爱之精神的人，绝不会被社会抛弃，也绝不会陷入窘境或困境里无法脱身，因为爱（无私的博爱）既是知识，又是一种力量。一个学会如何去爱的人，能克服一切困难，他会将每一次挫败都转化为成功的基石，他为每一个事件和境况披上华美幸福的外衣。

要实践博爱，先要克剐自我；在征服自我的过程中，一个人会习得很多知识。当他达到心怀博爱的境界时，他将获得精神的力量，并因此能够完全支配自己的身体和头脑。

> 完美的爱意会驱散恐惧。
> 完美的爱意代表着全无恶意。
> 一个消灭自己头脑中一切有害想法和欲望的人，
> 将受到宇宙的保护。

心静了，世界就静了

7月7日

> 自悟的过程就是寻得彻底自由的过程。

生活里没有束缚，只有彻底的自由。这便是自由世界里最大的荣光。但这至高无上的自由，只有通过服从真理来实现。人也能在真理的帮助下掌控自身的各种力量，处理好外界的各种状况。

有人可能会选择低劣的生活，忽视高尚生活的存在，但高尚绝对优于低劣，二者的区别在于自由的程度不同。一个人若选择高尚、摒弃低劣，就能成为一个征服者，获得彻底的自由。

人若是受控于欲望，便成了自我的奴隶，唯有征服自我才能获得自由。那些受困于自我的奴隶们，极爱身上的根根锁链，甚至不让任何一根断裂，因为他们害怕这样会使自己失去一切快乐。于是，他们便在自我面前彻底溃败，沦为自我的奴役。

> 开启了知识的大门之后，
> 你会望见一片供人自由驰骋的疆土。

当一个人摆脱自我的束缚后，
他才获得了真正的自由。

外界的所有压力，全都是内在压力的反映。很多年来，人们一直渴望内心的压力得到释放，但上千条法规也没能助其获得自由。因为只有自己才能给自己自由。若大家都去追求内心的自由，那世间就再也不会被压力的阴影笼罩。

人不应去压抑自己，这样他也不会去压迫自己的同胞。有些人渴望在外界找到自由，但又质疑获得自由的可能性，于是转而压抑自己的内心。如此一来，他们致力于在外界寻求自由，却忽视了内在才是关键所在。当一个人停下脚步，不再当激情、错误、无知的奴隶时，外界一切形式的束缚和压力都会消失。

自由是属于一切灵魂自由之人的！

真实、美丽、伟大的东西，都带有一点孩子气，
并且永远青春洋溢，岁月无侵。

伟大之人一定良善，他的思行全都简单直白。他啜饮良善的不竭甘泉，啊，不，他是生活在这泉水里；他生活在天堂般的地方。他与神明谈心，与仙人同住；他大受启迪，每一次呼吸都品尝着天堂的气息。

一个想成就伟大事业的人，要先让自己成为一个良善之人。无须刻意追求伟大，他会因此自然而然成为一个伟人。立志成为伟人，可能一无所获；无目的不强求，反而可能成就伟大。因为对建立宏业的极度渴望，本身就暗示了立志之人的狭隘、虚荣和贪婪。一个人若希望从众人的关注下隐遁，因自己的清心寡欲而沾沾自喜，那他离伟大就不远了。

做一个简单的自己、更好的自己、无私的自己，

然后，看，你变得伟大啦！

真正伟大的高尚的品质胜过一切形式的艺术。

坐而论道不如身体力行。你要记住一点——人类的心灵是善良的、纯洁的，你应该满怀爱意地活着。你应该爱万物，你的眼中，不存在罪恶；你的心，不相信罪恶。你虽少言寡语，但一举一动都充满力量，一言一语都是箴言警句。通过你纯洁的思想、无私的行为，你已经在潜移默化地影响世人，你的身体力行却会鼓舞一代又一代有追求的灵魂。

那些选择良善之道的人，牺牲了他的所有，但终会取得远大于"所有"的收获。真正伟大的高尚品质胜过一切形式的艺术。

高尚的品质是人类心灵的导师。

每一条自然法则，都有相近的精神原则与其对应。

思想是一颗种子，它卓落在头脑的土壤里，萌芽、生长、成熟，因本质的不同，绽开出或好或坏、或卓越或愚钝的花，下一代种子又被植入他人的头脑里开花结果。导师就是播种人，是他人精神家园里的农夫；而善于自学的人，是自己精神园地里的农户。精神种子的萌发跟植物种子的萌发类似。精神种子的播撒也要看准时机，然后经过时间的洗礼，方能生长出智慧之花。

从那些看得见的表象里，你可以推断出其中隐藏的真相。

> 即使为着良善的目的，也不要把精力一次性用光，
> 应该小心存蓄，待以后使用。

一名伟大的导师曾跟他的学生说："要保持绝对的清醒。"这句话精炼地阐述了一个道理，即若想有所成就，就需要拥有旺盛的精力。这不仅对推销员们适用，对追求真理者同样适用。

上面提到的导师还说过："若有必须执行的任务，务必立马完成；而且要精神昂扬地迎接挑战！"这条建议里蕴含的智慧，在于它关注到行动的创造性，洞察到正确的行动会带来个人的提高和进步。想获得更多的力量，就必须把我们已有的潜力发挥到极致。只有兴致勃勃完成手头工作的人，才会获得力量和自由。

> 在喧闹和仓促的行动中，太多的精力被白白浪费掉了。

> 以为喧嚣里藏着力量，这是多数人的错觉。

只有冷静中才蕴藏着伟大的力量。冷静代表着顽强不屈、训练有素、严以律己。冷静的人了解自己的职责，并确保自己能准确无误地履行。他们言语不多，习惯用行动表态。他们善于规划，工作认真，如同一台高效运转的机器。他们颇有远见，极有行动力。他们待敌人和困难如朋友，能够利用消极事件里的积极因素，因为他们已经学会"与敌人狭路相逢时，如何适宜地相处"。他们就像是睿智的将军，能够提前预料到一切突发情况。

确实，一个冷静的人是懂得未雨绸缪的人。通过思考和判断，他已经掌握了事件的发展态势，能准确捕捉到事件的关键点。他绝不会被一吓一乍，绝不会慌作一团；他会在整个过程中稳如泰山，安然无恙；他会永远坚守自己的立场。

> 响水不沸，沸水不响。

旺盛的精力是撑起人类繁荣的中流砥柱。

冷静与无精打采的区别，在于前者是精力高度集中的表现。冷静的背后，是意识的全神贯注。在烦乱和激动时，人的精力很容易分散；这时的意识是不可靠的，也是软弱无力的。一个易烦恼、易暴怒、易急躁的人很难成事，人们不愿意接近他，更不会被他吸引。

他不明白，为什么他的"和善"邻居可以成功，而他却只能遭遇失败，于是他去寻求他人成功的要诀。他的邻居，作为一个冷静之人，其实不仅和善，而且深思熟虑，工作起来兢兢业业，处理事务驾轻就熟，自我控制能力极强，精力充沛。这些才是他获得成功和声誉的原因。他严格掌控和运用自己的精力，而他人往往将精力分散使用，或是放肆地滥用。

没有充沛的精力，就不会有十足的能力。

挥霍无度的人永远不会变得富有，即使他生来富有，也会很快陷入贫穷。

想变得富有的贫寒之人必须从底层开始奋斗，并且不能通过卑劣的方式赚取财富或把自己伪装成富人的样子。社会底层有足够的奋斗空间，它是一个坚固的起点；因为在此之下不会有更差的境况了，而在它之上却潜藏着一切机会。

许多年轻的商人喜欢张扬和炫耀，他们愚蠢地以为这是成功者的表现，却因此很快陷入不幸；他们的行为只能欺骗自己，最终加速自毁。不论站在哪个起点，比起张扬和炫耀，谦恭、诚恳才是通往成功的更优途径。

勤俭节约才是通向财富的大道。

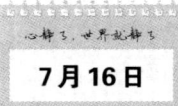

> 虚荣会导致生活奢华无度，这是一种恶习，
> 有道德的人需要谨慎避开这种倾向。

过度讲究衣着和饰品的穿戴，可能意味着此人粗俗、空虚。有教养的端庄之人都是谦逊的，个人品性与衣着也相得益彰；他会理智地花销，把金钱用在提升自己的内涵和品德上。对他们来说，学问的进步比无用而虚荣的华丽衣裳更为重要；文学、艺术和科学方面的修为，都可以通过学习获得提高。真正的雅致源自内在。一颗既有道德又具智慧的头脑，会增添个人的吸引力，但招摇的外表反而会使其逊色不少。

> 衣着跟其他方面一样，朴素为佳。

> 金钱花去可再还；健康逝去难再回；
> 时光流走则一去不复返。

利用清晨静心思考的人，均长于权衡、思索和预测，相较那些赖床不起，最后被饥饿唤醒的人来说，前者总能在自己求索的道路上施展卓越的才能，获得梦寐以求的成功。对希冀劳有所得的人来说，早餐前的这段时间是极具价值的。思考是促使头脑清醒冷静的方式，可以让人集中精力、恢复体力、提升效率。伟大而持久的成功，离不开利用好早晨八点之前的时光。一个早晨六点就开工的人，一定会——如果其他方面全无差别——比八点仍卧床的人进步更快。

> 每日的时间不会为任何人延长。

善用智慧是最高形式的技能。

做任何事情，即使是最细微的小事，都只有一条正确的方法，其他千万种方式都是错误的。行事的技巧就在于找到那条正确的方法，并始终恪守如一。效率低下的愚钝之人，只会在千万种错误的方法里奔忙，即使被指出明道所在，也不去运用。有些时候，他们坚持错误的方式，是出于无知，他们自认为自己的方式是最佳的，也因失去了学习的机会——他们唯一的才干不过是学会了擦窗户、拖地板等琐碎杂事。做事缺乏思考、效率低下的情况，在人群中实在是太常见了。因此，勤于思索、行事高效的人，极容易飞黄腾达。雇主们很清楚，找到优秀的员工是很困难的。优秀的员工，有的长于手艺，有的善于用脑，有的精于言辞，有的勤于思虑，无论哪种情况，他们都知道提高自身技能的方式。

自身技能在不断的思考和磨炼中得以提高。

真正的成功者不会给自己贴上引人注目的闪耀标签。

欺骗如泡沫一般易碎易逝，是虚假的东西，不会让人真正发达。骗子可能会在短时间内敛到财富，但因此得到的财产和成就也会迅速消逝。没有东西能够靠欺骗获得。欺骗换来的成功不过是一时强取豪夺的结果，很快便会让人付出沉重的代价。然而，欺骗行为不光是那些寡廉鲜耻的骗子的专利，所有希望不付出代价或付出极少代价获得大量财富的行为也是一种欺骗，甚至连他们自己都不知道自身行为的实质就是欺骗。那些不努力工作、急于靠阴谋诡计赚钱之流，就是在行欺诈之事。在本质上，他们与小偷和诈骗犯极为相似，他们受到这类人的影响，迟早也会失去自身的财富。

获得财富不仅要靠智慧的劳动，
还要遵从道德的约束。

正直总会留下自己的痕迹，
我们很容易就能从事物的结果中，判断是否有正直之人参与其中。

若想成为完全且坚定的正直之人，就必须具有拥抱全人类的胸襟，能够将正直之心融入生命的所有细节里。他必须绝对忠诚地信守正直之道，以此抵抗所有的诱惑，不为任何艰难困苦而弯腰妥协。一处妥协，则处处妥协；若是认为在压力之下，对一些似乎无关痛痒的事可以妥协，那他就是自毁了正直的盾牌，将自己暴露在罪恶的猛攻之下。

若雇主不在场，也能认真工作，如同雇主在场一般，此人便不会一直待在公司的底层。正直地对待本职工作，将这一精神贯穿工作始终，这样的人会很快跨入富人的行列。正直之人永远尊重事物的固有规律。

他就如同一棵参天大树，
根部有长流不竭的清泉滋润，
不为任何风暴所折腰。

无知之人幻想欺诈是通往财富的捷径。

诚实才是通往成功的最佳途径。耍欺诈手腕的人最终会在悲痛和苦难中懊悔不已；但诚实之人永远不用面临懊悔。虽然诚实的人偶尔会失败——他有些时候缺乏一些有力的支撑，比如：精力、金钱或是制度——但这样的失败绝没有不诚实的人面临的失败悲惨. 芏且诚实之人会因没有欺骗自己的同伴感到心安。即使在人生最灰暗的时期, 他也会因问心无愧而安枕无忧。

有些人认为不诚实只是小瑕疵, 污损不了自己的道德修养,
这其实是一种鼠目寸光的想法。

强大的人怀有宏大的目标,
宏大的目标引人迈向卓越的成就。

所向披靡的精神是一面光荣的保护盾, 但只有当一个人的正直之心达到绝对纯粹、无懈可击的程度, 他才有资格获得这面盾牌。决不要使用暴力, 即使是在最无关紧要的小事上也不要背离原则, 这样才能战胜讽刺、诽谤和歪曲事实的攻击。人格的任一方面若有缺陷, 此人就是脆弱的, 罪恶会像那根插在阿喀琉斯脚踵上的箭镞, 给予他致命的一击。

绝对纯粹的正直之心可以保护人们免受攻击和伤害, 赋予人们无畏的勇气和高度的镇定, 以应对一切反对和迫害。思想的力量和心灵的平静不是天赋、智慧和商业头脑可以给予的, 只有在受到启迪之后, 通过欣然接受和遵从崇高的道德原则, 人才可获得这两种力量。

道德力量是最强大的。

看一个人是否有同理心要看他是否有行动，
不要看他是否有激动的情绪表现。

不要把同理心与多愁善感弄混，后者就像是没有根基的漂亮花朵，不久就会枯萎，既留不下种子也留不下果实。当与朋友分离时，或是听闻好友在海外受苦，就陷入歇斯底里的哭号，这可算不上有同理心。

同样，在残酷的现实下，骤然而起的猛烈愤慨，也不是同理心。一个人若在家中表现残忍——找妻子麻烦、打骂孩子、虐待用人、讽刺中伤邻居——那他自己宣扬的，对与己无关的受苦民众的爱，会显得多么虚伪啊！他被周围世界不公正的事和铁石心肠的人，所激起的强烈愤慨，是多么浅薄的情绪啊！

同理心是一种深沉的、难以表述的温柔情感，
是忘却小我、品性温和的人所拥有的感情。

自私的人缺乏同理心；
同理心来源于内心的爱。

同理心带领我们走进每个人的内心，于是我们在精神上与众人相连。当他人受难时，我们也会感到痛苦；当他人开心时，我们与其同乐；当他人被鄙视、被迫害时，我们的心也跟着往下沉，仿佛是自己遭遇了羞辱和不幸。这种与众人在精神上休戚与共的人，绝不会变得愤世嫉俗，也不会责难他人；他不会轻率、残忍地评判自己的伙伴，因为在他温柔的内心里，别人的痛苦就是自己的痛苦。

但是，想要拥有这种成熟的同理心，一个人必须感受过很多爱，遭遇过很多痛，品尝过很多悲。只有这些深刻的经历，才能叫人将自负、轻率和自私赶出心底。

从本质意义上来看，
同理心就是能与众人患难与共。

温和之心，标志着人的精神已趋高尚。

人们应当小心提防贪欲、吝啬、妒忌、猜忌之心，因为一旦抱有这些想法，人生最宝贵的东西就会丧失，包括物质世界、个人品性和幸福生活里最宝贵的东西。

人们应当拥有自由的心灵、慷慨的双手，对人宽容、信任。不仅要愉快地赠予，贡献出自己的资产，而且要帮助亲友们自由释放他们的思想和行为。如此一来，荣耀、财富和成功会像朋友一样，主动来敲响你的大门。

温和的心态帮助你收获更多美好。

一个温和的人，其行为总是善解人意、友好亲切的，
无论他是何种出身，都会被众人喜爱。

一个人若训练自己养成温和的品性，就再也不会与人争吵。他不会用冷酷的言语反击；他要么不参与争辩，要么温和地回应，因为这样的反应比愤怒有力得多。

温和与智慧形影不离，睿智的人能够抑制自己的愤怒，也懂得如何平息他人的怒火。温和的人可免于干扰和骚动，而自制力差的人却无法幸免于此。当其他人因无意义的紧张耗尽了精力时，温和的人却始终沉静，这样的沉静是有力的武

器，可以用来赢得生命中的战斗。

争论只能触及问题的皮毛，同理心却能深入人心。

伪造之物毫无价值，这一点对古董和人同样适用。

活得真实，做自己而非模仿他人，不要道貌岸然、装腔作势、伪装掩饰，这才是做人最重要的几点。伪君子们以为自己可以蒙骗整个世界，不受世间永恒法则的约束。但其实他们只蒙骗了一个人，就是他们自己，永恒法则终会向他们索取公正的罚金。

有一种古老的理论说，极端的邪恶将自断其路。在我看来，伪装是人们自毁的最快途径。

心灵美好的人成了这样一种榜样：

他不仅是一个人，

更是一种现实、一股力量、一条成型的法则。

罪恶只是一种体验，绝非力量之源。

只有等到新的有关善良的体验出现，并掌控人的知觉后，原来有关罪恶的痛苦体验才会渐渐消散。那么，新的善良体验又是怎样的呢？它们丰富且美妙，包括：从罪孽中解脱后获得自由的快乐体验；不再感到懊悔；不在诱惑面前备受煎熬，在过去带来深切痛苦的情况下，感受到一种微妙的快乐；不被他人行为所伤；富有极大的耐心和具有温柔友好的性格；在任何情况下都能保持冷静；将自己从怀疑、恐惧、急躁中释放；不再陷入厌恶、嫉妒和憎恨的情绪中。

罪恶是无知的结果，

在知识之光的照耀下，罪恶会消减，直至隐匿不见。

当你实践良善时，你的生活会充满喜乐。

拥有崇高的美德，就能欢享充盈的快乐。幸福，会被给予那些有着崇高美德的人，他们心怀仁慈、心地纯洁、爱好和平。更高层次的美德不只是引人进入幸福的国度，它本身就是一种幸福之源。一个拥有美德的人绝不会不快乐。因为不快乐的根源在于自私自利，而绝不会萌发于自我牺牲的品质里。一个拥有美德但仍然不快乐的人，是因为他还没能拥有更高层次的美德。人类的美德里夹杂了一些私心，因此会带来忧伤；但更高层次的美德里，私欲连同它带来的悲伤，将会被彻底洗涤干净。

真理永远在更高、更远处。

有激情的地方容不下平静；

平静的地方也不会出现激情。

人们渴望平静，却放不下激情；制造争端，却又祈祷能享受安宁。这就是无知，精神上的极度无知；这样的人连"高尚"两个字怎么写都不清楚。仇恨与爱，冲突与平静，它们无法在同一颗心灵里共存。若两者中的一方被当作客人迎入心灵，另一方就只能被当作不受欢迎的陌生人拒之门外。

轻视他人，自己也会被他人轻视；冒犯他人，也会失去他人的信任和尊重。物以类聚、人以群分，我们无须为此感到惊讶或忧伤。激发争端的人要知道，他们无法获得平静的心灵。

> 征服自我，完美的平静就会出现。

> 人们若能明白，
> 不该将错误的行为施加给自己的兄弟，
> 那该多好啊。

人们若能明白，
不能妄图用错误的言行去矫正他人的错误；
用仇恨的方式解决问题，则仇恨愈深；
良善能驱走罪恶，净化自己的心灵和行为，抵挡一切卑劣的诽谤——
人们若能明白这些道理就好了。

人们若能明白，
抱持恶念的心灵，只会遭受悲伤；
怀有仇恨的头脑，不会获得丰收，
只有哭泣、饥饿、忙碌无休为伴；
心肠温柔的人，会对人饱含怜悯——
人们若能明白这些道理就好了。

> 人们若能明白，爱蕴含的力量可以征服一切，
> 他们便会选择永远生活在爱的国度，
> 那该多好啊。

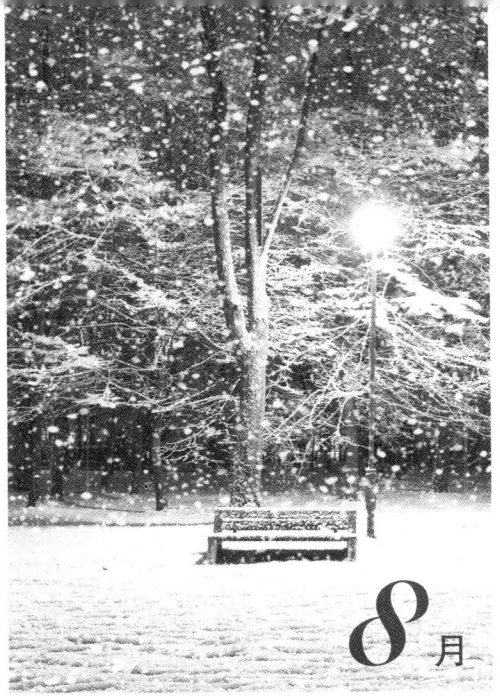

心静了，
世界就静了

　　一个人在面对考验和诱惑时该如何行动？许多人自诩已经理解了真理，却继续为忧伤、失望和激情所左右；当某个小小的考验来袭时，就即刻被击垮。

8月1日

让我们摆脱自我的束缚，征服整个世界！拒绝私心的摆布，
才能拥有无限广阔的心灵。

"善良带来敏锐的洞察力。"只有成功抑制私欲的人，才能保持心灵的美好和
善良的意愿。这样的人拥有敏锐的洞察力，能在种种虚妄中辨出真相。因此，一
个极致善良的人，一定是睿智的，他是启智的先知，是永恒的智者。

一个人若能拥有绵延的温柔、持久的耐心、谦逊的态度、亲切的言谈、良好
的自我控制能力、无私的精神，以及深沉丰富的同情心，那他一定是个极度聪慧
的人。你应该让这样的人做你的同伴，那些从蒙昧中清醒过来的人，会看到一切
虚象、幻象逐一破灭，他将看到世间真正的现实。

过上与爱的法则相适应的生活，
人会进入安定、和谐、平静的境界。

8月2日

领悟到无限和永恒的真谛，
人便能超越时间而存在。

抑制参与罪恶与不和谐事件的冲动，停止针对罪恶的极度抗争，不再忽视良
善的事物，重归并坚守内在的平静，这样才能深入万物的核心，更加了解无限法
则，因为这条法则对有知觉的智慧生物来说，绝不是隐秘晦涩之物。在成功理解
并遵守这条法则之前，心灵是无法获得平静的；理解这条法则的人一定十分睿智，
这种睿智不是习来的，而是人类原本纯净无瑕的灵魂里固有的朴素本性。

宇宙中的无限法则，要求人们无条件地服从，它统领万物；世间事物纵有千
姿百态，也跳不出这条法则；它是永恒的真理，在它的荣光面前，俗世的一切烦
忧都如阴影在光照下消散，至此消失不见。

理解无限法则，

就能走进浩渺的无限之境，让人生获得永恒的价值。

8月3日

不朽的声名、天堂般的生活、以精神为主导的生命，

获得这三者，

你就可以打造自己的光明帝国。

走进无限的境界，这并非空泛的理论或观点。它是在勤勉地净化心灵之后，终会获得的一项极其重要的体验。当肉身不再是一个人的全部，甚至不占据主导地位；当欲望被彻底地抑制和净化；当过激的情绪能在冷静之中渐渐平息；当恃才之人不再身心不定，而是保持完美的镇定……只有到这个时候，人的意识才能与浩渺的无限同游；只有到这个时候，人才能获得孩童般单纯的心和深沉的平静。

在生命的灰暗时期，有些人会越来越疲惫，最终选择提前结束生命，留下尚未解决的难题。他们这样做，是因为过于拘囿于生命的各种制约，于是看不到人生的出路。

若继续自私自利地生活下去，

人将丧失进入无我境界的机会，失去一条通往真理的大道；

紧抓这些速朽之物不放，

人将被关在不朽的大门之外。

自私与过失是一组同义词。

一切虚妄和错误会导向深不可测的复杂的灰暗之中，但永恒的简单之道却会迎来真理的荣光。宠溺自我将使人无法接近真理，只关注自己的幸福反而会失去深厚、纯粹、持久的快乐。卡莱尔说过："对人类来说，有比幸福更高尚的东西。他若在不幸中求索，反而会找到真正的幸福……不要贪恋享乐，要去爱。这句话永远都是正确的。有了爱，一切的矛盾都会解决；无论你与谁工作，与谁同行，幸福都会陪伴左右。"

绝大多数人都宠溺自己，固执地抓紧自我不放，可自我往往带给人种种困惑和烦恼。而一个摆脱自我奴役的人，可以拥有简单的生活——在屡犯过错的愚昧世人看来，一种极为简单舒适的生活。

在浩渺的无限之境中休憩吧。

人需要正视现实，信任不变的宇宙法则。

当一个人战胜了自己的欲望、错误、偏见后，就能掌握心理法则；绞碎自私的欲望。超越肉体生命，人可获得至高的福佑和永恒的生命，他的人生超越了生死，获得了不朽的价值。毫无保留地放弃一切的人，最终会重获一切，他会在平静里歇憩，在无限的浩渺里翱翔。

只有从自我的枷锁中挣脱出来的人，才能获得绝对的自由，拥有这份自由的人在死亡面前也毫无惧色。同等对待生存与死亡，这样的人才配得上与无限同游。只有坚守永恒法则和无上良善，你的身心才能准备好迎接永恒的快乐。

征服自我，便能战胜一切困难。

终止自私自利之心，人生才能没有遗憾、失望和懊悔。

爱之精神是人类的王冠，是烟火世间知识的巅峰之一；完美、丰满的生命状态，即是爱之精神的体现。

一个人在面对考验和诱惑时该如何行动？许多人自诩已经理解了真理，却继续为忧伤、失望和激情所左右；当某个小小的考验来袭时，即刻就被击垮。真理不是一种短暂的事物，而是一种永恒的存在。只要一个人立足于真理行事，他便能坚定地履行道德原则，超越激情、情感和摇摆不定的个性的束缚。

人们制定出种种教条，并将其称为真理。然而，真理是无法被制定的，它不可言喻，它超越了普通智力范围内的理解。只有通过实践才能感知它，只有通过无瑕的心灵和完美的生活才能呈现它。

在任何环境下都能耐心、冷静、宽容的人，
就是真理的绝佳践行者。

实践心灵的美德，谦逊而勤勉地求索真理之道。

强有力的争辩与约定俗成的条约，并不能验证真理的存在。我们只能用无穷的耐心、无尽的宽容、无条件的喜爱去感知真理，言语是永远无法证明它的存在的。

在安宁或独处的环境里，要让激动的人变得冷静、有耐心是很容易的。同样，当残酷无情之人被他人友好地对待时，要让他显得温柔友善也容易。但只有在一切考验之下都能保持耐心和冷静，在极度艰难的环境中依然秉持温顺态度的人，才能被无瑕的真理接纳。这是因为高尚的道德属于非自然的范畴，只有获得最高的智慧，抛却激情和宠溺自我的本性，在顺应至高且不朽的伟大法则的人身上，才能体现出爱的光辉。

有一条伟大的、包容一切的法则，
它是宇宙存在的基础，
它即是爱之法则。

获得了有关爱之法则的知识，
在爱的沐浴下寻得了内心的和谐，
一个人就能够不朽、不可战胜、不被毁灭。

为了领悟爱之法则，心灵会不断地在生存、苦难和死亡中挣扎，等到领悟的那一天，苦难也就止息了。你的个性不再骄纵，生与死对你而言也不再重要。因为你的意识已经进入永恒之中。

这条法则是绝对的客观存在，它得以展现的最高形式就是服务行为。当一颗净化后的心灵寻得了真理之道，它会被要求去完成那最伟大、最神圣、最后的牺牲，即牺牲掉获得真理后应得的享乐时光。这样的牺牲，让那些在超脱中获得心灵解放的人们，深入最卑微、最渺小的人群中，为他们着想，这样的人，被尊称为全人类的公仆。

只有爱之精神，
才能受到子孙后代无尽的推崇。

真理不受任何约束。

一切圣人和伟人的荣耀之处极其相似，他们都经历过最卑贱的境况，拥有最崇高的无私，敢于放弃一切，甚至包括他们原有的人格。他们的一切行为都是圣洁的、不朽的，因为这些行为丝毫不受私心的沾染。他们给予却从不索求，他们尽心工作，从不懊悔过去，也不幻想将来，更决不期盼有所回报。

在坚持不懈地自我牺牲后，人会变得更加高尚。

无私地为别人，首先要抑制自己的私欲。

那些圣人和伟人能成功，你同样也能。他们留下的轨迹和经验统统可归结为一条方法，即自我牺牲——无私地为他人服务。

真理就是如此简单。它要求人们"放弃自我"，"投入我的怀抱"（远离一切污秽之物），"然后我会为你提供安歇之地"。他人的评价带来的压力虽如大山般沉重，但仍然阻止不了心灵对正义的诚挚渴望。这种渴望不是习得的，它是内心自然的流露。真理的实现不在于构建复杂的理论，不在于创立高深的哲学；而是要编织内心纯洁的网络，为人生建造一座纤尘不染的庙宇。

成为正义和真理的追随者，
这是走向成功的第一步。

> 只有当你认同了自身的高尚价值时，
> 才可被称为"沐浴在正当的思想下"。

内在的本性是一处平静的住所、智慧的庙宇以及永生不朽的殿堂。除去这座休憩之所、观景之峰，不会再有一处地方，能为你带来一丝平静，以及有关神性的知识。你若在此处休憩一分钟、一小时或是一整天，那你绝不会选择离开。

你所有的罪恶与悲伤、恐惧与急躁，都源于你的内心，你可以选择纠结不放，也可以选择将其抛却。折腾不息是你自己的选择，进入恒久的平静之境也可以由你自己选择。他人无法替你放弃罪恶，你必须自己去舍弃。最伟大的导师也只能自己行于真理之道上，为你指明方向，你还是要靠自己的双脚去跋涉。你可以通过自己的努力获得自由和平静。你要放弃那些束缚心灵的事物，因为它们会摧毁心灵的平静。

> 放弃所有私心和欲望，主动去放弃，然后，看！
> 世界赠予的平静将属于你。

> 从罪恶与盛怒的风暴中挣脱出来吧。

啊！你将告诉众人何为真理！
你是否已穿越质疑的荒漠？
你是否在悲伤的烈焰中涅槃重生？
真理是否已将成见这些负面的东西驱逐出你的心灵？
如今你的心中是否不再存有虚妄、错误的思想？

啊！你将告诉众人何为爱！

你是否已跨越绝望之境？

你是否曾在暗夜里医悲痛而默默垂泪？

当犯下过错，感到仇恨和无尽的压力时，

你的心灵（如今已摆脱了悲伤和忧虑）是否因此满怀温柔的怜悯？

啊！你将告诉众人何为平静！

你是否已飞越纷争的汪洋大海？

你是否在安宁的彼岸，寻得了避免纷争搅扰的解药？

你的心灵里是否不再存有斗争，只留下真理、爱和平静？

曾经犯下过错的人也可获得内心的祥和安宁。

8月13日

让自己成为纯洁可爱之人，这样你会被众人所爱。

友善地看待你的员工，为他们的幸福和舒适着想，不要苛求他们的工作，因为你若处于他们的位置，也不会考量得那么全面。

谦逊的心灵是罕有且美丽的，在这样善良的雇主面前，员工将忘我地为其服务。但更加罕有、更加美丽的，是高尚的心灵；拥有如此心灵的人会忘却自己的幸福，转而为在自己的荫蔽下寻求生计的众人寻求幸福；在这样的善良之举下，此人将获得更多的幸福，他也不会再去埋怨自己的员工。一位从不解雇手下工人的著名雇主曾经说过："我与自己的工人一直保持着良好的关系。你若问我秘诀是什么，我只能说，我的初衷和终极目的，就是要创造这样的关系。"

友好地对待所有人，你的身旁将有大群友朋相伴。

常思良善，就是将自己的心灵浸泡在恬淡美好的氛围中，
并给人们留下美好的印象。

　　正如阳光能照亮一切阴影，一颗在纯洁的信念中日渐坚强的心灵，会散发出搜寻积极思想的亮光，它亦可以击败罪恶。

　　有坚定不移的信念、毫不妥协的纯洁地方，就有健康、成功和力量。在这些地方，疾病、失败以及灾难都无法容身，因为这里没有任何土壤和养分可供它们繁衍滋生。

　　人的生理状态，在很大程度上也由心理状态决定。古老的唯物主义思想认为：人即是他的肉身。如今这种观点已经过时，被一种更为鼓动人心的思想取代，即人的精神高于肉身；从某种层面来讲，他的肉身是由他的思想造就的。

宇宙间的一切罪恶，
其根源均在思想里。

学会放弃。

　　如果你臣服于愤怒、忧虑、嫉妒、贪婪，或其他不和谐的情绪状态，却又希冀获得健康的身体，那你不过是在妄想。你一直在头脑里播种有毒的种苗，又怎可能收获健康？睿智之人从来都小心翼翼地避免这些不良情绪，因为他们知道，这些情绪思想比污秽的下水道或肮脏的房屋更加危险。

　　你若想摆脱生理上的痛楚，获得身心的健康和谐，就应该整理自己的情绪，净化自己的思想。心怀快乐，心怀爱意。良善之心才是万能的灵药，只要让良善的品性在你的血液中畅流，你便无须其他"药品"。

　　不要再去嫉妒、质疑、忧虑、仇恨他人，摒弃你的自私自利，这样，你的消

化不良、焦虑恐惧、紧张不安、关节疼痛就能得到缓解。

若想保持身体的健康，就必须学会心无旁骛地生活。

整理你的思绪，这样你的生活也会井井有条。

航行在人生的海洋上，激情和成见就如同波涛汹涌的海浪，不幸遭遇就是那狂怒恣意的暴风雨；但是，无论这一切多么凶险，只要你保持内心的安定，就如同给自己的三桅船添入了强劲的动力，一切灾难都无法摧毁你心灵的桅杆。并且，若这艘三桅船能在快乐与执着的信念中前行，它一定能顺利完成自己的航程，安然度过一切可能遭遇的险境。

在信念的驱动下，一切艰难的工作都能顺利完成。相信统领一切的法则，相信自己的工作，相信自己有能力完成眼前的工作——信念就是一块磐石，你若想建功立业，必须立足其上。

在任何境遇下，都要追随你内心里高尚的召唤。

让你的心灵广阔起来，怀抱爱与无私之心，
这样，你的声誉与成就都会更加伟大和持久。

培育一种纯粹的、无私的精神，你的信念也应纯粹地专注于一个目标，这样你便能获得持久的成功和伟大的力量。

虽然你对当下的处境并不满意，已无心奉献于眼前的工作，但仍然努力而谨慎地履行自己的职责；在你的脑海中，你始终相信有更好的职位和机会在等待自己，并积极寻找它们。这样的话，当考验来临，当新的道路铺展在你面前时，你就能有准备地前去迎接，带着你在心智训练中获得的智慧与远见，迅速地投身其中。

无论你手头上有什么样的任务，都要全神贯注地投入，用你的全部精力去完成。小事上态度马虎，大事上也一定错漏百出。

要不断学习如何善用自己的精力，

在需要的时候，在关键的转折点上，将它们集中起来充分运用。

激情并非力量；它只是力量的滥用与分散。

我认识这么一个年轻人，他经历了一系列的失败与不幸，还因此被朋友们讥笑；朋友们劝他不要再白白浪费力气，但他却说："不久之后，你就会惊叹于我的好运和成就。"这表明他已被一种无声又强劲的力量攫住，让他有信念克服无数困境，并最终为自己的生命戴上成功的冠冕。

你若没有他这样的力量，就要在实践中去习得，随着这股力量的注入，你的智慧也跟着增加。也许迄今为止，你都甘愿成为一些浅薄之事的受害者，但在实践的起步阶段，你必须不再参与无意义的琐事。喧哗恣意的狂笑、诽谤，愚蠢的谈话，小丑般的逗笑，这类举动都应停止，因为你在它们身上浪费了太多精力。

怀揣一个正当且有益的目标，然后毫无保留地投入其中。

幸福是一种内在的满足感，

是一种快乐、平静的体验。

从享乐中获得的满足是短暂且容易失去的，并且，你的享乐之心会日益膨胀。欲望之壑如同海洋般深广，永不知足的贪念将日益喧嚣。

它要求被其蒙蔽的信徒为它提供更多的服务，直到有一天，他们深深陷入生理与精神的痛苦中，被苦楚的火焰焚烧。欲望是地狱的领土，一切苦难的根源都生于此处。放弃欲望就能进入天堂，一切快乐都在那里恭候。

一念天堂，一念地狱，

天堂和地狱都是内心的状态。

追求私欲就意味着失去幸福的机会。

在自我和享乐中逐渐沉沦，就是坠往地狱的过程；超越私欲，进入更为高尚的无我之境，你就进入了天堂。自我是盲目的，它从不自省，不了解真知，带来的只有痛苦。如果你仍然固执地只去谋求个人的幸福，幸福便永远都躲着你，而你也亲手种下了悲惨的种苗。如果你能在为他人服务的过程中忘却自我，幸福就会找上你，而你将收获喜乐。

当你放下自我，决意停下对个人幸福的徒劳追求，

恒久的幸福就会敲响你的心门。

长久地冥想一件事物，

你不仅会理解它，还将越来越倾心于它。

精神上的冥想将人导向通往自由的大道。它是一架神秘的梯子，让人们由错误变为正确，由痛苦进入平静。每一位弟子都曾攀爬其上；每一个曾经的罪人也迟早会来到它的面前；每一名放弃了自我和凡俗，毅然追随真理的疲惫的朝圣者，也一定要将自己的脚步牢牢踏上金光闪耀的阶梯。没有它的帮助，你无法进入祥和的状态、平静的境界，也无法获得永恒的荣光，无法享受真理带来的喜乐。

如果你常常在私利和卑俗之物上浪费脑筋，

最终你将成为一个自私自利的浅薄之人。

你若想进入深沉而恒久的平静之境，

现在就该踏上冥想的道路。

每日挪出一些时间来冥想，并让这段冥想成为你求索道路上的神圣时光。冥想的最佳时段是清晨，这时是你精神苏醒，准备好迎接一切的时候。清晨时分，你的身心处于最佳状态；你的冲动，在经过一夜的调整后，已复归平静；前一天的忧虑也渐渐消退；你的头脑获得了休整，重新变得强健，也更易于接受精神的引导。没错，你的首要任务是赶走昏沉的睡意。你若无法付诸行动，就无法获得进步，因为清醒的精神是必需的。

懒鬼和自私之人无法了解真理。

冥想的直接作用，

是往你的头脑里注入一股冷静的力量。

如果你受困于仇恨和愤怒的情绪，你需要去冥想一些让人平静之事，这样才能看清自己的暴戾与愚蠢。然后，你再重新开始拥抱爱与温和的思想，重新怀抱宽容。当你的高尚思想代替了那些卑俗之念后，你将渐渐知晓更多有关爱的知识，并理解爱之法则对你的人生和行为的统领作用。将这条法则运用到你的每一个想法、每一句言辞、每一次行为中，你就会变得越来越温柔，越来越博爱，越来越有神性。

错误、自私的欲望以及人性的软弱，都会让心灵的土地变得贫瘠，只有冥想的力量才能翻新土地；随着罪恶、错误被铲除干净，更加饱满、明亮的真理荣光，将会照耀每个人的心灵。

高尚思想的伟大之处在于征服的力量。

冥想能丰富心灵，

并补救每一次冲突、悲伤和诱惑带来的伤痛。

通过冥想，你的智慧将不断成长，你会越来越倾向于放弃自私的欲望，因为你明白了满足这些欲望只能带来暂时的安慰，并终会引起悲伤和痛苦。通过冥想，你将怀着坚定的信念，遵守永不变更的规则，最终获得平静。

永恒法则要求人们常去冥想，而冥想带来的力量反过来又能使人仰赖和信任法则，然后人就可进入永恒的状态。冥想的直接收获，就是有关真理的知识，并且会助人获得神性的力量和深沉的平静。

通过冥想带来的力量，人们可努力向高尚之处求索，超越自己的私心，放弃充满偏见的认知，摆脱僵死的条文与蒙昧不化的状态。

记住，通过坚持不懈的求索，你将渐渐与真理同在。

要相信，你可以拥有完美、纯洁的生命。

坚信不疑、奋斗不止、冥想不息，这样，你便能体验到神秘的甜蜜与美妙，你的内心将绽放出更多的荣光。旧物终会逝去，一切事物都将新生。在一个屡屡犯错的人看来，物质世界的面纱是如此厚重，难以看透；但在真理之眼里，它却轻柔似纱。当你揭开面纱后，你会发现隐藏其后的那个精神世界。这时，时间也停了下来，你就此获得了永恒。衰老与死亡再也不会引起你的焦虑与悲叹，因为你已处于永恒的状态，你的心灵已然不朽。

心怀虔诚信念的人，总是敏捷而轻盈。

有私心的地方不容真理；
有真理的地方不存私心。

在心灵的战场上，两大宿敌为了至高无上的王冠激烈争斗，都想赢得对心灵的绝对控制权：一边是代表自我的领袖，也被称为"世俗的王子"；一边是代表真理的大师。代表自我的领袖非常反叛，他以激情、自负、贪婪、虚荣、任性，以及阴暗的心灵作为武器；而代表真理的大师卑微又谦恭，他以温柔、耐心、纯洁、自我牺牲精神、谦逊与博爱之心，以及清明的心灵作为武器。

每一颗心灵里都在上演着这样的争斗，正如士兵不能同时加入两支敌对的部队，心灵不是偏爱自我，就是倾向于真理，不存在脚踏两船的情况。圣贤者曾经说过："无人可以共侍二主；他喜欢这一个，就会讨厌另一个；他忠于一方，就会轻视另一方。你不能同时为善良和罪恶服务。"

若你的眼里只有自私，你就无法看到真理之美。

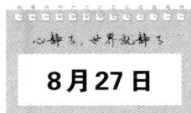

8月27日

热爱真理之人崇尚自我牺牲的精神。

你希望去探求并理解真理之道吗？那你便要做好牺牲的准备。因为只有放下全部的私心后，你才能感知到真理的力量。

一位哲人曾经说过，成为他弟子的人必须"每日否定自我"。那么，你准备好去否定自己，放弃私欲、成见和个人偏见吗？你若做到如此，便能踏上通往真理的荆棘之路，寻得屏退纷扰的平静之境。对自我进行否定与改正，你会在这个过程中接近真理，体验到只有真理才能赐予你的完美心境；一切的哲学都旨在引领你获得这种无上的境界。

彻底抹去旧日的自我，你将在真理中重生。

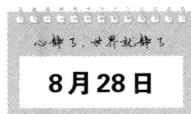

8月28日

圣贤就是人类的救星。

人们陷入过错与私欲营建的迷宫中，忘却了自己"圣洁的出生"——人类本性中正义，并擅自设置评价体系，试图对众人加以评判，还将这些偏颇的理论当作真理予以接纳并坚守不移；于是众人被分为三六九等，无尽的憎恨和冲突接踵而至，由此带来的悲伤与痛苦绵绵不绝。

朋友啊，你是否希望获得呢？方法只有一个：彻底抹去旧日的自我。性欲、食欲、贪婪、主观的意见、僵化的思想、偏颇的见识，所有这些你过去紧抓不放的东西，如今都得统统抛在脑后。不要再让它们束缚你，这样你就能获得真理。别再将自己的执念置于其他信仰之上，你要努力学习宽容这门重要课程。

既出世又入世，这是最崇高的完美人生。

心静了，世界就静了
8月29日

一切力量的源头，一切懦弱的缘起，都在人的内心。

了解了这条统领世界的伟大法则后，人们就能学会顺应天时。你将了解到正义、和谐和爱是世间最为崇高和伟大之物，而一切与此相反的东西，一切痛苦的体验，都是我们不顺应法则的结果。

知道这一点后，人们将获得意志与力量，进而取得持久的成功与绵长的幸福，也就是过上真正的人生。在任何状况下都要保持耐心，将这些状况都当作考验，这样你才能超越所有苦难，以不可征服的精神战胜一切困难。你将获得一劳永逸的胜利，因为对法则的顺从将帮助你所向披靡。

不袒露真实的内心，就无法获得进步。

心静了，世界就静了
8月30日

要依照规律，一步步习得必要的知识，
这样才能为获得成功的人生与平静的内心打下坚实基础。

也许贫困的锁链正沉重地挂在你的脖颈，你无友可依，孤单无助，但又强烈渴望减轻身上的负担；然而，负担在不断加重，你仿佛被越来越浓的黑暗包裹起来。也许你会抱怨，悲悼自己的命运，将一切归咎于自己的出身、父母或雇主，或是那些给你带来贫困和苦难，却赠予他人富裕和安逸的不公力量。

停下你的抱怨和焦躁吧，你埋怨的一切并不是造成你贫困的真正原因，真正的原因就在你的内心。想要改变贫困的现状，先改变你的内心吧。

在一个秩序井然的世界里，喜欢抱怨的人难以生存，

担忧、烦恼不过是心灵的慢性自杀。

心静了，世界也静了

8月31日

你的思想体现了你真正的人格。

我们的思想给周遭的一切——无论有机世界还是无机世界——披上了主观的外衣。"我们自身是什么样的人，我们脑中就有什么样的思想；我们的一切都构建于思想；思想组成了我们的大脑。"因此可知，如果一个人，生活幸福，那是因为他保持乐观的思想；如果一个人生活悲苦，那是因为他总存有沮丧、消极的念头。

无论一个人是无畏还是胆小，愚蠢还是睿智，困惑还是清明，都源于他的心态或各种思绪，绝不是由外界引发。现在，我似乎听到一个声音在说："你真的敢说外界的境况对我们的头脑没有影响吗？"我不是这个意思，我是说——我相信这是一条绝对的真理——只有逆来顺受的人才会受到境遇的影响。

你之所以被境遇左右，是因为你没有正确理解自然，

也不懂如何运用思想的力量。

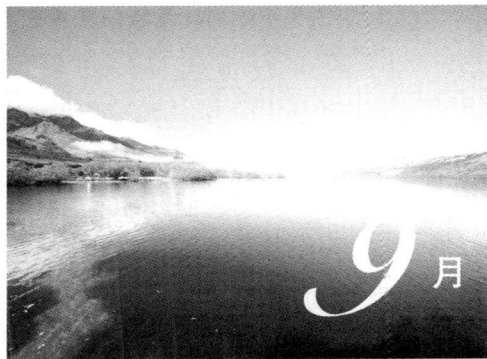

心静了，世界就静了

对一件事情的全神贯注，可以帮你提高两种精神力量：一是稳重的个性；二是可贵的品德。它们会给你带来安宁和快乐。

若仅指望健康的身体能带给你快乐有益的人生，
那你无疑是将物质置于精神之上，使精神从属于肉身。

头脑活跃、精力充沛的人不大关心自己的身体是否出现疾病——他们忽略这些，只是继续去工作、去生活，就像完全健康一般。适时忽略身体的病痛不仅可以保持头脑的清醒和强健，还是治愈身体的法宝。若我们无法获得完美的身体，那就打造一颗健康的头脑，而健康的头脑就是通向健康体魄的最佳途径。

思想患病比身体患病更加可悲，因为它紧接着会造成身体上的病痛。精神上的残疾比身体上的残障更为可怜。有些自认为身体出现问题的人（这一点医生们最清楚）只要能让他们坚强、无私、快乐起来，他们就会发现，自己的身体其实是健康、强健的。

良好的道德操守是健康和幸福最稳固的根基。

人的不快乐并非来自贫困，而是源于对财物的贪念。

如果一夜暴富靠的是下流卑劣的手段，一生赤贫全因自身的堕落腐化，那这位富人就是不道德的，这名穷人就会陷入堕落的深渊。

作恶之人在任何境遇下，无论是富有还是贫穷，或是处于两者之间，都将犯下罪恶。而行善之人，不管处于什么地位，都会行良善之举。若内心本就有恶念蠢蠢欲动，就不要认为是糟糕的处境才导致自己犯罪，因为极端的处境只是更容易激发罪恶的行为，却并非促人行恶的根源。

贫穷之感更多来自头脑，而非来自囊中羞涩。只要一个人始终对手上的财富感到不满足，他就认为自己仍然贫穷。从这个意义上来说，他确实贫穷，因为贫穷是内心的贪念。

百万富翁也可能是守财奴，

他脑中的贪念使他感到自己一文不名。

一个人若善于掌控自我，

将知识广博、人格伟大、成就斐然。

可以这么理解，控制并合理运用内在的激情、欲望、意志、智慧，是自然赋予人类的使命。

理解并能掌控外界自然之力的人，可被称为自然科学家；而理解并能掌控内在思想之力的人，可被称作思考者；要习得有关内在现实的知识，也可依照学习自然科学的方法。

习得知识后，要懂得去运用，去服务他人，

这样，你的世界将会更为舒适宜人、幸福洋溢。

一切事物，无论可见或不可见，

都遵从那条统领万物的永恒法则，挣脱不了必然的因果相循。

绝对的正义维持着这个世界的运行，它调节着人们的生活和行为。发生在你身上的种种境遇，全是你过去的行为在因果相循的法则下引发的必然结果。人能够（也必须）选择如何起步，但无力改变由此带来的影响；他能决定自己如何思考、做何行为，但这些思行引发的必然结果，却是他无法左右的，这些都受到统领一切的法则的调控。

人有能力去完成各种事业，但对做过的事，他的这种力量就会消失。行为导致的结果已成定局，它已无可挽回，你无法篡改也无法逃避。

罪恶的思行会带来痛苦；
良善的思行会带来幸福。

行为不仅限制了一个人的力量，
也决定了他的人生是喜是悲。

人生好比算术。对一个尚未掌握运算法则的学童来说，算术是极复杂、极难学的东西，可一旦他理解并掌握了诀窍后便会发现，算术其实简单明了。

其实，人生的复杂与简单也不是绝对的。这就像在做算术时，错误的运算方法千奇百怪，但正确的方法只有一个；只要掌握了运算法则，就不会再困惑不解。

人生的结果不允许窜改；伟大的法则永远在起作用。

自私的想法、恶劣的行为，无法带来有益且美妙的人生。

生活就如一张毛毯，构成它的每一缕丝线彼此独立，绝不缠作一团。每一缕都严格遵循着自己应有的走向。

生命也是如此，人们是喜是悲，都是自身行为的结果，绝不承接自他人的行为。每个人的人生是简单而有限的，但从整体来看，群体的命运虽然复杂得难以归纳，却依旧和谐统一；这都是各个要素共同作用的产物。有作用力就有反作用力，有行动就会有收获，有起因就会有结果，这些协调平衡的力量、各式各样的结果和影响，都与行事的初衷一一对应。

成就人生还是糟蹋生命，都由自己决定。

人只为自己的行为负责；他是自身行为的监管人。

卢梭说过："人啊，无须寻寻罪恶之源；你自身就是罪孽的根源。"有起因就必然有结果，怎样的初衷就会带来怎样的结局。爱默生说过："正义不会延期；绝对的公平将平衡你的生命。"

还有一种深奥的观念，认为事件的因果是同时发生的，于是因与果在每时每刻都形成了完美的平衡。也就是说，在一个人犯下一桩恶行时，他的头脑就受到了损害；他已经不是前一秒的自己了；他比刚刚的自己恶劣了一些，悲伤了一些。待他有了一系列罪恶的思行之后，这个人就会变得残忍且可悲。

良善的思行会让你即刻感到幸福和高尚。

**不借助头脑的力量，
任何有价值的事业都无法实现。**

培养通常被称为"意志力"的坚定稳重的品性，是一个人修身养性的首要步骤，因为意志力对人内在的快乐和外在的健康都很重要。对单一目标的坚持是成功的根基，这一点无论是对事业上的奋斗，还是精神上的追求，都同样奏效。做不到这一点的人，只能活在不幸和苦恼中，只能靠他人的帮助过活，而这份支持的力量本可以在自己内心寻得。

培养意志力的正确方法，只能在每日的平凡生活中寻得。然而，大多数人一心去寻觅复杂、怪异的方法，正确的方式反而因为过于平凡而被忽略。

要获得更强大的力量，唯一且直接的方式，
就是战胜自身的缺点。

训练意志力的第一步，就是改掉过去的坏习惯。

成功理解这个简单的首要步骤后，人们就能进一步了解科学培养意志力的七个步骤：

1.改掉坏习惯。

2.养成好习惯。

3.一丝不苟地对待自己的职责。

4.精力充沛、迅速敏捷地投身于亟待完成的工作。

5.秉持原则行事。

6.管好自己的嘴巴。

7.管好自己的思想。

完成上述七个步骤的人，
一定会在意志力的培养上有所进步。
意志力会助其成功应对一切困难，安然度过每一个危急关头。

屈从于坏习惯，就等于放弃了掌控自我的权利。

有些人的自律性极差，妄想在不下苦功的前提下，通过一些"神秘的方式"来提高自己的意志力。他这样做其实是在蒙蔽自己，不仅不会提高意志力，还会削弱原来已有的意志力。

在改正坏习惯的过程中，人的意志力得到了增强，借助增强后的意志力，人便能开始培养好的习惯。此外，克服坏习惯所需要的只是坚持，而养成新习惯还需要正确的思想指导。因此，要养成好习惯，一个人必须在精神上保持积极活跃的状态，并时时监督自己。在提高意志力的过程中，对坏习惯的摈弃必须做到彻底。

做事粗心马虎是意志力薄弱的表现。

完美应是你追求的目标，
即使是微小的工作也要力求完美。

当手头任务琐碎纷杂时，不要分心，而应在每件任务上都集中注意力。这种对一件事情的全神贯注，可以帮你提高两种精神力量：一是稳重的个性，二是可贵的品德。它们会给你带来安宁和快乐。

要活跃而敏捷地工作，对待亟待完成的任务都要秉持慎重认真的态度。懒散的态度和坚定的意志无法共存，拖拉的个性更是获得果敢行动力的最大障碍。今日事，今日毕，一刻也不要拖延。该在现在完成的任务，就要立即完成。它看起来可能只是小事一桩，但也许至关重要。它是开启力量、成功和平静之门的钥匙。

按照原则生活，而非仰仗激情过活。

完成小事的时候也要全身心地投入，
要将手头之事当作世上最伟大的事业。

生活中的小事极其重要，这条真理却不被多数人理解；相反，人们总以为小事可以被忽略，被搁置到一边。这是因为人们缺乏全身心投入的态度，这也造成了他们工作上的瑕疵和生活上的烦忧。

当一个人终于明白，世间任何伟大的事物都是由小事物构成而成，没有小事的聚合，世间也就没有伟业时，他就会开始关注过去他总是不以为意的东西。

一个人若能做到完全投入，一定会有所成就。

人们无法全身心投入的原因，通常在于追求享乐。

每一个雇主都明白，要找到能尽心尽力并妥善完成任务的雇工，是极其困难的。糟糕的工人处处有。技能卓越之士屈指可数。考虑不周、心思不静、懒散拖沓，这些品质都有害于工作效率。即使"社会不断改良"，失业率却在稳步上升。那些草率对待工作的人，在生存的重压下依然找不到就业机会。

"适者生存"的法则并非基于残酷，而是基于正义；平等原则适用于万事万物，而"适者生存"是该原则的一种表现。罪恶总是带来鞭笞般的痛苦，否则，人们怎么会去追求高尚的美德呢？考虑不周和懒散拖沓，心思缜密和勤奋刻苦，后者显然优于前者，此二者无法共存于一身。

被享乐的欲望占据的头脑，
无法集中精力履行职责。

若对世俗的职责缺乏投入的态度，

在精神上也难以全神贯注。

全情的投入是一种完备、圆满的态度。它意味着将一件事做到极致，再也没有修正的空间了；它意味着一个人将自己的工作做到最好，或者起码，绝不逊于他人能达到的最好效果；它还意味着用心去行事，灌注充沛的精力，运用头脑的智慧，保持耐心，坚持不懈，具有高度的责任心。

古时候一位导师说过"若有任何事务待办，就驱使某人精力充沛地面对它。"另一位导师也说过："无论手头有何工作，皆尽力去完成。"

做彻彻底底的世俗之人，比做虚情假意的教徒高尚得多。

不懂得以温柔、以爱与乐的精神处世的人，将永远肤浅无知。

意志消沉、狂躁易怒、急躁焦虑、怨声连连、咒骂不断，这些都是思想的溃疡、头脑的顽疾。它们的出现代表人的心态出了问题，那些因此而受苦受难的人们，需要行动起来，修补自己的思想和行为。世间的确有许多罪恶和苦难，因此才需要爱和热情，而个人的悲伤实在多余——世上已有太多悲伤。快乐和幸福才是世间所需之物，因为快乐和幸福太少了。

在我们能带给世界的所有事物里，最为珍贵的便是生命之美；没有了生命之美，其他贡献皆为徒劳。美丽的生命持久、真实、不可战胜，其间蕴含着一切快乐和幸福。

环境永远不会阻碍个人的发展，相反，它能助人成功。

> *如果你能改变自己，你就能改变周围的一切。*

在外界的一切困境面前，保持不变的温和态度，这是一种高度自治的表现，是睿智和拥有真理的明证。

一颗甜美和快乐的心，亦是一颗成熟的智慧之果。它周身散发着迷人的芳香，既使自己和他人心情愉悦，又使周围世界的空气焕然一新。

你若想他人对你真诚，应先真诚对待他人；你若想将世界从悲苦和罪恶中解救出来，应先将自己释放；你若想自己的家庭充满欢声笑语，应先快乐起来。

如果你心存良善，你会自然而然地做到上述行为。

> *首先，让自己避免犯下错误和罪孽。*
> *然后保持这副纯洁之身，*
> *你将获得头脑的平静和身心的真正升华。*

> *不朽就在此地，就在现在，它并非人们幻想的死后的产物。*

从时间的角度看，没有东西是不朽的，不朽是精神上的永恒存在；而且就像时间存在于此地、存在于现在，永恒亦存于此地、存于现在。一个人若能征服自我，将自己从不满的情绪和速朽的事物中解救出来，他就能寻得不朽，并常驻其间。

当一个人沉溺于感官欲望，纠结于每日的琐事，并将这些感官享乐当作生命的中心，他就永远理解不了不朽的含义。人们将这些欲望的实现当作获取不朽的钥匙，这实在是固执之举，因为它们不过是感官的错觉而已。

> *若一直顽固不化，你一定得不到不朽的精神。*

肉身的死亡绝不能阻碍一个人获得精神的不朽。

那些对人生毫无热情、蒙昧无知的人们都有着类似的精神世界，他们不过是被人生的变化与最终的死亡牵着鼻子走。这些人极度固执于个人的享乐，死后就湮灭而去；若世间真有轮回，他转世后也不过是再回人间走一遭，经历同样的生和死，依然对人生毫无思考与洞见。

而不朽之人早已挣脱时间的束缚，进入一种恒稳不变的精神状态，不受过往事件与感官刺激的影响。他是从人生的幻梦中苏醒过来的人，他明白这场梦并非真正的现实，不过是转瞬即逝的幻象。他是智慧之人，既理解他人顽固的放纵之心，又懂得如何让自己获得精神的不朽。

不朽之人能完全掌控自我。

世俗之人只活在时间和知觉的维度里，
那里的万物都在不断地诞生和泯灭。

不朽之人在风云变幻中泰然自若，即使是死亡也无法阻碍他的精神永存。针对这样的人，有一种说法是："他不用品尝死亡的毒液。"因为他早已踏出死亡的溪流，在真理中找到了安魂之所。

肉身、人格、家国、世界，终将泯灭于世，只有真理永存，它的荣光不会随时间暗淡。不朽之人早已征服了自己，他们不再认同自我放纵的人格，而是在精神导师的帮助下修身养性，进入万物平衡的和谐之境。

不朽之人融入了宇宙之中，
那里没有开始也没有终结，只有永恒的现在。

征服了自我，也就断绝了一切悲伤的来源。

想要征服自我，或者说断绝私欲，只需要很简单的方法。没错，简单，实用，易操作。一个对理论、思辨哲学毫无认识的五岁孩童，可能比很多学习了复杂理论，但失去了感知生命中的简单和美丽的能力的人，更迅速地掌握这一方法。

要断绝私欲，就要拔除或摧毁心灵中一切导致争端、冲突、苦难、疾病和悲伤的因素。这个过程绝不会削弱你心中的良善和美好，或阻碍你追求平静的心境。

征服自我的过程就是在培养良善的品格。

人若想战胜心中的魔鬼，
就要去了解自己内心战场的要塞和隐蔽点，
找到那条最脆弱的防线，
那扇无人防守、最易被敌军突破的腐朽大门。

诱惑伴随着噬人心骨的折磨，但你有能力在此时此地就将它战胜；当然，你必须要以知识作为武器。受诱惑之人的心灵是蒙昧的，或者是半开化的。大彻大悟的心灵必定能抵御一切诱惑。

当一个人彻底了悟诱惑的来源、本质和影响后，他便能摧毁诱惑，并在长久痛苦的斗争后获得安宁。然而，倘若他继续陷于无知，只注重仪式，只懂得祈祷，他是无法获得平静的。

这是追求真理之人在内心皆要进行的战斗。

一切诱惑皆来自内心。

有时，人们在征服自我的过程中打了败仗，导致战线被无限拉长。失败是因为他们普遍抱有两种错误的认识：一是所有诱惑都来自外界，二是认为自己太善良所以才会遭受诱惑。陷入这两种错误的认识中，一个人就无法进步。只有等他抛却了错误的认识，才会在征服自我的战役中频频取胜，获得精神的愉悦和平静。

一切诱惑，都源于你内在的欲念；这些欲望需要被净化、被清除。但是，你不能依靠外界的事物和力量来铲除欲念，因为它们在铲除心灵的罪恶和邪念方面无计可施。外物是诱惑的导线，而非制造者；陷入欲望之中难以自拔的人，才会被引诱。

在被诱惑的人心中，一定有某些被他自己视为邪念的欲望。

良善之人绝不会为诱惑动心。良善是击败诱惑的武器。

只有当人的内心升起邪恶之念时，才会被诱惑。一个人受诱惑的程度与他心中的恶念成正比。所以，当一个人净化了心灵后，诱惑也就停止了。这是因为当那不道德的欲念被铲除之后，外界激发它的诱惑之物在此人眼里变得毫无吸引力，也就无法再诱惑他。

诚实的人不会因被引诱去偷窃，即使有一个绝妙的盗窃机会摆在他眼前；自律的人，不会因被引诱而暴饮暴食；那些在内心道德的引导下抱持冷静心态的人，绝不会因受到诱惑而变得暴怒无常；种种花招和勾引，在一颗纯净的心灵看来，不过是空洞无物的幻影。

人在诱惑面前，能认清自己的修身成果。

正直之人不会屈服于恐惧、失败、贫穷、羞愧和耻辱。

害怕失去现有的享乐和物质财富而否认内心真理的人，首先对自己高贵的灵魂进行了伤害、剥夺、贬低和践踏，因此容易受到伤害、被贬低、遭受践踏。但是那些有坚定的道德信念、正直的人绝对不会受此伤害，因为有真理为他们提供保护，他们早已消灭了内心的懦弱。并非鞭子和锁链让人变成奴隶的，而是他们自己在内心里认同了这一身份。

诽谤、指控、怨恨都无法影响一个正义之士，
不会引起他的愁苦，更不会令他向众人自我辩护以证明清白。
保持清白之行与正直之心，就是对所有仇视之举的最好回应。

正直之人能化恶为善。

一个正直之人若苦心尝试过，就应该感到快乐和欣慰；若获得机会实践内心高尚的原则，就应该心存感激。应让他了解："此刻拥有神圣的机会！今日当是真理胜利之时！即使整个世界背弃了我，我也不改正直的初衷。"怀有这样的思想，他将以德报怨，以慈悲之心同情作恶之人。

那些诽谤者、阴谋家以及作恶之徒，现在似乎活得风生水起，但正义的法则终会施以惩戒；正直之人可能暂时失败，但他决不认输，无论是物质世界还是精神世界，没有哪样武器能击败他。

正义之士绝不会被内心的黑暗力量击垮，
而是终会将其压制在体内。

没有明辨是非能力的人，神智依然蒙昧。

人的思想和生活都应走出困惑的迷宫。他要直面一切来自精神、物质和心灵的困难，不能在不幸面前深陷于怀疑和优柔寡断的牢笼中。他应提高自己的抵抗力，以迎接一切可能发生的危机。但这种精神上的准备工作，只有在掌握明辨是非的能力后才能完成。而明辨是非的能力，只有通过实践和即时的分析、调整，才可成功掌握。

头脑跟肌肉一样，越用越发达。

困惑、痛苦、愚昧，都是不善思考之人常常遇到的问题。

一个人若不敢深究自己的观点，不敢以批判的态度对待自己的言行，那么，他首先要增加质疑自我的勇气，进而才能获得明辨是非的能力。

人必须对自己诚实，不畏惧自我，这样才可能感知到纯粹的真理原则，看到揭露万物本质的真理荣光。

你在真理之道上走得越远，真理的荣光就越耀眼。真理能经受住各种考验与探究。

但是，在质疑之下，虚妄的东西将原形毕露；质疑的声音愈加强烈，虚妄脆弱的本质就愈加暴露；在纯洁思想的探求面前，虚假的幻象会四分五裂。

你"探究一切"的过程，即是寻得良善、抛却罪恶的过程。

善于理智思考的人，能够掌握明辨是非的能力；而明辨是非，又是通往不朽真理的必经之道。

和谐、幸福和真理之光会主动找上勤于思索的人。

信仰是一种态度，它将左右你的人生旅程。

信仰是一切行为的基础，因此，虽然它只驻扎在脑海或心间，却会切实地反映在生活中。每个人的行为、思想和生活方式，都顺应扎根于内心最深处的信仰。一个人不可能同时怀有两种截然相反的信仰。比如说，正义与不公，仇恨与爱，和平与冲突，无私与自私；一个人只会信仰两者中的一个，绝不可能两者兼信；而且，从他每日的行为中，就能判断出他持有哪种信仰。

信仰与行为不可分割，因为前者决定了后者。

在正义的疆土上，
不公之事都将抱头鼠窜，最终化为幻影。

一个人总是因为外界对他的不公而暴怒，总爱谈论自己被他人糟糕对待，或是哀叹生活里缺乏公正，这就是在行为和思想上都表露出：他深信不公无处不在。虽然在内心深处渴望正义，但他实际上相信世界被混乱统治；他将因此而心怀悲苦与不安，连行为也是不公不义。

相反，一个永远相信爱与爱的力量的人，会在任何境遇下都实践爱的精神，他从不背弃爱；他不仅将爱赠予朋友，亦会给予敌人。

信仰正义之人，在任何考验与困难面前，都处变不惊。

每一种思想、每一个行为、每一种习惯，
都直接由内心的信仰决定。

　　信仰真理的人，不会轻易犯下过错。信仰纯洁或完美人生的人，亦可摆脱罪行和恶念。信仰良善，则远离邪恶，因为信仰会反映在生活中。不需要在意一个人神学上的信仰，因为这是没有意义的；一个继续以卑劣的精神、罪恶的本性生活的信徒，即使对教义深信不疑，又对他有何助益呢？真正需要询问的是："人该如何生活？""在考验下，人应如何行动？"从对这些问题的回答，就可以判断一个人是信仰罪恶，还是信仰良善。

一旦我们对某事的信仰减弱了，
便无法重新建立对它的信任，并真心去实践它。

心静了，
世界就静了

人必须降服三种错误的想法，才能穿过挡在修行路上的三扇大门：第一扇是降服你的欲望；第二扇是降服你的偏见；第三扇则是降服自我。

人们依赖的都是自己信任的东西；

因为信仰能反映在行为上，

所以人的行为与生活都是信仰结出的果实。

若对良善存有信仰，就会喜爱良善之事物，也愿意依照良善的原则来生活；若对不洁、自私存有信仰，亦会对它们生出喜爱之情，进而依照不洁、自私的原则来生活。我们通过人们行为的果实，就能辨别出人们心中长有一棵怎样的信仰之树。一个人拥有什么样的信仰，就会过着什么样的生活。

一个人脑中的思想、对他人的态度，以及个人的行为，决定和展现了他的信仰——是信仰谬误，还是信仰真理。

信仰良善对人们而言极其重要。

行为之于思想，正如果实之于树木，流水之于泉眼。

一个人在他人眼里和自我认知里都拥有坚定的立场，然而，在巨大的诱惑面前，却突然堕落，犯下严重的罪行。其实这类事情并不是突发状况，也绝非事出无因，而是思想隐蔽处的欲念在此刻被激发了出来。这次堕落渊源已久，它的起点可能深埋于许多年前。

人一旦让恶念在头脑中萌芽，当恶念第二次、第三次出现时，他就会开门揖盗，最终允许恶念在心间筑巢。渐渐地，他会对罪念习以为常，甚至珍爱它、抚慰它、亲近它，直到有一天它的力量足够大且可以作恶的机会出现，恶行便猛然爆发。

一切罪恶和诱惑都诞生于个人的思想。

守卫好思想的大门，因为它就如同一台阅读器，
今日你心中储存的想法，会成为明天你表现出的行为。

没有事物能一直隐而不现，因此，心中怀抱的思想，在宇宙法则的作用下，也会最终绽放出或好或坏的花朵，即相应的善恶之行。

有人会成为大师，有人却沦为好色之徒，两种人生都由个人的思想造就。他们在内心撒下不同的思想种子，然后灌溉它们、照料它们、培育它们，最终收获不同的果实。不要让人们以为可以靠侥幸摆脱罪恶与诱惑，唯一的解脱途径在于净化自己的思想。

每个人都拥有天生的吸引力，吸引着与其本性相似之物围绕周身。

作为一种有思想的生物，
人的头脑中占主流的思想将决定他的生活质量。

你是自己思想的主宰者，因为你能够塑造自己，改变生活。思想百无禁忌、天马行空，但它会最终影响着你的品性和你的生活。生活中并无意外。一切的和谐安适与矛盾冲突，都是你思想的回音。

一个人如何想，他的生活就如何呈现。倘若你脑中占主流的思想是和平与爱，那喜乐和幸福就会追随而至；若是叛逆与仇恨，那麻烦和不幸便会在你前行的道路上布下阴云。邪恶的意愿带来悲伤与灾难，良善的意愿带来治愈和补偿。

你需要为自己的思想设下一定的标准和界限。

痛苦、悲伤、忧虑和苦恼，都是激情之花结出的苦果。

充斥着激情的心灵里似乎也充满了不公的思想，但一名良善之人，一名已然战胜激情的人，可以从过去的体验中了解激情产生的前后因果，进而醒悟正义的真谛。他明白，只要他停止伤害或欺骗自我，那就无人可以伤害或欺骗他。无论其他人待他是热情洋溢还是不理不睬，都无法激起他丝毫的痛苦，因为他了解，现在他所受的一切（可能是暴虐的、令人烦恼的），不过是自己先前行为的结果。因此，他将万物看作善良的，他在万物中寻找快乐，他善待敌人、祝福那些咒骂自己的人，他将这一切当作有益的手段，来偿还自己在道德上违逆伟大法则造成的亏欠。

至高无上的正义和至高无上的爱，是一体的。

一个国家的历史是由一连串的事件连缀而成。

身体由细胞构成，房屋由砖瓦建成，人的头脑由思想组成。人们各异的性格不过是不同的思想组合的结果。此时我们了解到，这句老话真是至理名言："一个人头脑中的想法决定其成为哪种人。"

人的个性是稳定的思想轨迹，也就是说，固定的个性已经成了人格不可分割的一部分，它们难以被改变或消除，除非在自身意愿的坚持下高度自律、不懈努力。人格的塑造过程跟培育树木、建造房屋一样——要不断添加新的东西，而这种东西即是思想。

依靠百万砖瓦，一座城市可以建成；
倚仗万缕思想，人格也可被成功塑造。

每个人都能重塑自己的头脑。

良善的思想，经过精心选择和恰当运用，就能像经久耐用的砖块一样，永不会崩坏；一座巍峨华美的思想庙宇，将借此迅速拔地而起，带给拥有者舒适和庇护。用意志力、自信心和责任心支撑你的思想，用广阔、自由和无私激发你的思想；它们就是修筑这间思想庙宇的砖瓦。在建造思想庙宇的过程中，人们需要破除旧有的、无意义的思考习惯。

"四季迅速交替，啊，我的灵魂，你需建造愈加坚固的华屋。"

能成全你的，只有你自己。

要像一名真正的工匠那样，打造你自己的思想庙宇。

人若想成功建立典范人生，就要无畏地抵御逆境与诱惑的狂风骤雨。必须将人生建立在四条简单但绝对高尚的原则之上。这四条原则便是：正义、清廉、诚实、善良。这四条原则即是生命之屋基底的四条边线。若有人忽略它们，希望通过不公、狡诈、自私的方式获取幸福和成功，那他就是一名不顾力学原理，妄图建造坚固房屋的低劣工匠，最终只会收获失望与失败。

为人处世皆要遵循世界的基本法则。

人们常错以为小事可以马虎对待，
而大事才值得慎重处理。

将昨日所提的四条原则当作处世的根本准则，在这个基础上再建造个性的大厦，无论是自己的思想、言语还是行动，都不偏离这些原则，对每日职责的履行、事件的处理，都严格遵循原则而来，这样的人才是把正直之心作为人生的基础，于是确保了心灵的健康。这样的人一定会建造出雄伟的人格庙宇，并像一座真正美轮美奂的庙宇般，带来辉煌的荣耀，让人在其中平静、幸福地休憩。

若想获得安定、幸福的人生，
必须将道德原则运用到日常生活中。

专心于抱负，你将自觉开始冥想。

当一个人不再仅关注世俗的享乐，而是极为渴望获得更高尚、更纯洁、更光荣的人生，他便埋下了抱负之心；随着他为理想生活更多地去思索，他便是在真正地冥想。

没有强烈的抱负心，就不会去冥想。昏沉、茫然和冷漠，对实践冥想来说都是致命的。人对抱负的追求越强烈，就越可能进入冥想状态，并在实践中越容易成功。当抱负之心全然苏醒之时，对抱负强烈的、热忱的追求会助人在冥想中更快地理解真理。

冥想对精神修养尤为必需。

当一个人立志去了解并实现真理的时候，

他会关注自己的行为，自觉地进行自我净化。

凭借专注，人的精神状态可以达到一定的境界，但尚不足以理解真理的高妙之处，理解真理只能通过冥想。凭借专注，人可深入理解凡人如恺撒所拥有的强大的精神力量；但是通过冥想，他却能获得非凡的智慧，以及修行人的平静心态。绝对的专注会产生强大的力量；心无旁骛的冥想带来的则是智慧。凭借专注，人可以掌握生活中科学、艺术、运输等方面的技能；但凭借冥想，人掌握的是思想上的技能，譬如怎样正确生活、怎样自我启迪、怎样变得睿智等。

真心实意、全心全意地去奉献爱，

最后，你的身心都会被引入爱之源泉里。

冥想的目的在于启迪内在的灵性。

在起步阶段，你在冥想上所花的时间可能只有短短的半小时，但你在这晨间半小时里得到的鼓舞与思想上的收获，却能体现在接下来一整天的生活中。因此，冥想带来的收获将会让你受益一生。伴随着在实践中的进步，无论在何种境遇下，你都将越来越自觉地履行人生的职责，因为你已通过冥想变得更为强大、纯洁、冷静和智慧。

冥想要遵循两条原则：

1. 不断思考纯吉的念头，以此来净化心灵。

2. 将纯洁的思想运用到生活中，以求拥有美好的品格。

人是一种思想性的生物，他的人生与个性都是由习惯的思维塑造而成。

通过反复的实践和冥想，习惯性思维会不断地得到加强。

日日思考纯洁思想之人便能养成纯洁、智慧的思维习惯，他将变得聪明能干、尽职尽责。永远怀抱纯洁的思想，人最终会成为纯洁之人，成为净化一新的个体，拥有纯洁的行为、安宁智慧的人生。

绝大多数人都活在躁动不安的欲望、激情、感情和侥幸的心理中，于是生活也充满不安和悲伤；而一旦人们开始通过冥想训练自己的大脑，他的心灵就能抓住一条核心的原则，进而逐渐控制内心的冲突。

白日梦容易被错当作冥想。

罪恶与苦难的大树，拥有一个叫作自私的根基，
扎根在一片叫作无知的黑暗土壤里，源源不断地从中吸取养料。

无论是富者还是穷人，都会被自己的私心折磨，无人能逃。富者跟穷人，都有自己的痛苦。此外，富者可能会不断地流失财富，穷人亦能不停地获取财富。今天是穷人，明天可能就是富者，反之亦然。失去财富的恐惧如巨大的阴影尾随着每个人。因自私自利带来的不安全感总是挥之不去，让富者总是害怕失去什么；同样，那些通过自私的手段获取财富或觊觎金钱的穷人，也会因为财富的匮乏而苦恼。此类人还被另外一种深沉的不安笼罩着，那便是对死亡的恐惧。

每个人都因自己的私心而苦恼着。

通过冥想这种精神训练，

人的精神会变得强韧，并保持着充沛的状态。

人必须降服三种错误的想法，才能穿过挡在修行路上的三扇大门：第一扇是降服你的欲望；第二扇是降服你的偏见；第三扇则是降服自我。从踏入冥想大道的那一天开始，人就要监察自己的欲望，寻找它们在大脑中作用的轨迹，发现它们在生活和性格中留下的痕迹；他很快便会发现，若不赶快放弃那些欲望，他将一直被自我和环境束缚。知道这一点后，他便算是成功迈过了第一扇大门，即降服欲望之门。跨过此门后，他已经明白了自我约束的重要性——这也是净化心灵的第一步。

信念的火把需要你不断地添柴，悉心地照料，

如此，它才能不停止燃烧。

专注于征服自我之人，

今日牺牲越多，未来收获越多。

人应该勇敢地求索，既不要在意生活中朋友的责难，亦不要受到内心魔障的打扰；志向高远、追求卓著、勉力奋斗；永远寄爱于内心的理想生活；日复一日地戒除萌动的私心和不洁的欲望。虽然有时会遇到磕绊，有时会摔倒，但要始终如一地向前、向上。每夜静静地在心中回顾一日的行程，除了那些磕绊和摔跤，亦要回想那些正义的斗争，即恒最终败下阵来，还要回想那些默默的努力，即使结果不如人意。

学会分辨真实与虚假、阴影和实体。

敏锐的洞察力，是所有人都应该勤勉训练的卓越技能。

给心灵穿上低调的谦逊之服，这样一个人就能把过去顽固恪守的短见统统连根拔除。之后他便能分辨什么是真理，什么是个人的观点。前者从不模棱两可，并且亘古不变，而后者千奇百怪，而且变化无常。他会看到自己对善良、纯洁、热情与爱的理解，与真理的解读截然不同。他必须以真理作为安身立命的根基，而非自己的偏见。在此之前，他一直过于看重自己的观点，而现在，他不再高估自己的观点，也不再为了个人偏见而与他人针锋相对。他明白了，成见不过是无意义的谬论。

要以善良、纯洁、热情和爱，
作为安身立命的根基。

找到内在纯真的本心。

一个人不愿再沉溺于表象、阴影和幻想的决心，会如晨光刺穿迷雾一般，迅速驱散内心虚妄的念头，帮助他迈入真实、安稳的生活。他将学会如何有意义地生活，然后在生活中实践。他将不再是激情的奴隶、偏见的仆人、虚妄的崇拜者。向内找到纯真的本心，一个人就能变得纯洁、冷静、坚强、明智。

内心的永恒是一成不变的，
能超越时间与死亡的所在；
若不理解这一点，就对万物都懵懂无知，
只能在不断流逝的时间里徒劳无功地过一生。

10月19日

用内心的纯真庇护自己。留在这个避难所里，人将远离罪恶，

他的信仰不会动摇，他的安宁不可剥夺。

人们沉溺欲望，是因为欲望得到满足让人感到甜蜜，然而，纵欲的结果往往是痛苦和空虚；人们热衷于辩论，因为在这个过程中自我被放大，这正是人们最欲求得的虚荣的满足，然而争辩往往使人蒙羞，引发悲叹。

当满足感消耗殆尽，心灵已吞下自负的苦果，你就已经为迈入神性的智慧与生活做好了准备。只有消灭私心的人，才能引领心灵升上不朽的人生境界，最终荣耀地站上智慧的橄榄山巅。

消除私心，一座五彩炫目的美丽花园将在心灵的净土上绽放。

10月20日

生命不只是由行为构成，它还要承担行为的后果；

不止于安稳，它应获得长久的平静；

不止于工作，更应履行职责；

不止于劳作，更应奉献爱意。

让不洁之人接触纯洁之事，他也会变得纯洁；让懦弱之人有了力量，他也会变得坚强；让无知之人遨游于知识的海洋，他也会变得睿智。世间一切都能为人所用，取舍之权全在个人手里。今日选择蒙昧无知的人，明天亦可选择虚心向学。他应该"寻求自我的救赎"，不论他信与不信，他都无法逃避自己，也永远无法把自己心灵的责任转嫁他人。任何托词都无法遮掩人的天性，他的心灵应尽的使命应由自己完成。

生命不只关乎享乐，它的宗旨在于获取幸福。

若想寻得幸福，需先找到真我。

人们不断转换信仰，却只体验到不安；人们辗转一片片土地，却只能寻得失望；他们为自己建造华丽的房屋，装饰庭院，收获的却是厌倦与不适。因为人只有向内寻求真理之道，才能获得真正的安宁与满足；只有用正直无偏的行为打造心灵的屋舍，才能收获无尽和不朽的快乐，并在其后，将这种快乐也注入世俗的生活和物质世界中。

当一个人再也无力承受自身恶行带来的负担时，就应让他投入真理的怀抱，因为高尚的真理本就潜藏在他的心中；他只要用心感受，便能跨入永恒的喜乐。

人世间最宝贵的就属人的心灵。

当下蕴藏着一切伟大的力量、一切可能性和一切行动力。

当一个人幻想未来或沉湎往事时，他便错过了此刻，他忘记了要活在当下。现在，也只有现在，才可以让一切成为可能。在没有智慧的指引、错将虚假当作真实的情况下，人们会说："要是在上周、上个月、去年，我如何如何做了，生活就会比现在好很多。"或是："我知道最好的做法是什么，我明天便会那么做。"自私的人无法理解当下的重要与价值，他们未曾把它视为眼下最真实的存在，未曾理解过去与将来都不过是现在的虚幻倒影。甚至这么说也不为过，过去与将来只不过是阴影与幻缘，沉浸在悔过与期待的生活中，就会错过真实的人生。

放下悔过与期待，现在就行动起来，
这才是明智之举。

10月23日

拥有高尚道德的人，总是不断跟罪恶做斗争。

别再踏上依赖他人他物的歧途，别再迈入诱惑心灵陷入过去和未来幻影中的弯路，你应当现在就展现出自己的天赋和神性的力量。快到这条开放的大路上来吧。

你希望做成的那些事，你希望成为的那种人，都可以在当下实现。拖延是不会带来成就的，既然你有能力拖延，也就有能力有所作为——不断做出成绩，实现真理。你将会在今天，以及以后的每一天里，达到你梦寐以求的理想人格。

现在就开始行动，然后，看！一切都已为你准备就绪。万物都是富足盈余的，你生活在其间，应专注于当下，实现完美的人生。

高尚之人应远离罪恶，

无视罪恶的召唤，任其在路边腐烂。

10月24日

不要默想"我明天将更纯洁"；

而应暗示自己"现在的我就是纯洁的"。

对于渴望获得帮助与救赎的人来说，明日便一切都来不及了，明日你依然会堕落，会失败。

你昨天就堕落了！悲哀地做出了罪恶之举！你若意识到这一点，应马上摆脱罪恶的魔爪，并长久地与其保持距离，不要只顾现时的清白。当你为过往悲泣时，你心灵的各扇大门都是敞开的，罪恶很容易在此时偷偷溜进来。

愚蠢的人，不愿在当下付出努力，不愿走在坚实的大路上，反而选择拖延，宁愿在泥泞的小道上蹒跚而行，并说："我明天一定会早起；我明日会付清债务；我明日再做打算。"但睿智之人与之不同，他知道当下里蕴藏着未来，于是今日便早起；今日绝不陷入债务；今日做好明天的打算；因此他从不缺乏力量、平静和可观的成就。

清晨起床后，不要悲叹昨日的过失，
而应思考如何避免今日的疏漏。

往后回溯都是快乐的开端，往前眺望全为悲伤的结局，
人于是被蒙住了双眼，看不到自身存在的价值。

放下对未来的期待是明智之举，人们应关注现在，将自己全部的心灵与精神倾注其间，不容任何错漏发生。

人的认知常为私心的幻影蒙蔽。此人会说："许多年前，我出生在那特别的一天，并终将死在命里注定的那一天。"但其实也并未出生，也并未死去，因为对于一个不朽之人，一个拥有永恒精神的人，怎么可能屈从于生与死呢？抛开一切幻象，他才能发现，生死不过是肉身必经的旅程，但并非人精神的始终。

宇宙，包括它所蕴含的一切，其意义都在于现在。

放下自负之心，你便能看到宇宙间最简单的美好。

不应将生活分割得支离破碎，它应被当作一个和谐的整体来对待。这样，你就能发现生活里最简单的美好。怎么可能通过碎片来了解全貌呢？但反过来，了解了全貌，再去理解片段，就简单得多。罪恶之人怎么能理解崇高的境界呢？但反过来，理解崇高后，再来了解罪恶，就易如反掌。

渴望成就大业，就应勇于舍弃小欲。万丈光芒可冲破一切颜色的阻挠，因为一切颜色都包含在这片光芒里。只有消灭一切形式的私心，才能理解真正的无私和博爱。

当一个人成功忘却（消除）私欲时，

他本人就成为一面镜子，忠实无虞地反映出世界最真实的状态。

心静了，世界也静了

10月27日

在完美的和弦里，单音极容易被遗忘，但它是曲子里必不可少的部分；

一滴水如果汇入海洋，便有了呼风唤雨的伟大力量。

以博爱的精神对待自己，你便能在内心中构建一个和谐的世界；沉醉在对他人的博爱中，人便有源源不断的精力，并能使自己汇入永恒的幸福的海洋里。

人的外在行为总是越变越复杂，但内在精神却越来越趋向于简单。当一个人发现，人在没有了解自己的情况下是不可能理解世界的，他就开始回归本源的简单状态。他开始敞开心扉，随着他越来越多地出现真实的自己，他会开始发现宇宙的真面目。

你应在内心中寻找包容一切的良善。

心静了，世界也静了

10月28日

纯洁之人只需用自身的存在，

就能告诉世人何为纯洁的生活。

不愿放弃自己隐秘的性欲、贪婪和愤怒，抛弃不了对各种事物的成见的人，看不到亦理解不了真理。虽说他有资格去那所智慧的学校求学，但他永远都只是学校里的愚钝之人。

人若想找到打开知识大门的钥匙，不妨先找到真正的自我。罪恶并不是灵魂附属物，也不是你身上的一部分，它可以像急症一样被治愈。

停止对罪恶的依赖，罪恶也会远离你。你隔在远处观察罪恶，便能看清它们的本来面目。进而你会发现，自己获得了更宽广的视野，建立了更坚定的原则，迎来了不朽的人生，拥有了永恒的良善品格。

纯洁的生活都是极为简单的，
一眼就能辨别真假，根本无须作任何辩解。

心静了，世界就静了
10月29日

不论世界如何变迁，真理都不受打扰。

温和、耐心、爱、热情、智慧——都是源于简单质朴的本性；对此，尚未达到完美境界的人是无法理解的。只有睿智之人才明了智慧为何物。因此，愚笨之人会说："没人是睿智的。"尚未达到完美境界的人会说："没人是完美的。"于是，这些人便继续过着他们卑劣的生活。这样的人即使一生为人都完美无瑕，也不会自认为获得了完美的人生。他将温和当作懦弱，将耐心、爱与热情看作缺点，将智慧当作愚昧。只有绝对完美的人才能拥有正确无误的辨别力，只是某一方面卓越出众的人，无法获得这种能力。因此，人若尚未达到完美境界，便要继续抑制评判是非的冲动。

无可指摘的人才能窥见真理的真谛。

了解自己内心真实状态的人，才能发现世界的本质。

了解了自己的心灵，便能了解他人的心灵；掌控了自己的思想，便能明了他人的思想。因此，良善之人不会去与人争辩，而是尝试影响他人，使他人拥有同样良善的思想。

勇于质疑的人超越了蒙昧无知的人，而拥有纯粹良善品性的人则超越了一切心存疑问者。也就是说，当你获得纯粹的良善后，一切疑问都有了答案，因为良善之人被称作"虚妄之物的刽子手"。你要问了，难道消灭了罪恶后，还会有什么要继续探究吗？啊！努力求索的你是得不到多少休息的！但是，等你进入纯粹的状态后，你会在那里获得永恒的平静。所以，你只要寻得了纯粹的良善之心，揭露了虚妄的面纱，你必能获得安心、平静、完美的简单生活——纯粹的良善就是人类生来具有的简单本质。

质朴的本性极为简单，

人们只需放手一切外物，便能重新拥它入怀。

人若仰赖于他人的肯定过活，

一定会遭受巨大的痛苦和不安。

睿智之人，总会使自己远离外物的滋扰，而只在内心的美德里寻找安全感。拥有这样的智慧，一个人无论贫富，都能泰然处之。别人既无益于增添他的力量，也不能抢夺他的平静心境。一个心灵涤清的人，无法被铜臭玷污；一个追求心灵高洁的人，不会因金钱的匮乏而自贬身价。

不为外部事物奴役，反而使其为己所用，增添阅历，这才是智慧之举。对睿智之人来说，一切事物都有善良的一面，在他眼里全无罪恶，如此一来，他的智慧将日臻完善。他们使一切事物为己所用，因此万物都匍匐于其脚下。他们能敏锐地发现自己的错误，并将其视为提高内在涵养的基石，因为他们知道，要获得真正的良善，就不应纵容自己犯任何不该犯的过错。

将爱播撒到被众人忽视的角落里，
一个人若拥有这样的能量，便永不会失败。

11 月

心静了，
世界就静了

　　你在思考中旅行，你在爱中魅力四射。今天的你，是由你自己的思想塑造的；明天的你，将带着你的思想去往远方。

睿智之人热爱学习，却不急于传道授业。

一个人所有的力量、智慧、能力和知识都存在于内心，但若以自我为中心，上述一切都将求而不得；若想获得这一切，就必须接受谦虚之心的引导。他必须追随高尚的脚步，而不能以低劣为荣。那些以自我为中心，拒绝吸取经验教训和接受他人指导的人，一定会遭遇失败。没错，他已经跌倒了。

一位卓越的导师曾对他的弟子说："以己为灯点亮求道之路，自力更生不依赖外界的帮助，将真理当作自己的照明灯，寻求自我的救赎，在我的弟子中，这样的人将获得最高的成就。但他们必须有向学之心。"

每个人真正的导师就是自己的心灵。

精力分散是缺点，全神贯注是力量。

万事万物都可为人所用，而精神给予人类的是一种令人向上的力量，这种力量可以让人变得坚强、专注和投入。当你的思想高度关注于某一件事时，它将成为你希望达成的目标。只要所有的精力都直接用于成就目标，那么出现在思考者和目标之间的障碍物，都将一个接一个地被清除。

目标之于成就，就如同拱顶石之于庙堂。若没有目标，你的成就就像没有拱顶石的庙堂，不过是一堆散乱无章的沙石而已。虚妄的念头、短暂的幻象、模糊的欲望，以及拖泥带水的决断，都不利于完成目标。实现目标的过程中，毫不动摇的决心带给我们所向披靡的力量，它能吞噬一切懦弱，引领你大步迈向胜利的终点。

所有的成功者都是有决心实现目标的人。

成就自己还是放弃自己，都是你自己的抉择。

质疑、急躁、忧愁、沉迷幻想，都是私心所造成的阴影，只有那些心灵已得到升华的高尚之士，才能摆脱它们的滋扰。对那些早已了悟人类自身法则的人来说，悲痛不会进入他们的生活。对生命感知至深的人，将明白人生的至高法则，他会发现生命即为爱，不朽的爱。他会成为心怀爱意的人；他博爱众生，不被仇恨和愚蠢羁绊；他在爱的庇护下所向披靡。不独占任何事物，人就不会经历丧失的痛苦；不追求享乐，人就不会感到哀痛。将自身所有的能力都当作服务世人的工具，如此，这个人便永远生活在幸福与喜乐中。

若你愿为奴，你便是自己的奴隶；
若你愿做主，你便是自己的主人。

温和之人已掌握有的能力。

大山在狂虐的风暴下岿然不动，保护着弱小的人们和温驯的羔羊。即使人们践踏山岭，山岭依旧为人类提供庇护，用自己宽广的胸怀给予人类安慰。温和之人，能怀抱怜悯之心，主动保护世间弱小的生命。就算会被轻视、被嘲笑，他们仍旧毅然、决然地鼓舞着卑微者，怀着爱心去保护他们。

温和的人沉默中展现出来的气质，正如山岭在寂静中表现出的庄严肃穆；亦如巍峨的山体，人的怜悯之情同样宽广而崇高。人的精神，也像山脚一般遮掩在山谷的雾霭里；人的精神，亦沐浴在无云的霞光中；而人类生活的主题，总是与寂静相伴。

温和之人方能感知自身的力量，进而了解人性的纯洁和高尚。

温和之人无惧无畏，

他拥有高尚的思行，

能征服一切卑贱的事物。

　　温和之人在黑暗中闪耀着光芒，在阴暗晦涩中坚守高贵的尊严。温和不是自吹自擂，不是自我售卖，更不是乞讨他人的喜爱。它既是可见的，又是不可见的，因为它作为一种精神品质，只能通过精神去感知，但又需要在生活中践行。那些精神上仍旧冥顽不化的人，既看不到他人温和的品质，也无法喜爱上温和本身，这是由于他们被世俗的表象蒙住了双眼，以致变得盲目无知。历史也不会留下温和者的印记。因为历史总是记下那些争端，记下那些暴力扩张的狂人；而温和之人却都是平静、亲切的。历史只是记下世俗的行为，高尚之行并不在记载之列。然而，即使温和之人身处晦暗之中，他也不会被埋没（光明如何遮掩得住？）；即使他从俗世中抽身而出，亦会被世人顶礼膜拜，哪怕世人并不了解真正的他。

考验可筛检出真正的温和之人，

因为此时只有他们能屹立不倒。

温和之人不与万物为敌，因此才能征服一切。

　　总是妄想他人要加害自己，总是急切地为自己辩护，这样的人无法理解温和的真意，也不会了解生活的本质意义。"他辱骂我，他痛打我，他击败了我，他抢劫了我。"怀有这类想法的人，他心中的仇恨永不会消失……因为每一次回顾都能勾起他的仇恨之心，而能治愈仇恨的只有爱心。旁人的话都是半真半假？但这又如何呢？虚假的言辞难道会伤害到你？虚假的就是虚假的，它的影响十分有限。它既无生命力，也无能力去伤害他人，只有那些自讨苦吃的人才会被伤害。旁人传播你的闲话并非什么大事，但你若是奋起反击，拼命纠正他人的错漏，你便是将生命和活力都浪费在了他人的虚假言辞上，并给自己带来了伤害与苦恼。

将一切罪恶驱逐出你的心灵后，
你便能明了，以恶治恶是多么愚蠢的行为。

心静了，世界就静了
11月7日

目标的力量是极大的。

卓越的智慧才能带来准确的预测。智慧有高下之分，人们定下的目标也有渺小与伟大之分。一颗伟大的头脑里总是孕育着伟大的目标。心怀仇恨的人，不可能有目标。漂泊无定的思想很难取得进步。

罗马人在修路时总是遵从既定的轨道，就连磨难和死亡都无法使他们偏离正轨。人类的伟大领路者，就像一群精神上的修路工，他们作为先导，艰难地开辟了智慧与精神的正确道路，我们只需紧随其后。

惰性总是不敢进取的力量，
境遇总是屈从于实现目标的决心。

心静了，世界就静了
11月8日

一切事物终会回归平静。

一旦被人误解便悲叹不已，这样的懦弱之人不会有什么大的成就；为了讨得他人的欢心和赞同而多次做出违心之举，这样的虚荣之人不会成就卓著；在实现目标的过程中，妄想采用捷径、总是三心二意的人，一定会遭遇失败。

立下志向的人，无论是被误解还是受到错误的指责，是听到他人轻率的奉承还是夸张的吹捧，都绝不会减损自己一丝一毫的决心。这样的人才是能够成就斐然的卓越之才，他终将成功，获得力量。

挫折可以激励立志之人；苦难会不断地鞭策他，使他毫不松懈；错误、损失或痛苦，这些都不能使他屈服；失败不过是通往成功的阶梯，因为他始终确信自己终会成功。

在实现理想的路途中，遭遇的障碍愈大，
立志之人的决心就愈强。

顺利完成任务后，总能获得快乐的心情。

在所有可悲的人里，懒惰者是最为可悲的。在面对那些需要付出极大体力和智力的艰难任务时，只是一味地逃避以求得暂时的舒适和享乐，这样的人会一直处于紧张不安的状态中，由此带来的耻辱感也给他带来更多的负担，他会渐渐丧失自己的人格和自尊。"不愿尽力而为的人，要让他明白自己迫切的需要。"一个逃避责任的人，一个不愿付出全部精力的人，他的灵魂会迅速腐朽——这是一条不变的真理。首先是人格的腐烂，最终是健康的损毁。若一个人尝试逃避工作，那么不论是在生理上还是精神上，腐朽都会即刻发生。

完成全部任务，或了结一件工作，都能带来安心和满足。

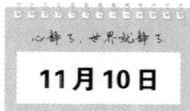

只要活在世间，便要为生活奋斗。

每一次成就，即使只是一件小事的成功，都会带来相应的快乐；而精神上的进步，则代表着意志力的进一步完善，还会带来一种更加深沉、持久的喜悦。在无数次失败后，当你成功修补了性格中的缺陷，当它们再也不会给自己和世界带来苦难时，你所获得的由衷的快乐（虽然难以言表），将会是一种非凡的体验。那些追求高尚品德的人，投身于塑造自己高尚人格的修行中——在每一次征服自我的成就里，他们品尝到了莫大的喜悦，这份喜悦将伴随终身，成为精神世界中永不丢失的一部分。

获得成就时也会体验到喜乐。

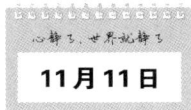

心静了，世界就静了

11月11日

世间发生的一切都是公正的。

你在思考中旅行，你在爱中魅力四射。今天的你，是由你自己的思想塑造的；明天的你，将带着你的思想去往远方。思想的结果是你无法逃避的现实，但你可以忍耐、从中学习，然后欣然接受这个结果。

你的心灵会归隐于那个让你的爱（你最持久且强烈的情感）获得满足感的地方。如果你的爱渺小而自私，你将继续做一个低俗的人；若你的爱伟大而无私，你将成为高尚的人。你能更改自己的思想，进而改变自己的境况。你不是软弱无力的，你充满了力量。

没有什么事是命中注定的，
你有能力促成任何事的发生。

在思想、语言和行为上诚挚恳切的人，

也会被诚挚的朋友包围；

而不诚实的人所吸引的，只是一些虚情假意之辈。

自然界中所有事物及其发展进程，都可以对睿智的人起到教化作用。世间的一切，都严格按照同样的律法运行着，这给人类的思想和生活带来一种确定性。世间规则也总是通过自然这一媒介传达这条真理的奥义。在你的头脑和生活中，有一个播撒种苗的过程，这是一种精神的播种，它会带给你相应的思想果实。思想、语言以及行为，就是你播下的种子；而后在神圣法则的运作下，你就会获得相应的丰收。

那些怀有仇恨思想的人，就会被人仇恨。那些心怀爱意的人，也会被众人爱戴。

当你了解自己的那一刻，

你会发现在你的生活中，

存在着准确无误的因果平衡。

幸福之人会用自己的快乐感染周遭的一切。

农夫需将种子播散在泥土里，然后交由自然去孕育。他若只是积囤着种苗不去播种，最终不仅种子会腐烂，他也不会获得丰收。虽然在播种后，种子本身便不复存在，但它们的逝去是为了换取更大的收获。

同理，在生活中，我们通过付出去获取回报，通过赠予来充盈自我。若有人说，他之所以独占知识不愿散播，是因为这个世界既未准备好理解这些知识，也没能力接受这些知识的话，那么他终将忘却如何去运用这些知识——其实当他决定秘而不宣时，就已经被剥夺了使用这些知识的能力。隐藏意味着失去，独占终会被剥夺。

独乐乐不如众乐乐。

心静了，世界就静了

11月14日

人们必会收获自己亲手播下的种子结出的果实。

一个忧愁、困惑、不快乐的人，需要扪心自问这几个问题：

"我曾在精神的田地里播撒过什么种子？"

"我现在该种下什么种苗？"

"我对他人的态度如何？"

"我过去撒下了哪些种子，以致现在要品尝如此苦果？"

要让自己在心中寻找答案，找到之后，告诉自己应放弃私心，重新种下只属于真理的种子。

农人掌握着最简单的真理，应向他们学习播撒的知识，广泛地种下良善、温柔、饱含爱意的种子。

获得平静和幸福的诀窍，

在于以平静和幸福的思想、言辞、行为，

给予周围影响。

不再盲目崇拜自我，便能向伟大跨进一步，
更加接近饱含爱心的平静状态。

人们已经进入了一个新纪元，这个世界过去曾崇拜过虚幻的神像，曾盲从于人类的私心和自造的各种幻象。而今，在这新旧交替之际，无私之爱的真理终于在世间迎来了自己的黎明，它的光芒使那些躲藏在自己阴影下的速朽神像惊愕不已。

过去对于神明的信仰，让人容易陷于魔鬼的诱惑；过去那些所谓的神明，武断任性地统御世间，颠覆了世界本有的秩序，仅仅为满足崇拜者们的私愿。而今，那些旧神的崇拜者们已经转变了自己的信仰，投入了新的信仰的怀抱，他们让新的信仰在自己的心间播撒新的荣光。那些转变信仰的人并非为了求取个人的幸福和满足，而是为了学习知识，为了理解这个世界，为了智慧，为了挣脱自我的束缚。

我们必须遵守真正的宇宙法则。

完美，就蕴含在完美的法则里，一切诚挚的追求完美的人都能拥有它。

进入这条路——无上法则的大道，人们便不再互相指责，心存质疑，烦躁失望。因为他们知道，自然的法则是正确的，整个宇宙是正义的，错的不过是他们自己。若犯下错误，只有靠自己才能补救；通过自身的努力，通过主动接受良善、拒绝罪恶，才能获得真正的救赎。由此，那些曾经犯下错误的人不再冷漠地对待生活，而是成了世界的参与者。他们拥有了新知，提高了理解力，升华了智慧。终于，在挣脱自我之后，他们进入了自由的光明之地。

敞开怀抱，迎接那已挣脱自我的生命吧。

世界不会因个人而改变，

否则，那份完美将变得不完美；

人必须为世界改变。

信仰真理的孩子如今生活在俗世里，他们不停地思考、写作、说话、行动。没错，我们之中存在着先知，他们的影响力渗透着整个世界。纯洁的喜悦如暗潮涌动一般，正在这世间积累着力量，因此，人们都被这份新的鼓舞和希望感动着。即使是那些既未听到，也未见过这股力量的人，也能在内心感知到这份陌生的渴望，进而向往着更美好、更充实的生命。

无上的法则统御着世界，统御着人们的心灵和生活。那些踏上公正、无私的生活之道的人，已经寻得了与世界交流的途径，他们也理解了这条法则的真谛。

人们无法打破这条法则，否则困惑将在心间升腾；

无上法则里包含着和谐、秩序和正义。

受缚于不良的嗜好，就会在自己与外界之间设下隔阂，

最终导致极度的痛苦。

法则要求人们去净化心灵、重塑头脑，让生命归顺大爱，直到完全放弃小我，让爱充溢全身；因为法则的领地即是爱之国度。爱之国度是开放的，现在即可进入，因为爱是人们与生俱来的情感。

真理多么美妙啊！了解到人类爱的本质后，人们便会去发挥自己的本性，然后进入自由心灵之境！

人们若拒绝去爱，那将是多么可悲的错误啊！

屈从于个人的私欲，就意味着给自己的心灵蒙上了痛苦、悲伤的雾霾，挡住

了真理的光辉，关闭了通往真正的幸福的大门，因为"播下什么种子就收获什么果实"。

遵从人类至高无上的法则，会体验到真正的自由。

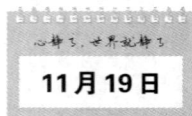

心静了，世界就静了
11月19日

世界之所以能长盛不衰，
全在于有无上法则的平衡和调节。

世间难道没有不公存在吗？可以说有，也可以说无。这完全取决于一个人的心态和生活态度，因为心态会影响他看待世界的角度。受制于个人激情的人，会在周遭看到无数不公；而战胜了个人激情的人，会看到正义在不断协调着人类生活的方方面面。

不公不过是激情的狂梦带来的扭曲幻象，但对那些做梦者来说，却显得如此真实；正义才是生活永久的现实，但只有那些从痛苦的梦魇中苏醒的智者，才能见到这道启迪的荣光。

正如自然的世界不允许真空存在，
精神的世界，亦厌恶不和谐的因子。

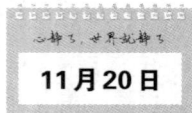

心静了，世界就静了
11月20日

逃出激情与自我的牢牢，才能理解神圣的秩序。

总想着"我被轻视了，我被伤害了，我被侮辱了，我被不公正地对待了"的人，无法理解正义的含义。这种人被自我蒙蔽，理解不了真理的法则，而且，也摆脱不了自己犯下的过错，只能继续生活在不幸中。

在激情的疆域里，总会有冲突不断地发生，让卷入其中的所有人受苦。有作用力就有反作用压力，有行动就会产生结果。贯通一切又超越一切的正义，是一股协调所有力量的能量，它会以绝对完美的标准，来平衡一切因果。

正义需要行动而不只是理解。
那些让自己卷入矛盾冲突的人，
连理解都无法做到。

11月21日

人们若不了解世间因果相循的道理，
就无法看清万物是如何在它的协调下精准运行。

无知的人们因私心遭受惩罚，生活在激情和懊悔中，找不到真理。仇恨过后还是仇恨，激情褪去复又重演，冲突一幕接着一幕。杀手行凶后，他自己也毁灭了；小偷行窃后，他自己也被盗取了清白之名；捕猎弱者的猛兽，也被更加强大的捕手追捕和猎杀；指责他人的人，自己也受到指责；谴责他人的人，自己也受到谴责；告发他人的人，自己也被他人揭发。

"刽子手的凶刀也向他自己砍去，

"不公正的判决者无法为自己辩护，

"拙劣的谎话会出卖自己，

"毛贼，还有搅局者，

"他们都要为自己的行为付出代价。"

这就是无上法则的宣判。

无知使世人互相仇视，卷入纷争。

有因就有果，这是无法避免的规律；

必然的结果无法逃避。

良善之人，早已放弃了一切懊悔、报复、自私的享受，以及固执的自我，他们进入了一种平衡状态，被允许进入永恒的境界，与万物和谐共处。愿意将自己从盲目的激情中解救出来的人，已经了解了激情的邪恶之处，转而用冷静的态度来思索它们，就像一位站在山顶沉思的激战的战士。对他来说，不公不复存在：一方面他能洞察到无知与痛苦，另一方面，他也看到了启迪之光和幸福之所。他看到，不仅是愚人和奴隶需要他的同情，那些诡计多端的骗子和独断专横的暴君同样需要怜悯，由此，他的爱意便毫无差别地抚慰一切生灵。

正义统御着整个世界。

不懂得运用理性的人，

更奢谈真正理解真理。

愿运用理性来探索真理的人，不会被世界遗忘在令人难受的黑暗角落。

"来吧，让我们一起理性地思考，谈论我们的信仰；这样，即使你过去身披罪恶的猩红长袍，也将被涤荡得纯白无瑕。"

许多人都经历过不为人知的痛苦，最终因自己的罪恶而死。这是因为他们拒绝运用理智，因为他们固执地紧抓那些黑暗邪恶的、在真理之光下即刻逃遁的虚妄之物。每一个人都应该自由、充分、诚心诚意地运用自己的理智，这样便能将代表罪恶的猩红长袍和满身的痛苦，化作洁白的华裳和内心的平静与幸福。

那些蔑视理智之光的人，也会轻视真理的荣光。

一个人的生命只有在尝试自律时，才真正拉开序幕；

而在此之前，他只不过是存在着。

人们若想建立持久的功业，首先要成功驾驭自己的头脑。这个道理跟数学中的简单算术一样浅显易懂，因为"生活总的问题都出自心灵"。若一个人无法驾驭自己内在的力量，也就无法在生活中，保持稳定的状态。随着个人成功驾驭自己后，他的精神力量将愈加强大，他将更善于处世，获得更大的成功。在此之前，他的人生并没有什么目的或意义，但现在，他开始有意识地重塑自己的命运，他"披上了自律的外衣，许下了正确的心愿"。

在将自律付诸实践时，人才开始真正的生活。

自律的过程可分为三个阶段——控制、净化、顺其自然。

人在自律的过程中，首先要驯服那些盲目的激情，那些曾让自己臣服其下的激情。他要拒绝一切诱惑，监督自己不再过度宠溺自己，拒绝那些曾经奴役自己的、简单原始的个人享乐。他要抑制住自己的胃口，像理智的正常人那样吃喝，在食物的选择上保持节制和理智，选择那些可以让人类的身体完美运作的食物，而不是某些满足饕餮之欲却会摧残健康的垃圾食品。他在自己的舌头上放一把尺（约束言语），脾脏上也放一把尺（约束情绪），事实上，他在那每种藏有动物般原始欲望的脏器上，都放了一把尺。

在每个人心中，都有一个饱含无私之爱的地方。

学会自律。

一个人在自我掌控的过程中，会越来越接近内在的真实，也会越来越少被激情与悲哀、享乐与痛苦触动。他会去践行那稳定且高尚的生活方式，并从中展现出自己勇武的力量和不屈不挠的意志。

然而，学会抑制激情，人仍处于自律的初级阶段，紧随而至的是自我净化。通过净化，人们可以将过分的激情驱逐出心灵和头脑；这并非意味着当激情抬头时要将其压制，而是完完全全不容许这样过分的感情发生。仅仅抑制激情，人永远也抵达不了平静之境，实现不了自己的理想，他必须先净化这些激情。

一个人只有净化了自身卑劣的原始天性，

才能变得强大。

周到的考虑、积极的冥想以及高尚的志向，

都有益于完成自我净化。

真正的意志、力量和技能都源于自我净化，因为在净化之后，那些卑劣的动物性本能并非被丢弃了，而是转化成了精神和智力上的能量。纯洁的生活（包括思想和行为两方面的纯洁）能储蓄能量；不洁的生活（即使只是在头脑里幻想不洁的念头）会挥霍能量。纯洁之人能力更强，所以相比不洁之人，他们的计划更容易成功，他们的目标更容易达成。在不洁之人失败的地方，纯洁之人却能一展身手，最终胜利而归。因为他们总是更加冷静、明确地运用自己的能量。

随着一个人达到一定的纯洁状态后，

他用来构建强大而高尚的人格的元素，便已全部准备妥当。

通过自律，一个人会变得越来越高尚，越来越接近神性状态。

　　随着一个人愈来愈深入纯洁之境，他会发现一切罪恶都是势弱的，除非他自己为其推波助澜。因此，他开始无视罪恶的存在，让罪恶远离自己的生活。在追求自律的过程中，一个人有机会进入并了解优秀生活的真相，他身上也会随之展现出一系列优秀的品质，包括睿智、耐心、胸怀宽广、热情洋溢和博爱万物。同时，他也将从动荡不安中抽身而出，升入属于智者的永恒平静的世界。

通过自律，一个人可以掌握所有的美德。

没有决断力，就没有目标，
没有目标就意味着漂泊一生。

　　当一个人下定某种决心时，说明他对当前的生活状况并不满意，他开始尝试改变自己的命运，期望利用自己良好的品性以及人生阅历中的种种教训，打造出一个全新的自己。只要他信守下决心时所做的承诺，便一定能达成目标。

　　誓约总是表明那纯洁无瑕、征服自己的决心。毫不动摇的决心，是帮助纯洁之人获得美好成就。

决心是高尚思想和崇高理想的伙伴。

真正的决心诞生于长久的思考。

半信半疑、时机未到的决心，算不上真正的决心。这样的决心，在第一道坎坷面前就会瓦解。

一个人需要慢慢培养自己的决心。他应该先探查清楚自己目前的处境，考虑到一切环境因素以及可能会遭遇的困难，为这些坎坷做好充足的心理准备。他必须透彻理解自己将下定一个什么性质的决心，然后做好准备去迎接它，这样才不会对自己的决定产生怀疑。当你做好准备去迎接它时，这份决心就成了你头脑里固定的一部分。在意志力的帮助下，经过一定的时间后，你的目标就会达成。

轻率做出的决定终将是徒劳的。

心静了，
世界就静了

人们应该对三件事物感到满意：生命中发生的一切，所拥有的友谊和财物，以及头脑中纯洁的思想。

懒散与冷漠如同一对双胞胎，

而准备充分的行动和令人满意的结果则是一对老朋友。

懂得满足是一种美德，它是一种精神上的高贵品质。你的头脑和心灵在受过训练和指导后，自然会开始对万物都怀抱慈悲的情感，这种慈悲的情感孕育了精神满足感。

懂得满足并不意味着不再去努力争取，而是意味着在努力的过程中不再焦虑；你不应在罪恶、无知、愚蠢之事中寻求满足感，而应该在职责完成后安心地歇息，而后在工作上再接再厉，直到有所成就。

一个人可能满足于一辈子都活得奴颜婢膝，在罪恶中打滚，在质疑中翻腾。他以无动于衷的态度对待自己的职责、义务和同僚的请求。你不能说他拥有懂得满足这项美德，他从未经历过纯洁、持久的快乐，因为这种快乐在一个人积极地达成目标后才能体会。

诚挚地努力和真实地生活才能带来满足的结果。

真正感到心满意足的人工作起来精力充沛、诚心诚意，

他会以坦然平静的态度来迎接任何结果。

人们应该对三件事物感到满意：生命中发生的一切、所拥有的友谊和财物，以及头脑中纯洁的思想。对周遭发生的一切都心满意足，这样的人不会陷入悲伤；满足于已有的友谊和财物，这样的人不会焦虑，亦不会遭遇不幸；拥抱自己那纯洁的思想，这样的人绝不会退回不洁的深渊，再次历经悲惨或卑劣的生活。

但是，另有三样东西是人们永远不应感到满意的：个人的观念、个人的品格，以及自身的精神状态。不满意自己的思想观点，这样的人将在心智的道路上不断

进步；对自己的品性不满意，这样的人在意志和美德方面会不断提升；对自己的精神状态不满意，这洋的人会通过一天天的努力，换取更深广的智慧和更完满的幸福。

有什么样的收获取决于你播下什么样的种子。

世界大同是人类的终极理想，
世界一直缓慢但坚定地朝着这个理想前进。

若团队内的人目标不一致，都只考虑个人的私心，那这样的组织就会很快崩溃，因为个人享乐最终会撕裂大家的集体之爱。

若一个人能够使自己变得睿智、纯洁、心怀爱意，从脑海中剔除一切不和谐的因子，学着去展现纯真的品质——没有这些品质，手足情谊不过是空谈，是个人主张，或是虚幻的梦——那么他就能完全、透彻地理解手足情谊的美妙。

一个人若内心的标尺仍然混乱不堪，
就不可能获得手足情谊。

手足情首先是一种精神，
然后由内及外，
自然而然地反映在行为举止上。

谦逊的态度会使人变得温和、平静；忍让的精神会孕育出耐心、智慧和正确的判断；爱之精神给予人善良、快乐与和谐；热情的态度将转化出温柔和宽容之心。

一个同时拥有这四种品质的人，已然激发出内在的美好品格，能看清人的行为的因与果，了解内心真正的渴求，因此再也不会受到黑暗的诱惑。这样的人已经培养出对他人的手足情谊，从对他人的怨恨、嫉妒、刻薄中，从与他人的冲突、相互责难中解脱了出来。在他眼里，其他人都是他的兄弟姊妹，既包括那些品性高尚之人，也包括那些依然深陷于黑暗诱惑的迷途同胞。对待一切人和事，他都用同一种态度——一种友好善良的态度。

有自负、自私、仇恨和责难的地方，
就不会有真正的手足情谊。

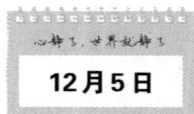

心静了，世界就静了
12月5日

若想待他人犹如兄弟，
首先要挣脱自我这个枷锁。

培养手足情谊的理论、方法层出不穷，但行之有效的只有一种，并且亘古不变。只有从自我中心主义和与人与己冲突不断的状态中脱身，将友善和平静的态度付诸实践后，才能真正获得。手足情谊是一种真实情感，而非空洞的处世理论。忍让和友善是这种情感的领路天使，平静心境是它的栖息之所。

如果两个人都固执己见，不愿退让，那么恶劣的情绪就会蔓延，手足情谊便不复存在。

但若两个人都愿意为对方着想，不去恶意揣度他人的意图，为他人服务而非相互攻讦，这样的话，便是怀抱着真理之爱和良善的愿望，手足情谊由此展现。

只有那种与世无争的平和之人，
才能懂得并真正怀有兄弟之爱。

偏见总会引发残忍的恶行。

人们无须给予比自己更加纯净、睿智的人同情之心，因为在这些智者的生活中，他人的怜悯已经不是必要的了。人们应该敬爱他们，然后在崇拜他们的过程中提升自己，使自己能够同他们一样进入更广博的世界。一个人无法理解比自己更睿智的人，因此在做出无谓的责难之前，他应该扪心自问，自己是不是比被他当作攻讦对象的人更高尚。如果答案是肯定的，那么就该献出自己的同情心；如果不是，就应该心生敬畏。

当一个人总是苛刻地评判和责难他人时，

他应该扪心自问，自己离心中理想的自我相差多远。

反感、怨恨和责难，这些都是仇恨的表现形式，

只有从内心剔除它们，罪恶之念才会被清除。

为了变得睿智，清除精神上的创伤只是第一步。整个探索的道路要继续蔓延向上。它是一条净化心灵和启发智慧的道路，它不仅代表忘却创伤，更代表再也不会遭遇心灵的创伤。因为，只有绝对自我和傲慢之人，才会被他人的行为和态度伤害；那些将内心中的绝对自我和傲慢清除出去的人，绝不会去想"我被别人伤害了"或"我被他人误解了"。

一颗纯净的心灵才能正确地理解事物。正确的理解会给生命带来平静，不再遭受酸楚和苦难，并获得真正的安宁和智慧。

被他人的恶行所困扰的人，距离真理甚远。

一个人若因自己犯下的罪孽倍感困扰，

那他离智慧的大门便不远了。

内心总是燃起怨愤火焰的人，无法理解平静和真理；而那些浇灭怨愤火焰的人，才能开始认识和理解平静。

那些将罪恶驱逐出心灵的人，不会再怨愤他人或被他人怨愤，因为他已经足够明智，已经了解了怨愤的源头和性质，知道这种情感是无知的表现。随着他的内心越来越清晰明朗，犯下恶行的可能性便会越来越低。那些行恶之人是不够智慧的。真正的智者，绝不会行恶。

纯洁的人对他人都是温柔可亲的，包括那些无知地以为别人对自己心怀恶意的人。他人的恶意并不会困扰他们，他们的心灵安寝在热情与爱的海洋中。

那些目标是正确生活的人，

能够冷静、睿智地理解生活。

纯洁的心灵，正当的生活，

此二者是世间最伟大、最重要的事。

所有引发痛苦的思行都源于自我中心和自我享乐；而那些能带来幸福的思行，则都以真理为依据。重塑头脑的过程包括两大方面，即冥想和实践。通过安静的冥想，你能找到正当行为的依据和理由，而通过实践，你能保证日常生活中的举止正直无错。

真理不是书本知识，不是什么微妙的理论，不是需要辩论的议题，抑或具有争议的技能。真理的习得只能通过正当无误的行为。

真理不是靠看书就能理解的；
它只能靠个人的实践去感知和习得。

那些通过实践学习的人，才能取得真理。

那些渴望获得真理的人，必须不断学习。他们的第一课便是学会掌控自我，而且要完全彻底地掌握这一技能，然后再经过一课接一课地学习，才能最终达到自己理想的臻善道德。

人们普遍以为，要理解真理，就要去掌握某些特定的理念或观点。于是他们去阅读大量的文章，然后在头脑里形成了一种认识，并称其为"真理"。接着，他们四处去与人辩论，试图证明自己的观点才是真理。在世俗的事物上，这些人是聪明的，因为他们知道通过什么手段可以达到自己的目的；但在精神的世界里，他们依然是愚人，因为他们只是阅读而不做实事，却幻想着自己掌握了真理。

能够保证所有行为都纯洁清白、无可指摘的人，
才真正掌握了真理。

爱，浩渺无垠，包罗万象。

爱，永远不会被任何信仰、流派或组织独占。因此，那些在教义里宣扬只有自己的组织才是真正掌握着真理的团体，是在违背爱的本质。真理是一种精神，它代表一种生活，虽说它可以通过某些教义来诠释，却绝不会局限于某一条特定的教义。爱是一位身插双翼的天使，它拒绝被禁锢在某些教义的字句间。爱是一种超脱的存在，它超越一切观点、教条和人类的哲学，它比这一切都更加伟大。

爱包含一切——正义与不公、率直与狡诈、清白与不洁。

若一个人怀抱至深、至广的爱意，能接纳所有人的一切信条，他所能理解的信仰，所能掌握的智慧，所能拥有的洞察力，都是世间罕见的，因为他看清并理解了他人。

恨不会生出爱来，

而在清除仇恨之后，便有爱自然发生。

12月12日

爱能扩宽人的心胸，

使其伸出友善的臂弯，

一视同仁地拥抱所有同胞。

爱的方式与生活的方式，看似不同，却殊途同归，它们都包括摆脱吹毛求疵、争论不休、挑三拣四和怀疑一切的毛病。如果我们拥有恶习，就不要自欺欺人，而应坦白自己缺乏爱的能力。能够如此诚实地对待自己，就离掌握爱的能力不远了。但若继续欺骗自己，那你将被永远关在爱的大门之外。

若我们的成长环境缺乏爱，就得从头开始学习如何去爱，清除头脑里对工作伙伴和友人的一切刻薄和怀疑。我们必须学会用开阔的心胸去对待他人，理解他人的行为动机；当他人的观点、方法或行为与自己背道而驰时，要理解这是他们的个人权利和自由。这样的话，最终，我们也能够以"不朽的爱的原则"去爱他人。

无论爱是出自某条教义，或是并无任何出处，

都可以让人沐浴在真理之光中。

抛却一切错误的思行，拥抱正确的思行后，

你就能迈入正确的真理之道。

人们错误的行为，将不幸带到了世界上。只有正确的行为，才能将世界带出不幸的深渊。错误的行为给我们带来悲伤；正确的行为为我们带来幸福。

但是，任何一个人都不应该这样想："是他人的错误行为使我不幸。"这种想法会使他怨恨他人，让他心中的仇恨越积越多。他应该明白，自己的不幸都源于自身；他必须将不幸看作自己尚不完美的信号，这说明他身上尚有一些弱点，必须去克服。他不应因为自己的过失或烦恼而去指责他人，而应摆出毫不动摇的态度，更加坚定自己对真理的信仰。

要以谦卑的态度走在探索真理的道路上。

真理的原则始终如一，普适万世；

它绝非由个人制定和决定的。

真理之道需要被发现、被探索、被实践。如今，人们已经使真理变得更加易于理解和掌握，以便让所有人都能够踏上这条平坦得多的探索之道。这条道路也对所有由罪恶步入清白，由歧途进入真理的人开放。这条道路承载了过去每一位追求真理之人的足迹，见证了他们是如何追求真理的。而在未来，它将继续见证每一个不完美的真理追求者最终到达光荣的尽头。

如果一个人日日与为心的罪恶之念做斗争，不断净化自己的心灵，坚定地走在真理之道上，那么他到底有何信仰就不重要了。因为虽然人的观点、理论和信仰相异，罪恶却是相同的，征服罪恶的目标是一致的，大家口中的真理亦是相同的。

不同的年代盛行着不同的信仰，

但真理的原则，在任何时代都是一样的。

真理包含许多不同的方面，

人在成长的不同阶段都可以从中找到借鉴。

我曾拜倒在很多伟大导师的脚下，也曾想向他们求解真理之道。我在那些来自印度和中国的温柔导师的训诫中，找到了我们共同追求的品质，这是多么难以言语的喜悦啊！对我来说，这些导师都是卓越之士，他们令人仰慕，他们如此伟大、善良和睿智，我们只能崇敬他们，并向他们虚心学习。这些导师对任何种族的良善的培养都有深远影响，因为他们本就来自不同的种族，他们是亿万人共同敬仰的大师。

伟大的导师是历史进程中闪耀的群星，

亦是人们想要成为的理想典范。

心灵纯洁、完美的状态，

是抛却一切欲望后的自由洒脱。

世俗的生活和拥有信仰的生活之间有一道鸿沟。一个人若日日追随着自己头脑中那不洁的欲望，丝毫没有放弃它们的觉悟，这样的人绝不能称之为有信仰的人；而一个人若是在生活中懂得自我管理，不断去清除那些不洁的欲望，他便是一个真正有信仰的人。

有信仰的人必须遏止自己的激情和欲望，因为这是信仰对他的基本要求。他必须客观地看待他人和一切事物，必须了解万物都是按照自己的本性在运作，理解别人有权选择自己的处世方式，因为这是人类与生俱来的权利。他不能用自己的生活准绳去衡量他人；他绝不能设置任何"假定"，甚至以为自己"高人一等"。他要学会换位思考。

一个热爱真理的人也必须是一个热爱他人的人，
不要压抑或节制爱，让你的爱意播撒出去。

心静了，世界必静了
12月17日

严格精准的道德原则，
是一块让每个人都能安心仰赖的坚实地基。

生活瞬息万变，如此神秘，令人不安，因此，我们需要找到一块坚实的地基，来放置我们对幸福和平静的信仰。这个基本准则，是整个人类都渴望习得的知识，而它能在真正的正义中得到最完美的体现。

每个人对世俗正义的理解都不尽相同，他们的评判准则来自自己那或阳光或阴暗的内心；但对于神圣正义，这个维持世界运作的原则，全人类却有一个共同的认识。

播下某粒种子，最后一定会收获与之对应的果实。

人们了解世间有哪些道德准则，
在实际行动中应严格遵守。

同样的思想或行为投递到相似的环境里，一定会获得同样的结果。如果这个基本的正义不复存在，那人类社会也将瓦解，因为道德是一种正义的力量，它的调控作用可以阻止这个世界陷入坍塌的绝境。

不同的道德观造就了不同的生活，有的人获得了幸福，有的人却陷入痛苦，这都是由于道德的力量在进行调控。这条准则是如此精确无误，它是伟大生活的基础，给人生带来一种确定性。明白这个道理的人，会乐于去完善自我，让自己变得睿智开明，由此给予自己快乐和平静。

世间的道德秩序不是、也绝不能是混乱失调的，
否则整个世界就会坍塌。

正义至高无上。

剥夺了一个人在理智上对正义的绝对信赖后，他便像是一只没有船舵、航海图或指南针的小船，在充满各种机遇的人生海洋上，怀着侥幸的心理随波浮沉。他无法重塑自身的品性或人生的根基，从未被鼓舞去行高尚之举，没有崇尚美德的心理。因此，他的内心是不平静的，没有庇护的港湾。

在正义这条原则里，既没有偏袒也没有侥幸，有的只是毫无差误、亘古不变的公正。因此，人类遭受的一切苦难都是自己酿成的苦果，他们因为无知才种下那些苦难的种苗。值得庆幸的是，随着结果的影响越来越小，苦难也会走向尽头。

人们绝不会因自己没做过的事，或是尽心履行了的职责，

而要承担痛苦的结果，

因为这是违反因果规律的。

才干、良善、伟大，这些都不是世间本就存在的事物。

人们用肉眼能看到花儿的成长，却见不到精神的成长，但它确实随时都在发生着。

我虽说过精神的成长肉眼看不到，但这只是通常的情况。真正的思想者和智者，拥有深刻的自省能力，能看到精神的成长过程。

就像自然科学家必须掌握自然运行的规律——即使那些普通的自然观察者都是如此经验丰富——思想家也得熟悉人类精神的运作规律。在这个因果作用的过程里，思想家能看到品性——就像花园里的植物花卉——如何慢慢塑造出一个持定的生命。当他们见到一些奇花异草时，他们能立刻知道这些美好之物诞生于哪些精神的种子，知道它们经过了怎样漫长而沉默的生长周期，最终变得完美。

任何事物都不是现成品，

都会经历变化、生长、成就的过程。

觉醒后的思想召唤我们去往更高尚的生活。

一个人不能同时生活在两个国度，在一国定居就必须割舍另一片国土。同理，一个人也不能同时抱持两种精神态度，只有远离罪恶之地，才能平静地栖居于真理的国度。当一个人离开自己的故土时，他必须在新的家园从头来过，将过去珍视的事物、甜蜜的情感、亲爱的朋友和亲人都留在故土，没错，他必须在内心与它们告别。所以，当一个人决心进入真理的国度，开始全新的生活时，他必须切断与过去错漏百出的生活、自我享乐、恶念、虚情假意的社会关系的联系。与它们划清界限后，一个人的品性才会有所进步，他人性的光辉才会越发闪耀，整个世界也会成为一个更加光明、美妙的栖居地。

> 我们若想听懂高山的寂静之声，
> 就要甩掉脚下来自深谷的污泥。

心静了，世界也静了
12月22日

> 正确的思想来自正确的精神态度，
> 正确的思想引导出正确的行为。

正确的精神态度意味着，在生活的一切遭遇中寻找良善、积极的一面，并从中汲取力量、知识和智慧。正确的思想意味着，脑中始终怀抱快乐、希望、自信、勇气、无尽的爱、宽广的胸怀和坚定的信念。这样的思想一定会带来坚强的性格，带来有益且高尚的生命，成就个人的事业，推动世界的进步。这样的思想一定会引导出正确的行为，人们会集中万分精力投身于工作，以达成正当的目标。就像只有具备坚强意志的登山者才能登临山巅，只有那些勤劳、快乐、不屈不挠的人，才能最终成就梦想。

> 各个时代的成功者，
> 都是通过勤勉的劳动才得以获得成功。

经历苦难本身就是一个净化和完善自我的过程，
"让我们受苦的东西最终使我们成功"。

使他人遭受痛苦的人，会更深地陷入无知的山谷；然而，自身的苦难却引领我们更接近启明之灯。痛苦教会人们善良和热情。因为痛苦的经历能够使人理解他人的苦难处境，让人们心生柔情，周到地为那些受苦的人着想。

当一个人犯下残忍的恶行时，他无知的头脑以为罪恶就此终结，殊不知这仅仅是一个开始。这件恶行身后跟随着一系列相关的恶果，会将他拖入痛苦的地狱，使他遭受心灵的折磨。我们每一缕错误的念头，或是不怀好意的行为，都会给自己带来精神或身体上的痛苦。你当初的思想多么恶劣，你因此遭受的痛苦就有多深重。

让人熟悉苦难，他才会对一切受苦之人感同身受。

你所需要的一切都与生俱来，皆在你的内心。

小事上细致入微会给你带来巨大的能量。一个人在小节上的所作所为，会影响他的整个人格。懦弱会将你拖入苦难的深渊，若没有锻造出坚强的秉性，你会永远无法得到真正的幸福。懦弱之人可以通过重视微小的事物，全身心去完成琐碎的工作，以此来获取强大的力量。强大的人也可能因为松懈怠慢，轻视小事，便失去已有的智慧，虚耗了旺盛的精力。

通过当下坚定有力、处世有方的行为，
才能获取力量与智慧，除此之外别无他法。

时光如东逝水，
只有那些将错误、伤害和不当行为遗忘在过去的人，
才会获得幸福。

过去已逝，不可更改，就让它沉入湮灭的岁月，但不要忘记提取光阴的精髓，谨记历史的教训。让这些教训成为你当下的力量，在你开启一段更高尚、纯洁、完美的生活时，握紧它们站在新的起跑线上。让一切与仇恨、怨愤、冲突、敌意相关的念头，都随逝去的年华远去。在你心灵的镜鉴上，擦去一切恶毒的记忆和不洁的积怨。让这句呼喊——"尘世复归平静，世人皆怀善意"——回荡在当季，让千千万万的人吟诵它。你需真心实意地吟诵这句话，不要使其成为又一个虚无的陈词滥调。你要实践这句话的内容，让它在你的心头翻滚，不要让不洁的思想破坏你内心的和谐与平静。

那些没有任何不当的行为、没有任何不快和伤痛的人，将获得幸福；
在这些人的纯洁心灵里，绝不会种下仇视他人的种子。

人们遇上的任何苦难，
都可以凭借个人力量战胜。

不要把困难和困惑当作坏事来临的征兆，这样只会让情况越来越糟；你应该把它们当作好运的先遣部队，在某种程度上，确实是这样。不要迫使自己相信可以逃避它们：你无法逃避。不要试图远离它们：这是不可能的，因为不管你逃往何处，困难和困惑都会尾随而至。你应该冷静勇敢地面对；用你所拥有的一切冷静、勇敢直面它们。你应该估测它们的力量，理解它们的实质，然后迅速出击，直到最终将其瓦解。只有这样，你的力量和智慧才会有所进步；只有这样，你

才会走上通往幸福的道路。你要知道，只要你选对了道路，它便会授予你真正的幸福。

> 罪恶里绝不会诞生平静，过错里找不到安歇之地，
> 最后的庇护所只存在于智慧的国度里。

> 心怀着爱去工作，
> 这样就能一直拥有轻松愉悦的心情。

还有比懦弱的想法或自私的欲望更叫人沉重的吗？若你处于"苦苦挣扎"的状态，说明你陷入了一个需要抗争的困境里，而你有能力聚集所有的力量战胜它。你之所以苦苦挣扎，是因为身上依然存在弱点，只有消除这些弱点，你才能成功战胜困境。在战胜困境的过程中，你有机会变得更加坚强和睿智，这其实是一件令人高兴的事。

对智者来说，没有什么境遇是让人难堪的，爱之精神不会在任何事物面前退缩。不要只关注自身的艰难困境，要多多考虑周遭众人的生活境遇。

> 你妄图逃避的职责是对你好心斥责的朋友；
> 你热心追逐的享乐却是对你阿谀奉承的敌人。

> 真理之道中不能容忍原始本能的放纵。

有个别自我放纵的行为看起来无害而普遍，但你要知道，没有哪项放纵行为是无害的，不过只是这些人尚且不了解，自己一次又一次习惯性地屈从于某些软

弱的想法，沉迷于自我享乐，会使自己遭受怎样的损失。如果人内心里的理性变得强大，取得了支配地位，那非理性就将覆灭。若是迎合体内的放纵，即使它们看起来单纯甚至甜美，也将使你离真理和幸福越来越远。每一次你在放纵面前妥协，每一次你继续满足原始的欲望，它都将成长得更加强大，更加难以驾驭；它会稳居你头脑中的支配地位，而这本来是留给真理的王座。

> 超越感官的享乐，活得更加高尚，
> 这样你的人生既不会虚度，
> 也不会再被不安情绪搅扰。

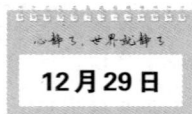

心静了，世界也静了

12月29日

> 放弃一切仇恨。
> 用斩碎一切仇恨的方式，
> 使自己远离消极情绪的滋扰。

无论他人如何评判你，如何对待你，都不要动怒。不要用仇恨反击仇恨。若有人怨恨你，可能是你在有意无意中行为失当，又或者是他人对你有所误解；在这种情况下，一些小小的温柔举动和善意解释，就可以消除芥蒂。不过，在任何情况下，"原谅他们"都比"我与他们划清界限"要好得多。

仇恨是一种卑微鄙俗、盲目可悲的情感。爱是一种丰盈伟大、带来快乐的情感。

> 快快开启你的心灵闸门，
> 让甘甜、伟大、美妙，
> 以及拥抱一切的爱之清泉流入吧。

打开无私的大门，

你会发现一个充满快乐的世界。

自私会带来悲伤，而无私不仅给自己带来快乐，也给整个世界带来喜悦——若只是独自享乐，那跟我们努力的初衷是多么不相称啊！因为周围与我们接触的人也会因此而更加快乐、更加无私；因为人类是一个共同体，若了解到这一点后，我们在生活中就应该广播鲜花而不是荆棘。没错，即使是对待敌人，我们也要在他们行进的歧途上摆放爱的花卉。这样，敌人的脚印便也染上了纯洁的芬芳，整个世界都弥漫着喜乐的芳香。

在追求良善的过程中，你将品尝到最深沉、最甜美的喜悦。

大自然不存在任何偏袒；

它绝对公正地给予每个人应得的回报。

不再关注小我的人，终将获得恒久的幸福。这样的人，不管是在当下，还是在接下来的整个生命中，都会生活在天堂里。他会在无限的怀抱里安歇。

他会从贪心、仇恨和其他一些黑暗欲望中解脱出来，他将感受到这样的休憩是如此甜美，这样的幸福是如此深沉；他不再笼罩在悲苦或私欲那萦绕不去的阴影之下，他能品尝到内心深处的幸福滋味。

在他眼里，一切生物都心态平和，他对万事万物都一视同仁——他已到达快乐的终点，他将永远拥有这份快乐、这份平静、这份完满的幸福。

人们都能在生活中找到正确的道路，

走上正途的人会永远幸福。